Gert G. von Harling

Zwischen Bast und blanken Enden

Für meinen Enkelsohn Ferdinand

Gert G. von Harling

Zwischen Bast und blanken Enden

Neumann-Neudamm

ISBN 978-3-7888-1489-2

Schwalbenweg 1, 34212 Melsungen
Tel. 05661-9262-0, Fax 05661-9262-20
www.neumann-neudamm.de
info@neumann-neudamm.de

Printed in the European Community
Satz & Layout: J. Neumann-Neudamm AG
Titelgestaltung: J. Neumann-Neudamm AG, unter Verwendung eines Fotos von Burkhard Winsmann-Steins
Bldnachweis: Alle Abbildungen aus dem Archiv des Verfassers.
Druck & Verarbeitung: Aalexx Buchproduktion, Großburgwedel

Inhaltsverzeichnis

VERY BRITISH: BOCKJAGD MIT SPORTGEIST

OSTWÄRTS LASST UNS ZIEHEN

VON BÖCKEN, DIE ICH NIE BEKAM

VORWORT

„Nach meiner Überzeugung werden in zwanzig Jahren Rot- und Schwarzwild aus der freien Wildbahn in Deutschland völlig verschwunden sein. In fünfzig Jahren dürfte auch das Rehwild der Sage angehören, und nur in den Wildparken reicher Großgrundbesitzer wird noch der zweifelhafte Genuss der Jagd auf nummeriertes Parkwild möglich sein – als Abendröte, die andeutet, dass die Sonne des deutschen Waidwerks untergegangen ist."

„Das deutsche Weidwerk und seine Zukunft", Oberländer, März 1906

Die düsteren Vorahnungen Oberländers haben sich nicht bewahrheitet. Rehe, des deutschen Jägers liebstes Kind, sind die häufigste und anpassungsfähigste Schalenwildart unserer heimischen Reviere.

Auch ich fiebere jedes Jahr aufs Neue dem 1. Mai, früher war es der 16. des Wonnemonats, entgegen und werde es bis zum Ende meines Jägerlebens tun.

Jeder Jagdscheininhaber in Deutschland erlegt durchschnittlich pro Jahr mehr als drei Rehe. Die Bestände und Jahresstrecken steigen trotz Einschränkung des Lebensraumes.

Schon der abwertend klingende wissenschaftliche Ausdruck capreolus capreolus zeigt, dass es nicht immer so war. Rehwildhege und -abschussplanung sind erst durch von Gagern, Diezel, von Raesfeld, von Nordenflycht und einige andere Zeitgenossen „hoffähig" geworden.

Erst seitdem hat sich die Einstellung vieler Jäger zu dieser Wildart gewandelt und wurde in Deutschland zu einer lieb gewordenen Tradition, die als wertvolles Kulturgut vorgelebt und weitergegeben werden sollte.

Trug früher nur der „edle" Hirsch, nicht einmal das Alttier, ein Haupt und einen Träger, gelten diese Bezeichnungen heute auch für den Kopf und Hals einer Ricke. Das Signal „Bock tot" wird selbst geblasen, wenn „nur" ein Schmalreh oder eine Ricke zur Strecke liegen, und für ein erlegtes Kitz stecken sich manche Jäger einen Erlegerbruch an den Hut – früher undenkbar.

Die „Aufwertung" gilt aber anscheinend mehr für Böcke. Der Rickenabschuss wird mitunter vernachlässigt, ist anscheinend für manche Jäger mehr Last als Lust.

Doch beide Elterntiere tragen zu den Erbanlagen ihres Nachwuchses bei, deshalb lässt sich ein Rehbestand durch „Hegeabschüsse" oder Entnahme von „Artverderbern" nicht „aufarten".

Ich habe in meinem über einem halben Jahrhundert langen Jägerleben zwar kein Revier kennengelernt, in dem die Hege mit der Büchse, wie von den Alten propagiert, auf die Gehörnqualität sichtbare Auswirkungen gezeigt hat, habe aber trotzdem große Freude daran, „selektiv" zu jagen. Dabei habe ich mehr Ricken als Böcke erlegt, und oft war die Jagd auf weibliches Wild noch spannender und befriedigender. Um eine erfahrene Geiß zu überlisten, bedarf es mitunter mehr Geschick, als einen liebestollen Bock zu schießen. Doch ein Buch über Erlebnisse beim Rickenabschuss kommt beim Leser nicht so gut an und lässt sich nur schwierig verkaufen.

Ich weiß nicht, wie sich die Strecke zwischen weiblichen und männlichen Rehen in Deutschland aufgliedert, gewinne beim Lesen der Erlebnisberichte in deutschen Jagdzeitschriften jedoch den Eindruck, es werden weitaus mehr Böcke als Ricken gestreckt. Außer dem Aufsatz von Herrmann Löns, in dem er an einem nebligen Novembertag bei einer Streife über die Heide mit seinem Drilling „einen mächtigen Kasten von grauer Ricke über Kopf gehen ließ", habe ich kaum etwas über die Erlegung von Ricke, Schmalreh und Co. gelesen. Es hat den Anschein, als schämten sich Jäger darüber zu berichten. Wahrscheinlich hat es mit archaischem Gedankengut zu tun. Für unsere Ahnen war es gewiss rühmlicher, einen starken Keiler oder alten Auerochsenbullen zu strecken als einen Frischling oder ein Kalb. Gleichwohl kann ich mich über eine gute Rehbocktrophäe, sei sie stark oder schwach, abnorm oder alltäglich, sehr freuen, vor allem, wenn sie schwierig oder unter besonderen Umständen erbeutet wurde.

Dass der kleinste einheimische Vertreter der Familie der Hirsche in vielen Revieren verteufelt wird, ist eine Fehlentwicklung. Rehe gehören in unsere Landschaft wie Bäche und Bäume, und der Begriff Rehwildbewirtschaftung ist in sich widersprüchlich, man kann wilde Tiere nicht bewirtschaften, könnte man es, wären sie nicht mehr „wild". Und Rehe sind eine liebenswerte Wildart, deren erfolgreiche und erfüllende Bejagung sämtliche Sinne des passionierten Jägers fordern und erfordern können.

Eins sein mit der Natur, Romantik, innehalten, reflektieren, hoffen, beobachten – Pläne schmieden, Strategien entwickeln, Spannung, sich mental und dann körperlich einsetzen, träumen, das bedeutet mir Bockjagd.

Ich wünsche, die Leser dieses Buches empfinden ähnlich.

Gert G. von Harling

Lüneburg, zum Aufgang der Bockjagd 2012

PRÄLUDIUM ZUR BOCKJAGD:

Nur träumen ist erlaubt

Es lagen noch fast zwei Monde vor mir, bis die Jagd auf Rehböcke wieder beginnen würde. Als noch das magische Datum 16. Mai den Jahresrhythmus vieler Jäger bestimmte, hätte ich weitere 15 Tage warten müssen. Eine wunderschöne, spannende Jahreszeit, obwohl sie manche Jäger als jagdarme Zeit bezeichnen. Die Luft war lau, tief atmete ich den Geruch frischer Erde in mich hinein, nachdem ich mich mit Diva, meiner jungen Bayerischen Gebirgsschweißhündin, ins Revier aufgemacht hatte.

Der Schnee hatte bis vor Kurzem noch alle Farben verdeckt, aber als ich zu Hause angekommen war, verzauberte bereits ein vorwitziger Krokus mit seiner lila Knospe den eintönig grünen Rasen, Osterglocken leuchteten aus dem nassen Gras, und auf dem Giebel des Hausdaches trippelten eilfertig zwei Bachstelzen, mit ihren langen Schwänzen wippend, in kleinen, flinken Schritten entlang. Gewiss waren mit ihnen auch die ersten Waldschnepfen aus dem Winterquartier zurückgekehrt.

Mit fröhlichen, nach Lachen klingenden Rufen schien auch der Schwarzspecht seiner Freude Ausdruck zu geben, dass sich der Winter dem Stand der wärmer scheinenden Sonne beugen musste, die kalte Jahreszeit sich allmählich ihrem Ende zuneigte. Der schwarze „Feuervogel" mit der roten Haube fußte am Stamm einer gewaltigen Buche und strich, als er uns gewahr wurde, mit weit ausholenden Schwingenschlägen davon.

Wir pürschten am Rande eines Fichtenaltholzes entlang. Der kalte Atem des Winters war merklich spürbar, der Erdboden im Schatten am Wegesrand noch gefroren. Die Entscheidung, wann der Winter endgültig weichen müsste, war im Dämmerlicht der dicht bekronten, hohen Bäume noch nicht gefallen.

Da verhielt Diva mit tiefer Nase, verwies frische Rotwildfährten auf dem ausgetretenen Wechsel. Mehrere Stück Kahlwild sowie zwei junge Hirsche waren hier in der vergangenen Nacht entlanggezogen.

Vor einem Jahr lag nicht weit von hier die von Wind und Wetter gebleichte und von Mäusen angeknabberte Abwurfstange eines jungen Achters. Die Passstange habe ich leider trotz intensiver Suche nicht gefunden.

Gespannt folgten Diva und ich den frischen Trittsiegeln, in der Hoffnung, dieses Mal mehr Glück zu haben. Geduckt zwängten wir uns unter den jungen Fichten hindurch, meine Augen starr auf den anmoorigen Boden gerichtet. Doch bald wurde ich abgelenkt. Vor uns sprang Rehwild ab. Kurz sah ich zwei auf und ab wippende Spiegel, dann wurden die beiden Stücke von einer dichten, grünen Wand aus tief hängenden Fichtenzweigen verschluckt.

Noch jemand hatte die Störung übel genommen: Markwart, der Eichelhäher. Mit krächzendem Ruf schreckte er mich aus meinen Gedanken, und wir krochen pitschnass auf den Hauptweg zurück, um unsere Pirsch zwischen Winter und Frühling fortzusetzen.

Ein Dompfaffmännchen hüpfte in einer Erle von Ast zu Ast, von Knospe zu Knospe und brachte mit seiner feuerroten Brustfärbung Leben und Farbe in das triste Landschaftsbild.

Am Rand einer verwaisten Viehweide hatten sich sechs Stück Rehwild niedergetan. Vor dem braunen, verdorrten Gras des Hintergrundes waren sie in ihrer grauen Färbung schwer auszumachen. Erst als Diva sich hinsetzte, starr zu dem kleinen Sprung blickte und die Rehe sich erhoben, bemerkte auch ich sie und nahm behutsam das Fernglas vor die Augen. Stünde es mit dem Geschlechterverhältnis im ganzen Revier so, wäre, glaubt man modernen Wildbiologen, der Idealfall erreicht, überlegte ich, während ich die Stücke näher betrachtete: zwei ältere Ricken, ein Schmalreh, ein Jährling und zwei jüngere Böcke. Einer von ihnen prahlte mit seinem Bastgehörn auffallend gegenüber seinem schwächeren Begleiter. Er hatte zwar nicht handbreit über Lauscher geschoben, so etwas gibt es auf den kargen Standorten in den Revieren der Lüneburger Heide nicht, doch vielversprechend hoch auf.

Aus den dunklen Fichtenkronen erklang das Rucksen eines Ringeltaubers. Während ich versuchte, den grauen Minnesänger in seiner hohen Warte ausfindig zu machen, sicherte Diva zur anderen Seite des Wiesenrandes. Ein weiteres Reh zog von dort auf den Sprung zu, ein Bockkitz mit nur kleinen Erhebungen vor den Lauschern, das bestätigte der Blick durchs achtfache Glas. Im Wildbret wirkte das Stück schwächer, gegenüber seinen Artgenossen fast zart.

Die Hündin hatte sich gesetzt und bebte am ganzen Körper. Welche Welten liegen zwischen dem Raubtier Hund, das der Mensch glaubt domestiziert zu haben, und dem modernen Jäger, der überzeugt ist, ebenfalls ein Stück Natur zu sein, wenn er jagt. Dabei wird ihm durch Gesetze, Beschränkungen und Bestimmungen oft sein Handeln eingeschränkt. Wahrscheinlich wäre ich ebenso aufgeregt wie meine Hündin gewesen, hätten Rehböcke keine Schonzeit mehr, hätten bereits gefegt und ich hätte den Kümmerer erlegen dürfen.

Ich beschloss, bald nach Aufgang der Bockjagd hier anzusitzen und schlenderte, als die Rehe fortgezogen waren, zu der Leiter in einer Erle am Rand der Weide, auf der ich ein Jahr nicht gesessen hatte. Von hier aus wäre das schwache Stück leicht zu erlegen, aber o weh! Die unterste Leitersprosse hatte dem Zahn der Zeit nicht standgehalten, war morsch geworden, brach, als ich hinaufsteigen wollte, und die nächste machte auch keinen sicheren Eindruck. Sie würde den Anforderungen der „Unfallverhütungsvorschriften Jagd" nicht genügen und vor allem meinem Gewicht nicht standhalten. Außerdem musste der Sitz freigeschnitten werden. In den nächsten Tagen würde ich noch einmal kommen müssen, statt mit Fernglas mit Hammer, Säge und Nägeln bewaffnet.

Als wir weiterzogen, flötete aus dem Erlengestrüpp ein Amselhahn. Nach den trüben, kalten Tagen wirkte das Lied des Frühlingskünders etwas verloren, aber voller Inbrunst und scheinbar voller Vorfreude auf den Wechsel der Jahreszeiten. Unverhofft glitt der schwarze Vogel auf den Erdboden, um in eiligen Sprüngen zwischen frisch aufgeworfenen Maulwurfshügeln hindurch auf Würmersuche zu gehen.

Als wir in der breiten Fahrspur des ausgefahrenen Sandweges weitergingen, verwies Diva eine grünlich braun gefärbte Kröte. Schwerfällig versuchte der kleine Lurch sich vorwärts zu bewegen, seine Glieder waren aber noch starr von der Kälte des Morgens.

Das plumpe Tier stimmte mich nachdenklich.

Wie viele Anstrengungen unternehmen Menschen, um den Lurchen mit Krötenzäunen, Schaffung besonderer Feuchtgebiete und anderer Schutzmaßnahmen das Überleben zu erleichtern. Diese Leute, die den früher als garstig verschrienen Kröten im guten Glauben helfen wollen, schimpfen gleichzeitig auf den „Kleinen roten Knospenfresser" oder den „Großen braunen Rindenfresser", den man vor wenigen Jahren noch als edlen Hirsch und den König der Wälder bezeichnete. Pessimistische Waidmänner befürchten bereits, dass das Ende des Schalenwildes in Deutschland eingeläutet wird.

Dunkle Gedanken, die schnell verflogen, als meine Blicke eine Bewegung erhaschten: Der eisige Wind spielte mit einem kleinen Büschel Hasenwolle und trieb

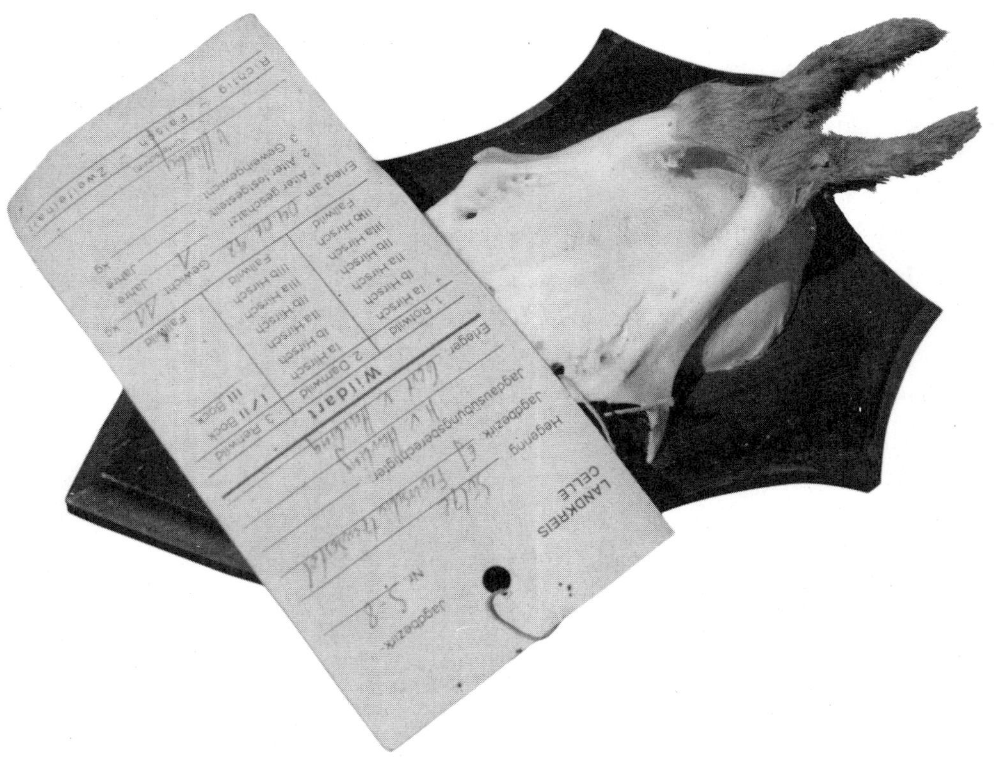

es vor sich her. Langsam schwebte es davon und blieb am Wegrand im trockenen Gerank der Himbeeren hängen. Offenbar hatten Rammler einer Häsin in der letzten Nacht arg zugesetzt.

Der Hase hat es bei uns von allen Wildarten wohl am schwersten, hat unzählige Feinde. „Alle, alle wollen ihn fressen“, heißt es in einem alten Gedicht. Meister Lampe konnte diesmal aber seinen Feinden und den Widrigkeiten des Wetters widerstehen. Hoffentlich gelingt es seiner Sippe immer wieder.

Meine Gedanken gingen zurück zu dem reparaturbedürftigen Hochsitz und dem schwachen Bockkitz mit dem kümmerlichen Knöpfen. Ich freute mich, ihm ab dem 1. Mai nachstellen zu dürfen, obwohl bis dahin viel Arbeit auf mich wartete.

Zwar freue ich mich über einen guten Sechser mehr als über einen Knopfbock, doch wie arm sind Jäger, die viel Geld für eine Jagdreise ins Ausland ausgeben, starke Trophäen erbeuten, aber kaum bereit sind, im heimischen Revier früh aufzustehen, alle Unbill des Wetters oder körperliche Anstrengungen in Kauf zu nehmen und in der wunderschönen Natur mit all ihren Geheimnissen, menschlichen Un-

wägbarkeiten und Schönheiten eine vielleicht nur geringe Chance zu nutzen, um einen Knopfbock zu erlegen. Sie betrachten das Waidwerk nicht als Ganzes, sondern beschränken sich, wenn sie von Jagd reden, auf den Abschuss des Wildes oder das Erbeuten einer Trophäe. Dabei sagt das hochkapitale Rehgehörn, das in einem Nachbarland unter Führung eines Berufsjägers erbeutet wurde, nicht so viel über den Erleger aus, wie ein uralter Abschussbock an der Wand eines passionierten Jägers in Deutschland.

Ich stufe meine erlegten Rehböcke nach dem Erlebniswert und dem Schwierigkeitsgrad des Erlegens ein. Warum sollte der schwache Jährling nicht trotz kümmerlichen Kopfschmuckes zu einer besonderen jägerischen Herausforderung werden?

Zufrieden machte ich mich mit Diva auf den Heimweg.

ZAGHAFTER BEGINN:

De - her Mai ist gekommen

Bereits im April begann das einförmige Grün der Wiesen allmählich abwechslungsreicheren Färbungen zu weichen und Anfang Mai zeigten sich das helle Lila des blühenden Wiesenschaumkrautes, die dunklen Flecken des Sauerampfers und an feuchteren Stellen das leuchtende Gelb der Sumpfdotterblumen. Der Farbton der Wiesen änderte sich von Tag zu Tag. Es würde nicht mehr lange dauern, bis sich das Weiß des Wiesenkerbels mit dem Rot der Kuckucksnelken, dem Violett des Wiesenstorchschnabels, dem Blau der Glockenblumen und dem Weiß der Margeriten vermischen würde. Die Natur fiebert dem Mai und damit dem endgültigen Aus des Winters jedes Jahr wieder aufs Neue entgegen. Zuletzt waren es Mauersegler und Pirol, die wie alljährlich als letzte Zugvögel aus dem Süden zurückkehrten und das Konzert der gefiederten Musikanten vervollständigten.

Aber nicht nur Tiere und Pflanzen erwarten ihn alljährlich sehnlich, auch die Jäger. Unser Wildmeister nannte diese Zeit den „Advent der Jagd auf den roten Bock" und den 15. Mai schlicht „Polterabend". Früher war es der 16. Tag des Wonnemonats, nun ist es bereits der erste, ab dem die Uhren vieler Jäger anders gehen, Tages- sowie Arbeitsrhythmus bestimmen.

Zwar war ich bis dato viel im Revier, hatte Nistkästen und Reviereinrichtungen kontrolliert, nach den Schnepfen geschaut, mich an den mit ihren Bastgehörnen prahlenden Rehböcken gefreut, aber es war eine Zeit des Schauens und stillen Genießens gewesen, keine Zeit des Beutemachens.

Anfang Mai machte ich mich dann mit Gesa zu einem Reviergang auf, wollte genießen, entspannen, beobachten, bestätigen, war nicht unbedingt auf Beute aus.

Gemütlich pirschten wir gegen den Wind zu den Örtzewiesen. Als wir aus dem Waldschatten traten, ruhten auf der Wiese zwei Ricken. Sie waren noch grau, ruppig in der Decke und genossen die wärmenden Strahlen der Sonne.

Während Gesa sich neben mir niedergelassen hatte, leuchtete ich die weite Wiesenfläche ab und entdeckte einen Bock. Er hatte sich unter einem Koppelzaun, an dem dunkles, braunes Gras stehen geblieben war und seltsame Kontraste auf dem Boden malte, niedergetan. Sein schwaches Bastgehörn sprach dafür, dass es ein Jährling war. Fast zweihundert Gänge trennten uns, und der Bewuchs zwischen uns war niedrig, bot zu wenig Deckung, um näher heranzukriechen. Erst weniger als fünfzig Meter vor dem Bock, fast mitten auf der Wiese, stand das Gras so hoch, dass ein Anrobben möglich gewesen wäre.

Als achtzehnjähriger Junge, so erinnerte ich mich, hatte ich mich einmal sehr an dieser Wiese und ihren vielen bunten Blumen gefreut. Mir kam damals das hohe Gras für einen willkommenen, ungestörten Lagerplatz mit meiner Freundin sehr gelegen. Heute wäre es für mein Vorhaben denkbar ungeeignet – so ändern sich die Zeiten, Einstellungen und Ziele. Die Kugel blieb im Lauf, der junge Bock am Leben.

Für eine halbe Stunde wollte ich verharren und in der Hoffnung, dass sich mehr sonnenhungriges Wild zeigte, die Fläche im Auge behalten. Ich scharrte das trockene Laub unter einer verkrüppelten Erle fort, lehnte mich an den dicken Stamm, kraulte Gesa hinter den Behängen und träumte so dahin.

Vor einem Jahr schlenderte ich am hellen Nachmittag nicht weit von hier auf einem breiten Sandweg, der rechts von einer etwa zehnjährigen, dichten Fichtenkultur begrenzt wird, zum Ansitz. Gesa lief zwanzig Meter vor mir her, als eine Ricke auf sie zustürmte, attackierte und mit den Vorderläufen „bearbeitete". Die verdutzte Hündin, an Schwarzwild nicht scharf, hatte bereits mehrere Stück Rehwild auf Nachsuchen niedergezogen; deswegen war ich erstaunt, als sie sich mit eingezogener Rute umdrehte und auf mich zu galoppierte. Die Ricke verschwand sofort wieder in der Dickung. Ob der Grund ihrer unverhofften Attacke ein Kitz war, das sie am Wegesrand abgelegt hatte, oder was sie sonst zu diesem ungewöhnlichen Verhalten bewogen haben mochte, war mir unerklärlich.

Auf einem der Koppelpfähle fußte ein Mäusebussard. Behäbig und plump wirkte er, ließ sich plötzlich wie ein Stein zu Boden fallen, flatterte schwerfällig zurück auf den Pfahl, verhielt reglos, äugte in die Runde, erhob sich kurz, und in seinen Fängen erkannte ich eine Maus. Nach wenigen Schwingenschlägen setzte sich der Mauser wieder auf die Wiese und begann seine Beute zu kröpfen. Durch das achtfache Fernglas konnte ich den Raubvogel genau beobachten und alles „hautnah" miterleben.

Raubvogel? Oh, nein! Ein Greifvogel ist er ja nach neuerer Wortschöpfung. Auch wenn er sich vielleicht, oder sogar gewiss, eine Muttermaus schmecken ließ und acht oder zehn nackte kleine Mäuse dem Hungertod auslieferte, sie zu „armen Waisenkindern“ machte, blieb er ein auf Beute ausgerichteter „Räuber“, der seinen Nachwuchs ernähren musste. Die Natur ist nach menschlichem Ermessen grausam. Manche Naturschützer versuchen das durch neue Wortschöpfungen zu verbrämen.

Plötzlich drehte der Wind. Der Tabakrauch aus meiner Pfeife schwebte von mir fort zu dem ruhenden Bock hin. Das war meine Chance. Fünf Minuten wartete ich noch, und als der Wind seine Richtung beibehielt, zog ich mich vorsichtig in den Wald zurück, um einen „Schlachtplan“ für mein weiteres Vorgehen zu entwerfen. Wenn ich die große Wiese umschlagen und mich dem Bock von der anderen Seite nähern würde, hätte ich in einer zwanzig- bis dreißigjährigen Fichtendickung genügend Deckung, um zur Wiese zurückzupirschen und auf gute Schussentfernung an das ruhende Stück zu gelangen.

Gedacht, getan! Zügig schlich ich los, erreichte nach einer Viertelstunde die Fichten und legte den Hund auf dem breiten Grasweg bei meinem Pirschstock ab.

Ein Sperberweib schoss pfeilschnell an der Kulisse des Waldes entlang. Ehe noch meine Sinne den eleganten Vogel voll wahrnahmen, war er wieder fort, von den Bäumen verschluckt. „Ein Sperberherz wiegt mehr als zehn Herzen von feigen Männern“, heißt es in einem arabischen Sprichwort. Daran dachte ich, als ich die Schneise entlangblickte, wo der flinke Greif verschwunden war.

Vorsichtig schlich ich, nun von der anderen Seite kommend, wieder Richtung Wiese, und rasch nahm mich die Schonung in ihrem schattigen Schutz auf.

So einfach wie angenommen war das Pürschen aber nicht. Trockene Äste, in Brusthöhe an den Stämmen und auf dem Boden, machten es zu einer körperlichen Strapaze. Immer wieder musste ich mich unter Verrenkungen zwischen den dicht zusammengedrängt stehenden Bäumen hindurchschlängeln, unter den vertrockneten Zweigen tief bücken und mitunter auf den Knien kriechen.

Obwohl es im Dämmerlicht des Waldes recht kühl war, rann der Schweiß ob der ungewohnten körperlichen Anstrengung von der Stirn übers Gesicht, lief in die Augen, die zu brennen begannen, und ließ die Brillengläser beschlagen.

Hut, Fernglas und Jacke hatte ich längst zurückgelassen, sie hätten meine Pirsch nur behindert.

Schließlich erreichte ich eine breite Rückeschneise, auf der weiches Gras wuchs und somit das Pürschen einfacher machte. Endlich konnte ich wieder aufrecht gehen. Genussvoll reckte ich mich, wischte mir den Schweiß von der Stirn, putzte die

Brille und schlich vorsichtig weiter. Behutsam Fuß vor Fuß setzend, sah ich zwischen den Fichtenstämmen hindurch endlich die helle Wiese herüber schimmern.

Als ich mich dem Waldrand näherte, erkannte ich auch den jungen Bock. Er ruhte immer noch an derselben Stelle. Neben ihm gewahrte ich ein weiteres, stärkeres Reh, eine Ricke. Sie äste vertraut von dem satten Grün, sprach ich durchs Zielfernrohr an.

Ich verharrte noch im Halbdunkel, nur wenige Meter trennten mich von der hellen Wiese. Erst geduckt, dann auf allen vieren kriechend, robbte ich vorwärts, da prasselten mit klatschenden Schwingenschlägen zwei Ringeltauben über mir fort. Erschreckt fuhr ich zusammen und duckte mich noch tiefer auf den Boden. Als ich meinen Kopf wieder über das Gras hob, hatte sich der Bock erhoben, und die Ricke äugte starr zu mir herüber. Unbeweglich beobachtete ich sie. Meine Geduld wurde auf eine kurze Probe gestellt, nach wenigen Augenblicken begann sie wieder zu äsen.

Ich ging in Anschlag, hatte beide Rehe im Absehen, aber schießen konnte ich nicht, sie waren durch das hohe Gras verdeckt. Als ich zum nächsten Koppelpfahl kriechen wollte, der mir als Auflage für meine Büchse dienen sollte, warf die Ricke ruckartig auf und äugte wieder gebannt in meine Richtung. Auf die kurze Distanz erkannte ich, wie ein Büschel Gras in ihrem Äser durch das Mahlen ihrer Kiefer immer kürzer wurde, bis es nicht mehr zu sehen war.

Der Bock zog unbekümmert näher und auch die Geiß beruhigte sich wieder. Trotzdem wartete ich noch, bevor ich weiterkroch und den Licht- sowie Sichtschutz des Waldes verließ.

Endlich erreichte ich den Zaunpfahl, erhob mich im Zeitlupentempo und ging erneut in Anschlag. Ruhig lag die Waffe auf dem Pfahl, klar hatte ich den Bock im Absehen. Der Wildkörper füllte fast das gesamte Blickfeld des Zielfernrohres aus, so nahe stand er. Jede Einzelheit erkannte ich auf der struppig-grauen Decke, aber der schwache Jährling stand spitz, ich musste mit dem Schuss warten. Während sich die Ricke immer weiter entfernte, zog er Schritt für Schritt näher.

Durch die ungewohnte, unbequeme Körperhaltung schmerzten meine Bein- und Rückenmuskeln, aber ich durfte mich nun nicht mehr bewegen, geschweige denn aufrichten und strecken, es waren nur knapp zwanzig Gänge, die uns trennten. Das Starren durch die Zieloptik wurde anstrengend, meine Augen begannen zu tränen. Kurze Herzschläge und Augenblicke wurden zu langen Minuten.

Doch endlich drehte der Bock sich zur Seite, und schon waren die wenigen Gramm Abzugswiderstand überwunden. Das Echo des Schusses hallte laut über die weiten Wiesen, kam vom Waldrand zurückgerollt und wieder herrschte Stille.

Als ich den wenigen Metern, die den Bock seine Läufe noch getragen hatten, auf der roten Bahn des verströmten Lebens folgte, sprangen mehrere Rehe ab, flüchteten zum Rand der Wiese, wo sie verhofften und vertraut zu mir her äugten. Und während ich vor dem Gestreckten in der blühenden Wiese kniete, kam Gesa mit sichtbar schlechtem Gewissen angekrochen. Sie hatte ihre gute Erziehung vergessen, ihren Platz verlassen, war voller Ungeduld neugierig meiner Spur gefolgt und bewindete den austretenden Schweiß des Einschusses auf dem Blatt, während ich mich in das frische Gras setzte und mir ein Pfeifchen Tabak gönnte.

Die Natur hatte den Knall des Schusses sehr bald verkraftet, vergessen. Aus den Fichten riefen verhalten zwei Tauber. Dann klangen die Rufe erregter, erschallten die melodischen, dunklen Strophen in kürzeren Abständen, und schließlich stieg einer der blaugrauen Vögel steil in den Himmel, klatschte mit den Schwingen und segelte davon.

Ein Kuckuck strich keckernd über die Wiese, blockte weit entfernt auf einem Zaunpfahl und war mit bloßem Auge nur noch als kleiner Punkt auszumachen. Minutenlang klang sein Rufen zu uns herüber, dann flog er weiter und nahm meine Gedanke mit.

Im Frühjahr saß ich dort, wohin er abgestrichen war, an einer größeren Lichtung im Wald auf einer Leiter, um Rehböcke zu bestätigen. Nach einer halben Stunde des Wartens, Lauerns und Lauschens zog eine Bache mit ihren Frischlingen zielstrebig über die Lichtung und verschwand. Kurz darauf erschien ein Überläuferkeiler, bummelte am Rande der Lichtung hin und her, verhoffte, brach hier und dort, und ich hatte auf knapp 40 Gänge über zehn Minuten Zeit, ihn zu beobachten. Plötzlich tauchte aus den nahen Fichten eine Kohlmeise auf und landete auf dem Rücken der Sau. Meine Annahme, der kleine Vogel würde allerlei Insekten aus der Schwarte sammeln, bestätigte sich beim Blick durchs Fernglas nicht. Nur kurz saß die Meise auf dem Schwein, verschwand wieder und war wenige Augenblicke später erneut zur Stelle. Deutlich erkannte ich, dass sie die längeren Winterborsten aus dem Rücken des Überläufers zupfte und, sobald sie genügend davon im Schnabel hatte, zu den Fichten flog, dort vermutlich ihre Bruthöhle auspolsterte und wieder zurückkam, um mehr Nistmaterial zu sammeln.

Während ich Gesa den Kopf kraulte, genoss ich diese Stimmung und wusste, dass die Tage nicht mehr fern waren, in denen früher das Dengeln der Sensen durch den Tag klang. Bald würde das rhythmische, laute Rattern der Mähmaschinen die Blütenpracht der Wiesen in kurzer Zeit vernichten. Blüte um Blüte, Blume um Blume,

Halm um Halm würden unter den scharfen Messern moderner Technik dahingerafft und dann würde sich der würzige Duft blühender Akazien mit dem süßen Geruch des gemähten Grases vermischen. Durch den Abschuss des Bockes, weit von dem überstrapazierten Begriff „kapital“ entfernt, war Platz für einen Stärkeren gemacht worden, so wie es seit Tausenden von Jahren nach dem Willen der Schöpfung geschieht, und wenige Wochen später würde dort, wo ich saß, ein anderer, ein guter Bock eine Ricke treiben.

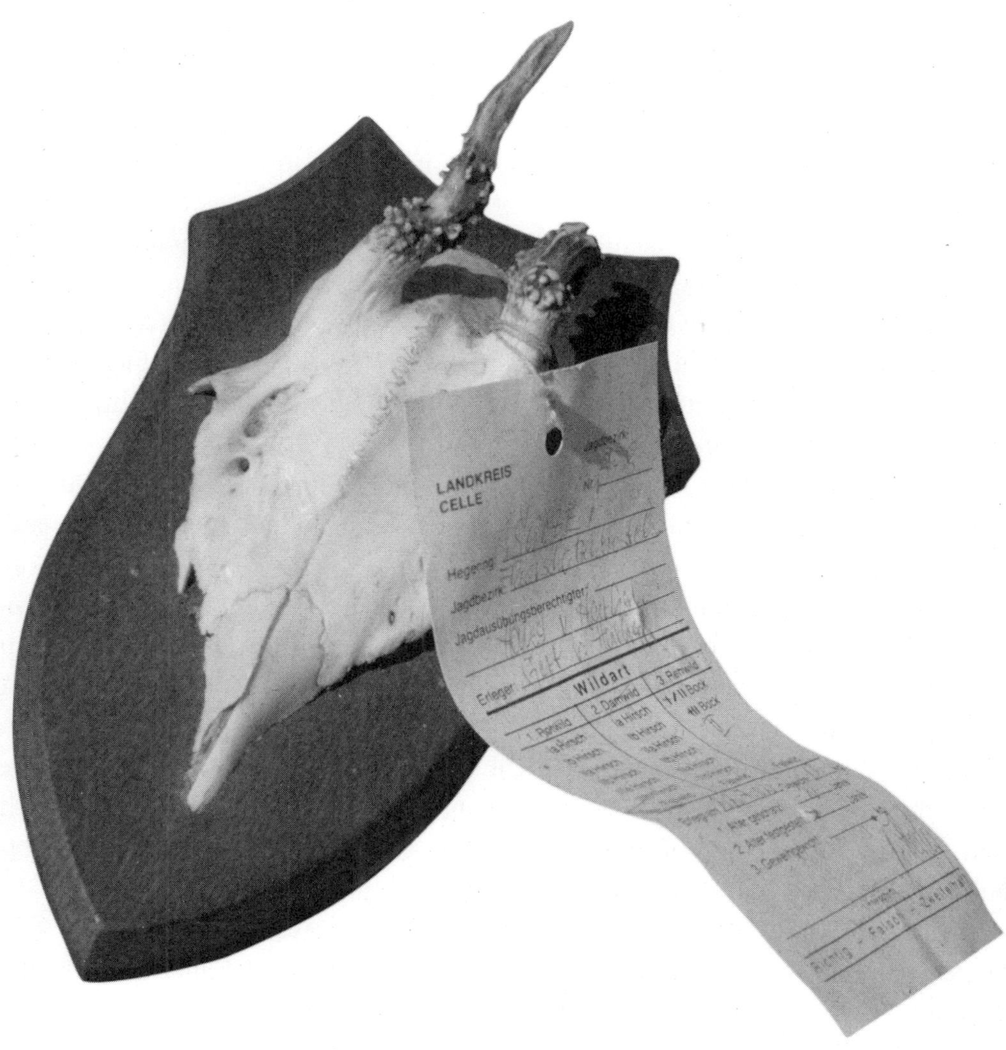

NICHTS FÜR TROPHÄENJÄGER:

Jagdglück ohne Souvenir

„Am 1. Mai soll die Saat so hoch stehen, dass sich eine Krähe darin verstecken kann“, lautet eine alte Bauernweisheit, und in einem Volkslied wird der Monat herbeigesehnt, um die Bäume wieder grün zu machen und die blauen Veilchen blühen zu lassen. Tatsächlich grünt und blüht es im Wonnemonat fast überall. Die Natur gerät in Aufruhr, präsentiert sich nach langem Schlaf voller Leben und bunter Schönheiten, obwohl die allerersten Frühlingsboten bereits wieder verblühen.

Der Raps, an dem ich vorbeigepirscht war, ließ lediglich ahnen, dass schon bald riesige, gelb leuchtende Schläge sein würden, wo nun grüne Felder mit einem Hauch von Gold standen. Die ehrwürdigen Eichen waren noch zurückhaltend. Ihre Knospen begannen gerade aufzuspringen.

Die Wiese, an der ich saß, war nicht mehr braun und verdorrt wie einige Wochen vorher, in zartem Grün spross aus dem feuchten Boden frisches Gras, neues Leben, Hoffnung.

Rehwild ist sonnenhungrig, drängt aus den schattigen Wäldern auf freie Flächen, wo es zarte Äsung erwartet. Warum sollte nicht auch der schwache Sechser mit dem verbogenen Gehörn, den ich auf der Wiese beobachtet hatte, als er noch Schonzeit genoss, bei gutem Licht austreten?

Vorerst tat er mir den Gefallen nicht. Es erschienen drei weibliche Stücke. Die Ricke mit ihrem vorjährigen Kitz war problemlos anzusprechen. Wenn es auch nach dem Duden nur eine Schreibweise für Wildbret gibt. Diese Ricke war wahrscheinlich so alt, dass sie es verdiente, mit zwei t am Ende geschrieben zu werden.

Bei dem dritten Stück tat ich mich schwer. Allem Anschein nach war es ein Schmalreh. Sicher aber war ich mir nicht, so sehr ich auch spekulierte und durch das zehnfache Glas starrte. Ein Gesäuge konnte ich nicht entdecken, verfärbt war das Stück auch, aber ich geriet nicht in Versuchung.

Drei oder vier Mal so viele Böcke wie Ricken habe ich in meinem Leben geschossen. Dass die Jagd auf weibliches Wild weniger spannend sein, weniger Erfüllung bringen soll, habe ich nie verspürt.

Gehörne an der Wand erinnern mich, wenn ich mit ihnen allein zu Hause sitze, mit vergangenen Erlebnissen Zwiesprache halte, an schöne Stunden im Revier. Kann man sich diese Erinnerung nicht ab und zu zurückholen, mag der Abschuss der einen oder anderen Geiß mit der Zeit in Vergessenheit geraten, Trophäen rufen noch nach vielen Jahren die Stunden und Stimmungen, das Jahr und die Jahreszeit der Erbeutung ins Gedächtnis zurück, die Erlegungsgeschichte trophäenloser Stücke schleicht sich, wenn sie weniger spektakulär war, leichter aus der Erinnerung.

Soll ich das kerngesunde Reh erlegen, nur weil ein von Menschen errechneter und festgelegter Abschuss erfüllt werden muss? Es wäre keine große Kunst, aber der Schuss würde mit den Jahren wahrscheinlich bei mir im Meer der Vergessenheit versinken.

Aufgeregtes Vogelgezeter drang aus den hohen Erlen. „Der erhoffte Bock", schoss es mir durch den Sinn. Die Überlegungen um die einzelne Ricke waren im Nu verweht.

Wenige Minuten nach angespanntem Warten und Horchen, schnürte aus dem dichten Unterwuchs des Erlenwaldes ein Fuchs. Er war es, der nicht nur bei Rotkehlchen, Amsel und Zaunkönig, sondern auch bei mir für Aufregung gesorgt hatte, nicht der erwartete Bock.

Ich konnte nicht ansprechen, ob es eine Fähe oder ein Rüde war. Es war auch einerlei. Bei uns wird nach guten alten Regeln der Waidgerechtigkeit gejagt, in der Brut- und Aufzuchtzeit kein Fuchs geschossen. Die Hysterie, die schon fast zur Ausrottung von Reineke ausruft, ist auf unser Revier noch nicht übergesprungen. Auch der rote Freibeuter will leben und muss Beute machen. In Maßen sollte man es ihm gönnen, schließlich hat er ältere Rechte auf die Wildbahn, seine Art muss seit tausenden von Jahren von ihr leben und überleben, im Gegensatz zum modernen Jäger „Mensch".

Am Rande des Erlenwaldes schnürte Reineke fort und meine Blicke verfolgten ihn durch das Fernglas, bis er um die Ecke gebogen und verschwunden war.

Langsam schwenkte das Glas weiter, ich leuchtete den gegenüber der Wiese liegenden Waldrand ab und zuckte abrupt zusammen: Noch ein Fuchs! Aber schon einen Atemzug später bemerkte ich meinen Irrtum. Es war nicht Meister Reineke, der da aus dem Unterholz herausschnürte, ein Reh, besser Rehlein, war es, das 200 Meter entfernt von dem Baum, an dessen Stamm ich auf dem Erdboden saß, auf die Wiese trat. Im Vergleich zu den Stücken, die rechts von mir standen, war es auffallend schwach, die Decke erschien struppig und mehr grau als rot. Ein Unbefangener hätte annehmen können, das Stück habe die Räude.

Verstohlen lauschte ich hinter mich und versuchte auch mit dem Glas eine Bewegung auszumachen, aber es tat sich nichts. Der krumme Sechser ließ sich nicht blicken. Das kümmerliche Reh stattdessen zog von mir fort.

„Wir Jäger müssen uns auf unsere ursprüngliche Funktion besinnen. Wo der Wolf jagt, wächst der Wald, und wo der Wald wächst, leben gesunde Rehe und können nicht ausgerottet werden", sagte mal ein Freund von mir. In einer intakten Natur wäre das schwache Reh längst dem Raubwild zum Opfer gefallen, dachte ich, und den Bock würde ich auch später bekommen.

So schlich ich tief geduckt im Schutz des Waldes in die Richtung des grauen Rehs. Das feuchte Laub verriet meine Schritte nicht. Als ich nach vierzig oder fünfzig Metern keine Deckung durch die hohen Baumstämme mehr hatte, kroch ich an einem trockenen Wiesenrain entlang, der in die Richtung meines Ziels führte.

Ab und zu hob ich vorsichtig den Kopf, und dann zeigte mir das Reh seinen Spiegel. Endlich konnte ich sicher ansprechen und meine Vermutung bestätigte sich: Keine Spinne. Es war ein Schmalreh, das da langsam von mir fortzog. Vorsichtig streifte ich den Tragegurt meines Fernglases über den Kopf und ließ das Glas im Gras zurück, es störte mich bei meiner Kriecherei.

Auf achtzig Gänge hatte ich mich dem Stück bereits genähert, meine Gliedmaßen schmerzten von der ungewohnten Fortbewegungsart. Ich setzte mich aufrecht, stützte die Ellenbogen auf meine Knie und visierte das Reh an. Ruhig stand das Absehen des Zielfernrohres hinter dem Blatt. Als das Schmalreh schließlich breit stand, fiel der Schuss.

Bevor das Echo des Knalles vom Wald, der das weite Wiesental umgrenzt, zurückgeworfen wurde und meine Ohren streifte, war das Reh zusammengebrochen, im Gras verschwunden.

Der Schuss ließ das Vogelkonzert im Erlenwald verstummen. Zilpzalp und Schwarzdrossel, Mönchsgrasmücke und Buchfink schwiegen. Für kurze Zeit nur. Als ich nach zehn Minuten Wartepause zu meiner Beute ging, begann es um mich herum wieder zu singen, zwitschern und pfeifen, als sei nichts Außergewöhnliches vorgefallen. Und doch war für mich etwas Besonderes geschehen. Anstatt eines Bockes mit einem interessanten Gehörn hatte ich am 16. Mai ein schwaches Schmalreh erlegt.

Jagen ist eine herrliche Aufgabe, voller Zweifel, aber auch voller Glück. Gewiss erinnert mich eine Trophäe lange an die Erbeutung ihres Trägers, aber dieses Schmalreh wird ebenso in meiner Erinnerung bleiben.

FAST AUF TUCHFÜHLUNG:

Mein Elf-Meter-Bock

In manchen Ecken des Rittergutes, auf dem ich mit meinem Bruder aufwuchs und das inzwischen bereits von meinem Neffen bewirtschaftet wird, kannten wir fast alle Rehböcke, glaubten es zumindest, und verfolgten ihre Entwicklung über Jahre. Es gibt aber auch Abteilungen im Revier, in denen man Rehwild selten oder nie zu Gesicht bekommt. So in der „Heide". Wenn man den Gutshof verlässt, beginnt sie nach knapp zwei Kilometern linker Hand vom Wolthäuser Weg.

Ich erinnere mich, dass in meiner Jugend Müller Camp, ein Mann aus dem Nachbardorf Eversen, seine Bienenkörbe dorthin brachte. Die „Immen" fanden über den Sommer genügend Nektar in dem üppigen rot-violett blühenden Heidekraut, und als „Mietzins" bekam meine Mutter im Herbst ein paar Gläser Honig.

Die Zeiten, in denen Wanderschäfer mit ihren Schnucken dafür sorgten, dass sich links und rechts des Wolthäuser Weges kein höherer Bewuchs als Heidepflanzen entwickeln konnte, wegen der Schafe kein Anflug hochkam, waren aber längst vorüber. Naturverjüngung wuchs heran, erste Aufforstungen kamen hinzu, und was neben einigen kleinen Heideparzellen blieb, war lediglich der Name für diese Fläche, auf der Kiefern aller Altersstufen standen. Zwar kamen vereinzelt Birken hoch, dazwischen versuchten sich kümmerliche Fichten zu entwickeln, doch mehr gab der spärliche Sandboden nicht her.

Rehwild hatte sich von der Entwicklung in der „Heide" kaum beeindrucken lassen, aber man sah es selten so lange, dass die Zeit zum Ansprechen und Schießen reichte. Wahrscheinlich hatte hier mehr Rehwild seinen Einstand, als ich vermutete. Im Sand des Wolthäuser Weges standen frische Fährten, Fege- sowie Plätzstellen, und Verbiss verriet die Anwesenheit von Wild. Trotzdem stand kein Hochsitz in dem großen Bestand. Die wenigen Blößen waren zu klein, als dass der Ansitz auf einer Leiter Erfolg versprechen würde, es wäre Zufall, ein Stück anzutreffen.

Ich war beim ersten Licht an der Heide vorbei den Wolthäuser Weg hinuntergepirscht, hatte hinter der Herrschaftlichen Bahn gesessen, bis mich die Sonne zu wärmen begann. Drei Rehböcke hatte ich beobachtet: Zwei Jährlinge waren vertraut in meiner Nähe durch die Kiefern gewechselt, machten aber nicht den Eindruck, als lebten sie in der Furcht vor einem älteren, starken Bock, dessen Einstand ich hier vermutete. Auch der Sechser, ebenfalls ein Jüngling, kam mir ziemlich respektlos vor, benahm sich, als sei er der Platzbock und kein Rivale weit und breit. Gelassen, ruhig, nicht den Anschein von Nervosität, Unruhe oder Angst erweckend, zog er vierzig Gänge entfernt am Rand der Schonung entlang und verschwand.

Als ich mich von dem Baumstumpf, auf dem ich gesessen hatte, erheben wollte, vernahm ich aufgeregtes Vogelgezeter. All die kleinen Gefiederten des Waldes schienen sich in einer alten Fichte versammelt zu haben. Das war ein Geflatter und Gekreische in luftiger Höhe, und immer neue Ankömmlinge stießen dazu. Goldhähnchen, Buchfink, Tannen- und Haubenmeise hörte ich heraus, Zaunkönig und Waldlaubsänger.

Die Fichte war hoch und hatte eine undurchsichtige Krone. Undeutlich erkannte ich durch das Fernglas ein größeres, graues Etwas, dicht an den Stamm gedrückt, umschwirrt und angeschrien von der lärmenden, zeternden Vogelschar.

Ein kräftiger Schlag gegen den Fichtenstamm mit einem trockenen Ast, und schon herrschte für einen Augenblick Ruhe unter dem aufgeregten Vogelvolk. Dann löste sich aus dem dichten Gewirr der Baumkrone ein dunkler Federklumpen, ein Waldkauz. Breite, runde Schwingen klafterten weit auseinander und schwebten zwischen den hohen Bäumen davon, so leise und so plötzlich, dass manche der durcheinander flatternden Vögel es gar nicht zu bemerken schienen. Nur einige verfolgten den „Totenvogel“, als er in das Halbdunkel der anderen Bäume eintauchte.

Eine Weile lärmte es noch in den Zweigen, dann verlor sich die aufgeregte Schar nach allen Richtungen. Der Wald hatte seinen äußerlichen Frieden wieder.

Einen stärkeren, reifen Bock würde ich hier wohl nicht finden, überlegte ich. Es war mittlerweile früher Vormittag. Mit Wildanblick rechnete ich nicht mehr. So schlenderte ich unaufmerksam den Weg zurück, schmiedete bereits Pläne für den Abendansitz, wägte ab zwischen Bruchwiesen, Süßem Winkel und Findelgehege, dachte an das unterschiedliche Äsungsangebot an diesen Stellen und grübelte über die sich möglicherweise bis zum Abend noch ändernde Windrichtung nach.

Ein Kolkrabe strich heran. Erst als er über mir war und ich den keilförmigen Stoß erkannte, sprach ich ihn als den Wotansvogel an, so versunken war ich.

Da sprang ein Reh vor mir über den breiten Weg, riss mich schlagartig aus meinen Gedanken und verschwand schreckend in der Heide.

Es waren nur wenige Augenblicke, in denen ich es gesehen hatte, aber sie genügten, um es als Bock anzusprechen. Auf die kurze Entfernung hatte ich Stangen zwischen den Lauschern erkannt, nicht übermäßig stark. Solange ich zurückdenken kann, war in der Heide nie ein starker Rehbock gefallen, aber derjenige, der da abgesprungen war, war kein schlechter. Mein Bruder hatte hier einen mit abnorm wirkendem Gehörn gesehen, ebenfalls nur für Momente, die zum Ansprechen nicht ausgereicht hatten. Reglos stand ich am Rand des Weges, lauschte und ärgerte mich über meine Unachtsamkeit.

Der Mensch hat neun Zehntel der Zeit, die er als Gattung existiert, als Jäger zugebracht. Mit dem kurzen Anblick des Rehbockes erwachte in mir wieder der Jäger, der Ehrgeiz und der Drang ihn zu besitzen, zu erlegen, zumal – fast höhnisch – noch einmal kurzes Schrecken aus der Heide herüberklang.

Langsam pürschte ich weiter, zwanzig, vielleicht auch nur fünfzehn Schritte, dann stand der Wind ideal, direkt von dort, woher ich das „Böh! Böh!“ vernahm, wehte ein leichter Lufthauch.

Vorsichtig setzte ich Fuß vor Fuß und schlich Schritt für Schritt in den dichten, unübersichtlichen Kiefernbestand, Sicht hatte ich höchstens vier oder fünf Meter. Ich verharrte bewegungslos, nachdem ich mich acht bis zehn Schritte vom Weg entfernt hatte. Mehrere Minuten benötigte ich für diesen anstrengenden Schleichmarsch.

Nicht weit vor mir, vielleicht zehn Gänge entfernt, brach es hell und dröhnte plötzlich dumpf und regelmäßig. Kein Zweifel: Der Bock plätzte und fegte. Mit den Augen konnte ich keine auch noch so kleine Bewegung wahrnehmen, lediglich zwei zirpende Kohlmeisen brachten mit ihren gewandten Turnübungen Unruhe in die Kiefernäste.

Vorsichtig machte ich drei weitere Schritte. Zweige streiften sacht rauschend an meiner Jacke entlang. Furchtbar laut, befürchtete ich, aber die Bäume um mich herum standen zu dicht, als dass ich mich geräuschlos des störenden Kleidungsstückes entledigen konnte. Noch langsamer, noch behutsamer musste ich sein.

Ein Eichelhäher strich davon, huschte, stahl sich fort, wie jemand, den ein schlechtes Gewissen plagt. Das war ganz gegen die übliche Art eines Markwarts. Wie oft hat mich dieser Schreihals mit seinem lauten Gekrächze während der Jagd schon geärgert, Wild gewarnt und mir manche Pürsch vermasselt. Diesmal atmete ich erleichtert auf, als der bunte Vogel verschwunden war.

Da begann das Krachen und Poltern erneut. Ich wagte weitere fünf Schritte, bis wieder Stille herrschte, stand mucksmäuschenstill. Nach einer kurzen Ruhepause prasselte es noch einmal, ich konnte mich wieder einige Schritte näher heran wagen.

Unaufhörlich versuchten meine Augen die grüne Wand zu durchdringen. Da sah ich Zweige zittern, dann schwankten einige Bäumchen wild hin und her.

Zwei Schritte machte ich noch und ging dann in die Knie. Den Kolben der Büchse an die Wange gedrückt, erblickte ich zehn Meter vor mir etwas Rotes: den Bock. Aber wo war hinten, wo vorn? Unmöglich, es auszumachen.

Gespanntes Warten und Starren. Noch einmal schlug eine kleine Kiefer stürmisch hin und her, ich wusste, wo sich das Blatt des Bockes befand, und im Schuss erkannte ich eine hohe Flucht.

Erst nach langen Minuten, einer kleinen Ewigkeit, während der ich auf dem Nadelboden saß und wartete, wurde mir bewusst, dass ich wie zum Gebet meine Hände gefaltet hatte, bis ich geduckt zum Anschuss ging.

Eine Eidechse huschte davon. Als ich mich bückte, dort, wo der Bock die Kugel bekommen hatte, bemerkte ich einen kleinen, braunen Schmetterling auf dem hohen Heidekraut, ein „Landkärtchen". Jetzt, aus der Nähe, sah ich zum ersten Mal bewusst, dass der Falter seinen Namen zu Recht trägt. Die Muster auf den ausgebreiteten Flügeln ähneln tatsächlich den Seiten eines aufgeschlagenen Atlanten.

Erschreckt wurde mir bewusst, dass ich mich aus reinem Beutetrieb lediglich auf Geräusche und Bewegungen des Bockes konzentriert hatte und über mehr als ein halbe Stunde hinweg die anderen Schönheiten der Natur, die wertvollen Kleinigkeiten um mich herum, nur oberflächlich bemerkt hatte.

„Huiii" schallte es da über mir, fast wie der klagende Schrei einer Katze. Froh und beglückt hallte der Ruf eines Mäusebussards durch die vormittägliche Stille des Kiefernwaldes, während sich der große Vogel scheinbar schwerelos immer höher tragen ließ und mit ausgebreiteten Schwingen den Wolken entgegenschwebte.

Den Knall des Schusses hatte der Bock nicht mehr vernommen. Vier, fünf Fluchten hatte er noch in die jungen Kiefern gemacht. Als ich mich durch das Gewirr der niedrigen Stämme zu ihm arbeitete, war er längst verendet, und ich hielt Totenwacht bei einem alten, über siebenjährigen Spießer, dessen linker Rosenstock eine alte Verletzung hatte. Die Stange war seitlich herausgewachsen, was ich vorher nicht bemerkt hatte.

Ich mag keinen Trophäenkult, was aber nicht bedeutet, dass ich mich nicht an einer guten Trophäe freue, besonders an einer abnormen. Dazu war es auch diesmal wieder wunderbares Bemühen, meinen jagdlichen Sachverstand mit den Instinkten des Wildes messen zu können.

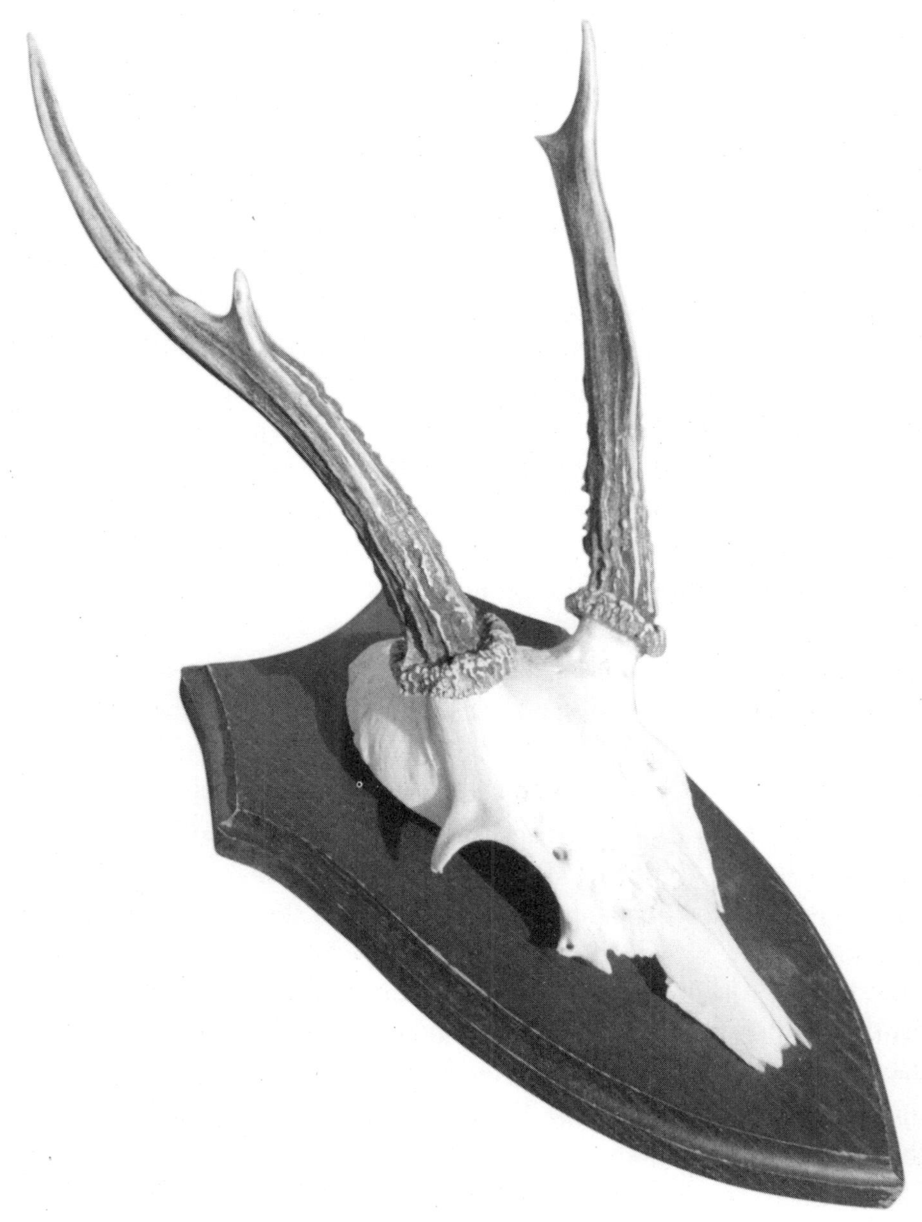

„VERLORENE" ZEIT:

Weckruf aus der Tiefe

Der Mensch ringt seit jeher mit der Zeit, versucht sie in den Griff zu bekommen, zu verändern, so wie er vieles für seine Zwecke umformen, verbessern oder rückgängig machen kann. Die Zeit aber ist unumkehrbar, Vergangenes wird klar erkennbar, Zukünftiges liegt wie in tiefem Nebel undurchschaubar vor ihm. Ihr ist er hilflos ausgeliefert. Es bleibt ihm nur, sie zu ordnen, um sie optimal zu nutzen. Wo seine „innere Uhr", die den Lebensrhythmus reguliert, nicht ausreicht, bedient er sich Hilfsmitteln, Uhren. Sie sollen die Zeitläufe, Wechsel von Tag und Nacht, Phasen des Mondes und der Sonne oder Jahreszeiten vorgeben, verfeinern. So entwickelte er, beginnend mit Wasser-, Sonnen- und Sanduhren, immer präzisere Instrumente, um den steigenden Bedürfnissen zu genügen.

Wo Zeitspannen genau berechnet werden müssen – ich liebe ein exakt viereinhalb Minuten lang gekochtes Frühstücksei, bin Anhänger von Pferderennen, wo es um Bruchteile von Sekunden geht –, braucht man eine Uhr. Auf der Jagd aber habe ich sie nie vermisst. Vielleicht, weil ich beim Jagen glücklich bin. Das Sprichwort verheißt ja: „Dem Glücklichen schlägt keine Stunde."

Wer längere Zeit in Ländern gejagt hat, in denen Uhren lediglich lästiger Ballast sind, und sich im jagdlichen Tagesablauf nach dem Stand der Sonne richtet, den Mond bestimmen lässt, wann immer er sich vom Lagerfeuer verabschiedet, der versucht auch in der „zivilisierten Welt" auf einen Chronometer zu verzichten. Ich brauche auch kein hochwertiges Markenprodukt als Prestigeobjekt mit Hirschgeweih auf dem Ziffernblatt oder teurer Gravur einer Jagdszene auf der Rückseite des Gehäuses, ich will keinen Stunden-, keinen Minuten- und keinen Sekundenzeiger, der an das Ende einer Jagd mahnt oder an irgendein anderes Ende erinnert.

Ich besitze, was man biologisch als innere Uhr bezeichnet, erwache vor Kälte, wenn über Nacht das Lagerfeuer erloschen ist oder das morgendliche Vogelkonzert mich aus dem Schlummer reißt. Fand ich als Junge, dem Alkohol und geselligen Runden vor und nach der Jagd nicht abgeneigt, erst spät oder früh ins Bett oder kroch in den Schlafsack, dachte ich vorm Einschlafen schon an den Morgen. Stand eine Frühpirsch, Hahnenbalz oder Jagdeinladung bevor, war ich früher als nötig auf den Läufen und benötigte keinen Wecker. Galt es berufliche Pflichten zu erledigen, überhörte ich oft das laute Wecksignal und hatte Schwierigkeiten, mich von meinem Lager hochzuquälen.

In Deutschland sind manche Jäger von Uhren abhängig, bedienen sich mangels Passion oder jagdlichen Könnens sogar solcher, die auf Kirrungen verborgen anzeigen, zu welcher Stunde Wild dort war, oder jener, die über ein Telefon melden, wann es Zeit ist, zum Ansitz zu eilen – „Bei Anruf Mord!"

Aber es gibt auch Uhren, die mir gefallen.

Im Schloss eines Freundes, bei dem ich schon in meiner Jugend jagen durfte, steht eine dieser alten Standuhren, die außer Tageszeit, Monat, Jahr, Stand des Mondes, mancher Sterne und der Sonne einiges mehr, woran ich mich nicht erinnern kann, anzeigt. Sie war das Hochzeitsgeschenk und Mitgift der Urgroßmutter des jetzigen Besitzers, und so erfreute sich bereits die vierte Generation der Schlossherren an diesem Wunderwerk der Technik. Schließe ich die Augen, so denke ich noch heute an die Jagden in meiner Jugendzeit, vermeine noch immer den dunklen, sonoren Glockenschlag des Läutewerkes zu vernehmen, so beeindruckt war ich von diesem Meisterstück alter Handwerkskunst.

Um diese wertvolle Standuhr rankt sich eine bemerkenswerte Geschichte. Als die Hochzeit der Schwester des jetzigen Besitzers bevorstand, wollte der Vater seiner Tochter ein besonderes Geschenk machen. Er erzählte einem Antiquitätenhändler von der Uhr und bat, ein ähnliches Stück zu besorgen. Einige Wochen später zeigte der Händler dem Schlossbesitzer das Bild einer Uhr, die sich bei näherem Hinsehen als das Erbstück entpuppte. Das Foto war im Schloss aufgenommen, gestochen scharf, die Uhr darauf deutlich zu erkennen. Der Händler versprach, diese Uhr in kurzer Zeit zu liefern. Es stellte sich heraus, dass eine Gruppe von Ausländern insgeheim Aufnahmen antiker Gegenstände in Herrenhäusern auf dem Lande machte und diese dann nach Bedarf entwendeten. Der Bande konnte das Handwerk gelegt werden.

Eine andere Uhr, eine hochwertige Taschenuhr, ist mir ebenfalls gut in Erinnerung. Einer meiner Jagdgäste trug sie auf der Büffeljagd in Tansania. Sie war aus Gold, nach den Wünschen ihres Besitzers gefertigt, mit Diamanten bestückt und hatte über 50.000 Dollar gekostet. Auch sie war ein handwerkliches Kunstwerk. Mir imponierte an ihr besonders, dass in dem kleinen Gehäuse eine Weckfunktion eingearbeitet worden war. Jeden Morgen drang helles, klares Piepen aus dem Zelt des Gastes an meine Ohren.

Nach dieser Einleitung über eine Erfindung, die uns mancher Lebensqualität beraubt, auf die Schnelllebigkeit und das Vergängliche im Leben hinweist, uns daran erinnert, dass mit jeder Bewegung des Zeigers das eben Gegenwärtige verloren ist, das zeitliche Ende näher rückt, komme ich zu meinem Uhrenbock.

In einer Zeit, in einem Land, in dem alles reglementiert, geregelt oder perfekt durchorganisiert ist, läuft anscheinend nichts mehr ohne Uhr, ohne präzise Zeitangaben, auch nicht auf der Jagd, zumindest einer Gesellschaftsjagd.

„Uhrenvergleich!“, „Treiber rein um zehn Uhr“, „Hunde los elf Uhr“, „Ab neun Uhr darf geschossen werden“, „Hahn in Ruh vierzehn Uhr“ – solche oder ähnliche Anordnungen sind zu Beginn heutiger Drückjagden notwendig, obwohl sie mir fremd, ja überflüssig schienen, bis ich meine Einstellung änderte, als ich aus fernen Jagdgründen in die Heimat zurückkehrte und Schriftleiter einer Jagdzeitschrift wurde.

Damals lobte eben diese Zeitschrift für den Werber eines Abonnenten eine exklusive Taschenuhr als Prämie aus, und ich bekam ein solches Prachtstück geschenkt. In charakteristischer Frakturschrift zierte der Namenszug der Zeitschrift dezent das schwarze Zifferblatt mit Leuchtzeigern und fluoreszierenden Zahlen. Das stabile Gehäuse war olivgrün, „stainless“, also rostfrei, wasserfest und stoßsicher. Alles glich mehr einem Schmuckstück als einem schnöden Gebrauchsgegenstand. Das Besondere war, dass diese handliche Uhr eine Weckfunktion besaß. Sie imponierte mir sehr, und ich trug sie, nicht um die Tageszeit zu erfahren, sondern ich fand sie einfach schön.

Aber ich erinnere mich auch an Begebenheiten, wo ich mein Schmuckstück zu Hause ließ, um nicht durch den Blick darauf abgelenkt zu werden.

Es begab sich, als die Schonzeit für Rehböcke vorverlegt worden war und die Schusszeit bereits am 1. Mai begann. Ich hatte mich von der lauten, geschäftigen Welt verabschiedet und saß mit meiner Hündin in einem erhöhten Schirm am Schilfrand eines Tümpels. Mein Bruder, Besitzer des Gutes, hatte nach einer Sturmkatastrophe vor vielen Jahren mit Sondergenehmigung mehrere Teiche ausbaggern lassen, um die vielen Festmeter Stammholz, die dem Orkan im wahrsten Sinne des Wortes zum Opfer gefallen waren, im Wasser zu lagern, ohne dass das Holz Schaden nahm.

Einige Jahre später, als die Wunden, die der Sturm geschlagen hatte, zu vernarben begannen, das Holz verkauft war, hatten sich die Teiche zu idealen Lebensräumen für allerlei Getier entwickelt. Es leben dort Eisvogel, Rohrweihe und Fischreiher, eine reiche Kleinvogelwelt schwirrt in dem Weiden- und Erlengestrüpp umher, und im Wasser tummeln sich Rotaugen, Barsche, Aale, Forellen und Hechte. Wahrscheinlich war der Laich durch Wildenten eingeschleppt worden.

Später wurde mein Bruder aufgefordert, das Gelände in den Urzustand zurückzuversetzen. Hätte er sich kampflos ergeben, wären wertvolle Lebensräume für Pflanzen und Tiere unwiederbringlich zerstört worden, aber er widersetzte sich – mit Erfolg, und deshalb darf ich hier noch jagen.

„Die beste Wärterin der Natur ist die Ruhe", sagte William Shakespeare, auf dieses idyllische Refugium trifft der Ausspruch zu.

Vor einigen Jahren spürte ich im schlammigen Ufersand einen Marderhund und erzählte befreundeten Jägern von meiner Beobachtung. „Pass auf, dass der verdammte Einwanderer nicht unter deinem Niederwild aufräumt, Marderhunde muss man immer schießen", war die Reaktion. Nennenswerte Niederwildbesätze hat es in unserem Revier und auch in der weiten Umgebung nie gegeben. Die Hysterie über den „Neubürger" war unbegründet. Doch: „Wenn sich ein Laster genügend verbreitet hat, wird eine Tugend daraus", meinte der amerikanische Entertainer Frank Sinatra und zielte damit auch auf Jäger, die kein schlechtes Gewissen haben, in der Setz- und Aufzuchtszeit Füchse, Marderhunde und Co. zu schießen.

„Einwanderer?", grübelte ich weiter. Vor 8000 Jahren war Deutschland, wahrscheinlich halb Europa, mit Eis bedeckt. Alles, was hier kreucht und fleucht, ist später eingewandert. So gesehen sind Mink, Waschbär und Marderhund Fremdlinge in Deutschland. Aber auch der Mensch, wir Menschen, sind Einwanderer, auf Neudeutsch Lebewesen mit Migrationshintergrund.

Als ich im vergangenen Jahr auf dem Sandweg zwischen den Teichen entlangpirschte, entdeckte ich riesige Abdrücke im feuchten Erdreich. Hätten da nicht groß und deutlich Afterklauen links und rechts hinter jedem Trittsiegel gestanden, wäre ich, in der Annahme, es sei ein Rind gewesen, achtlos weitergegangen. So aber verbrachte ich manchen Morgen- und Abendansitz dort. Zwar hatte ich nie ein Stück Schwarzwild an den Teichen gesehen, aber seither sitze ich noch lieber in diesem abgelegenen Refugium.

Zwei Wochen später, Bäume und Büsche waren noch kaum belaubt, hatte ich drei Stück Rehwild an den Teichen beobachtet. In dem kleinen Sprung stand ein

Bock, er wirkte struppig und abgekommen, sein Gehörn war nicht verfegt, ich erkannte nur eine kurze, knuffige Stange, bevor sich die Rehe meinen Blicken im dichten Brombeergerank entzogen. Mein Bruder hatte ein Jahr zuvor dort ebenfalls einen Rehbock mit nur einer Stange gesehen, sie erschien kurz und auffallend dick.

In den nächsten Wochen schritt die Vegetation so weit fort, dass das Wild wieder viel Deckung fand, sich vor den Augen des Jägers verbergen konnte und es schwierig war, ein Stück zu überlisten. Mir stand der Sinn aber nicht danach, unbedingt einen Bock auf die graue Decke zu legen. Solange Rehe nicht verfärbt haben, sind sie vor mir sicher, es sei denn, mir begegnet etwas Besonderes, Abnormes oder Krankes.

Damals, in der ersten Hälfte des Wonnemondes, wollte ich mich in meinem Schirm damit begnügen, das vielfältige Leben im und am Schilf zu beobachten, den Stimmen der Vögel zu lauschen, das Spiel der Libellen und Schmetterlinge zu bewundern, mich einfach nur dem Naturgenuss, dem Erwachen des Morgens hinzugeben. Meine Uhr hatte ich zu Hause gelassen. Kein Ticken, kein Läuten sollte mich an das stete Dahinschreiten der Zeit erinnern.

Als ich zwei Tage später wieder an den Teichen hockte, hatte ich auf mein „gutes Stück“ nicht verzichtet. Um zehn Uhr musste ich nämlich im Büro sein, um neun Uhr den Sitz verlassen. Stets hatte ich mich auf mein Gefühl verlassen, aber das brauchte ich dieses Mal nicht. Behutsam zog ich die neue Uhr aus der Hosentasche. Es war 4.06 Uhr, außerdem zeigte das Prachtstück an, dass es der 11. Mai und abnehmender Mond war.

Ich stellte den Zeiger der Weckautomatik an dem kleinen Rädchen auf 9 Uhr, hängte nach einem prüfenden Blick auf das Ziffernblatt die leise tickende Jagdbegleiterin an einen Nagel in der Sitzwand, legte die Waffe vor mich auf die Brüstung, lehnte mich zurück, entspannte mich und betrachtete stolz das kleine Kunstwerk der Technik. Fast fünf Stunden lagen vor mir, erwartungsvolles Hoffen und unbeschwertes Harren, fast fünf Stunden Muße, meinen Gedanken nachzuhängen, Spannung und Naturgenuss pur!

Fliegen und allerlei andere Insekten waren längst aus dem Winterschlaf erwacht. Ließ sich eine Mücke auf meiner Haut nieder und ich versuchte, sie zu erhaschen, blieb meine Jagd meist erfolglos. Zu gewitzt, zu schnell bewegten sich die lästigen Blutsauger. Ob Insekten ein Gehirn besitzen? Es muss winzig klein sein, wird wohl zu hundert Prozent ausgenutzt, während der Mensch davon nur höchstens zehn Prozent gebraucht, meditierte ich.

Dunstschwaden zogen über den Teich. Eine Schnepfe strich vorüber. „Kworr, kworr" klang es. Mit den Augen verfolgte ich den geheimnisumwitterten Vogel, bis ihn das Grau des regnerischen Himmels verschluckt hatte, und starrte wieder auf die Zeiger der Uhr.

Erstaunlich, wie zähflüssig die Zeit manchmal zu verrinnen scheint, wie langsam sich Sekunden- und Minutenzeiger im Kreis bewegen und wie rasend schnell bei anderen aufregenden Gelegenheiten die Stunden während der Jagd dahinfliegen, wenn man keinen Zeitmesser vor sich hat.

Tief atmete ich die frische klare Luft ein, aber ich war abgelenkt, bestaunte mehr meine neue Uhr, statt die Umgebung abzusuchen und mich an dem anbrechenden Morgen zu erfreuen.

Es nieselte. Im Osten wurde der Himmel allmählich etwas heller. Der Zeitpunkt, an dem die Nacht vorbei war, der Tag aber noch nicht begonnen hatte, die Dunkelheit fort, das Licht aber noch nicht da war, schien vorüber.

Der erwachende Morgen zauberte Myriaden von Smaragden und Diamanten aus dem an Halmen und Zweigen hängenden Tau. Ein kurzer Windhauch brachte Bewegung in dieses tausendfache Glitzern und ließ die feuchten Blätter der großen Birke am Teichrand wie unzählige kleine Silberperlen leuchten. Dann lag der Teich für Momente wieder regungslos vor mir.

Ich genoss in Muße, all dies und die herrlichen Spiegelungen auf dem Wasser bewundernd. Regentropfen platschten vom verhangenen Himmel, gleichmäßig, gleichtönig, einschläfernd, wie das Ticken einer Uhr. Fasziniert beobachtete ich die sich wieder und wieder bildenden Ringe auf der Wasseroberfläche. Ab und zu schüttelte der Wind mehr Tropfen von den Blättern der Birke und brachte zusätzliche Unruhe, ein wunderschöner Anblick, unterbrochen von verstohlenen Blicken zu meinem kleinen, kostbaren Wecker.

Obwohl es nicht aufklarte, blieb der Regen aus. Immer mehr Vögel begannen in das zögernde Konzert einzustimmen. Eine Goldammer sang im Brombeergestrüpp, und als zwei Amseln lautstark ihre Reviere abgrenzten, kam mir eine Fabel in den Sinn.

Einst war der Sohn eines mächtigen Mannes seiner Frau in Liebe und Treue ergeben, heißt es in der alten Mär. Als die Geliebte starb, konnte er deren Tod nicht verwinden und bat Gott in seinem Schmerz, ihn in einen Vogel zu verwandeln. Der Herr erhörte das Flehen des Witwers, und so wurde er zur Amsel. Seitdem trägt er das schwarze Gewand der Trauer und versucht mit seinem Singen seine tote Frau zu erwecken. Auch das Nest der Schwarzdrossel ist niemals weit vom Boden entfernt, um stets der Begrabenen nahe zu sein.

Während ich über diese wunderschöne Fabel nachdachte, wanderte der Blick immer öfter zur Uhr, und als ich mir einbildete, sogar ihr leises Ticken zu hören, so still war es zeitweise, ärgerte ich mich über die neue Errungenschaft, die mich von der Jagd ablenkte. Schließlich war ich mein Leben lang ohne sie ausgekommen. Genervt nahm ich sie vom Nagel und verstaute sie in der Hosentasche. Dort störte sie nicht mehr die Harmonie der Natur um mich herum. Schließlich wollte ich meine Zeit während der Jagd genießen, mich nicht von technischen Geräten einschränken, ablenken oder belästigen lassen. Die Zeit verrann auch ohne Uhr, ich hatte das Gefühl, sie verging nun viel schneller.

Irgendwann musste ich eingenickt sein. Ein hoher Ton schreckte mich aus meinem Schlummer. Es dauerte mehrere Augenblicke, bis ich registrierte, dass er aus meiner Hosentasche kam – 9 Uhr, mein neuer Wecker mahnte mich, den Sitz zu verlassen. Während ich verschlafen in den unergründlichen Tiefen meiner Tasche nach der Uhr forschte, schweiften meine Blicke umher und ich gewahrte ein Reh, einen Bock, noch nicht verfärbt. Es war das Erste, was ich ohne Glas ansprach, dann erkannte ich eine kurze Stange.

Erregt griff ich zur Büchse, aber die Pieptöne aus meiner Tasche machten mich derart nervös, dass ich, anstatt anzulegen und zu schießen, das Gewehr wieder auf der Hochsitzbrüstung ablegte, hektisch die Uhr hervorkramte und das Sperrknöpfchen des Weckers eindrückte. Augenblicklich herrschte Stille, doch der Bock war weitergezogen. Durch das Fernglas versuchte ich ihn in dem dichten Grün auszumachen, glaubte auch, einen grauen Wildkörper zu entdecken, aber als ich auf der Sitzbank nach rechts rutschte, um freiere Sicht zu bekommen, machte es unter mir vernehmlich „Plumps!". Ein erstaunter Blick zeigte: Auf der Wasseroberfläche bildeten sich Ringe, die sich ausbreiteten und größer wurden. Mit Schrecken registrierte ich, dass die neue Uhr, die ich in meiner Fahrigkeit, als ich sie endlich zum Schweigen gebracht hatte, neben mich auf das Sitzbrett gelegt hatte, ins Wasser gefallen war.

Ratlos stieg ich die drei Sprossen des Sitzes hinab. Gesa begrüßte mich rutewedelnd, aber ich achtete nicht darauf, zu sehr war ich mit den Gedanken bei meinem kostbaren Werbegeschenk.

Nach kurzer Überlegung zog ich Stiefel und Strümpfe aus, entledige mich meiner Hose und stieg ins Wasser. Es war eisig kalt. Bis fast zum Knie versank ich im Morast. Vorsichtig tastete ich den schlammigen Untergrund mit den Zehen ab, konzentriert, behutsam, Zentimeter um Zentimeter. Zweimal zuckte ich zusammen, spürte einen harten Widerstand, bückte mich tief, wühlte mit den Händen im trüben Wasser und förderte ein vermodertes Stück Holz ans Tageslicht. Schließlich gab ich die Suche resigniert auf, krabbelte ans Ufer, trocknete meine Beine notdürftig mit feuchtem Gras ab, zog mich an und machte mich ärgerlich auf den Heimweg.

Tagsüber und am Abend konnte ich mich nicht freimachen, um nach meiner Uhr zu suchen, deshalb zog ich erst am nächsten Morgen wieder zu den Teichen.

Langsam wich die Dunkelheit einer grauen Dämmerung, aus der allmählich der neue Tag herauswuchs. Kein Fahrzeug, kein Geräusch der Zivilisation war zu vernehmen. Die Ruhe und Stille gab mir das Gefühl, nicht im 21. Jahrhundert in Deutschland zu sein. Ein Rotkehlchen eröffnete mit seinem perlenden, feierlichen Gesang das Morgenkonzert der Vögel, wenig später stimmte eine Amsel mit ihren melodischen, klaren, lauten Flötentönen ein, und dann meldete sich ein Zaunkönig.

Die Sonne kroch höher, der niedrige Ansitzbock warf schon einen schwachen, langen Schatten, aber wärmer wurde es nicht. Leben erwachte überall um mich herum, jedoch kein Rehwild erschien.

Ein Zaunkönig warnte. Ich suchte nach dem Grund seiner Aufregung. Da! Eine Bewegung. Mein Puls schlug hastiger – ein Fuchs. Als er an einem Stein nässte, offenbarte sich sein Geschlecht, ein Rüde, und wieder schweiften meine Gedanken in die Vergangenheit, und zwar zur Bockjagd Mitte Mai des vergangenen Jahres. Ich kam damals vom Frühansitz und ruhte mich auf einem Baumstumpf an einer langen Wiesenaue aus, an deren anderem Ende ich jetzt an den Teichen saß. Mein Bruder hatte sie damals mit drei- bis viersömmerigen Karpfen und Schleien besetzt. Von eben diesen Teichen schnürte ein Fuchs auf mich zu. Nach seinem struppigen Aussehen sprach ich ihn als Fähe an. Sie kam stetig näher, und als uns nur noch knapp 30 Gänge trennten, erkannte ich, dass sie einen Fisch im Fang trug. Ich nahm nicht an, dass er bereits eingegangen war, bevor Ermeline ihn erbeutet hatte, denn die Teiche wurden regelmäßig kontrolliert, ein so schwerer toter Fisch wäre sofort aufgefallen.

Wieder riss mich eine Bewegung in dem dichten Grün aus meinen Träumereien. Behutsam wanderte das Glas vor die Augen. Ein grauer Rehkopf war über dem Gewirr aus Beerenkraut, Weidengestrüpp und Schilf erschienen, aber wieder in die Deckung eingetaucht. Gebannt starrte ich zu der Stelle hin, wo das Haupt verschwunden war. Eine Minute – zwei? Es kam mir vor wie eine Stunde, bevor der Kopf wieder erschien. Vertraut äugte das Reh in die entgegengesetzte Richtung – bewegungslos. Ein flüchtiger Blick ohne Fernglas würde es kaum erhaschen, würde an ihm vorüberhuschen, so perfekt war es getarnt. Als es zu mir herüberäugte, erkannte ich mit freudigem Schreck, es war der Einstangige. Er stand an eben der Stelle, an der ich ihn am Vormorgen bemerkt hatte.

Alles andere um mich herum war schlagartig vergessen, meine Hündin, die unruhig neben der Leiter lag, ab und zu nach einem Insekt schnappte, das wunderschöne Konzert der Vögel, die stimmungsvollen Himmelsfärbungen, das akrobatische Treiben der zirpenden Meisen im tief hängenden Weidengezweig und der frische, würzige Duft, den der Erdboden nach der langen Trockenperiode ausströmte.

Meine Aufregung steigerte sich noch, als ich bemerkte, dass ich keinen Einstangigen vor mir hatte. Der linke Rosenstock war gebrochen, die Stange nach unten, fast über das linke Licht gewachsen und behinderte das Reh beim Äugen gewiss. Es wäre eine jagdliche Sünde gewesen, diesen Bock ziehen zu lassen. Ich überdachte die Konsequenzen, die sich ergeben würden, wenn ich nicht pünktlich an meinem Schreibtisch wäre, und grübelte über allerlei Ausreden für meine Verspätung nach, während ich unverwandt zu der Stelle stierte, an der das Stück verschwunden war.

Es dauerte eine „gefühlte Ewigkeit", bis es wieder sichtbar wurde, weiterzog, endlich in dem dichten hohen Unterwuchs frei stand und ich schießen konnte. Die Vögel verstummten schlagartig, aber schon kurz darauf kehrte die friedliche Morgenstimmung zurück und die Anspannung fiel allmählich von mir ab. Zehn Minuten später ging ich mit Gesa zum Anschuss und die Hündin zog mich in den Schilfgürtel. Meine Blicke hetzten von einem Grasbüschel zum anderen, von einem umgeknickten Halm zum nächsten, und nach zehn oder zwanzig Metern standen wir vor dem verendeten Rehbock, an dem Gesa und ich länger als sonst verharrten.

Aus der Ferne, hinter gelb getupften Wiesen voller blühender Butterblumen, begleiteten mich die Rufe eines Kuckucks, als ich den Bock aufbrach. Nach der roten Arbeit zog ich ihn neben den Sitz an das Ufer des Teiches, wusch mir in dem kalten Wasser die Hände und fand, die Hündin neben mir sitzend, die Welt um uns herum wunderschön. Schwalben schossen im Tiefflug über den Teich dahin, berührten manchmal die Wasseroberfläche und ließen kleine Wellen und Ringe zurück. An die beruhigende, erholsame Atmosphäre erinnere ich mich noch genau.

Doch die Arbeit am Schreibtisch wartete. Als ich mich erhob, Waffe und Bock schulterte, um den Heimweg zum ungeliebten Büro anzutreten, klang es gedämpft hinter, nein, unter mir ganz leise, „Piiet, piiet, piiet" – elektronische, naturfremde Töne. Mein Wecker!

Es muss genau neun Uhr gewesen sein – die fünf Stunden waren wie im Fluge vergangen – und die Armbanduhr hatte im flachen Wasser am Rande des Teiches unbeschadet überlebt. Ich konnte genau orten, wo sie versunken war, dreißig Zentimeter vom Ufer entfernt, ich hatte sie viel zu weit im Teich gesucht. „Piiet, piiet, piiet" klang es aus dem seichten Wasser. Flugs entledigte ich mich meiner Stiefel und Socken, stolperte die niedrige Böschung hinunter und stand am kalten Wasser. Kurzes Fühlen, ein Griff, ich hatte mein längst aufgegebenes, leise tickendes und piependes Prachtstück in der Hand und spülte freudig den Morast von ihm ab. Lange ruhten meine Blicke zufrieden auf dem guten Stück, bevor ich es glücklich in meine Hosentasche steckte.

Später, ich hatte das Gehörn des Bockes längst abgekocht, hängte ich es neben andere an die Wand in der Diele. Dort wirkt die abnorme Trophäe des „Uhrenbockes", wie ich ihn in Erinnerung an meine geliebte, aber überflüssige kleine Weckuhr getauft habe, im Vergleich zu den meisten unscheinbar, die kurzen Stangen kümmerlich, und mir wird die menschliche Überheblichkeit bewusst.

Ich frage mich, wieso der vier- bis fünfjährige Bock ohne starke Sechserkrone, ohne besondere Perlung, geschweige denn, dass sein Gehörn auch nur einen Schönheitspunkt von der Bewertungskommission bekommen würde, mehrere Jahre lang der heimliche Herrscher der Teiche gewesen sein konnte und nicht von einem stärkeren Rivalen verdrängt worden war.

Viel reden die Jäger vom Schießen und Erlegen, von starken Trophäen und großen Strecken. Das Glück des Jagens, das Eintauchen in Gottes Schöpfung, das Einswerden mit der Harmonie der Natur, die stimmungsvolle und faszinierende Vielseitigkeit von Flora und Fauna werden selten erwähnt. Von geduldigem Warten, erfolglosem Ansitzen, angestrengtem Lauschen, ohne etwas zu hören, angespanntem Starren, ohne etwas zu erspähen, intensivem Riechen, ohne etwas wahrzunehmen, oder auch von Pannen auf der Jagd wird kaum erzählt.

Die Zeit und den Raum vergessen, ohne von Uhren, häuslichen Aufgaben oder beruflichen Pflichten getrieben und abgelenkt zu sein, mit allen Sinnen eintauchen in das Ursprüngliche, das Natürliche, das ist ein unverzichtbarer Teil meines Jagens.

Die Abenddämmerung zeigt uns, wie spät, die aufgehende Sonne, wie früh es ist. In den zivilisierten Ländern ist dieses Gefühl für den Rhythmus und den Ablauf, den die Zeit vorgibt, weitgehend verloren gegangen.

Die Naturmenschen, mit denen ich jage, sind im Warten Meister. Geduld ist eine ihrer herausragenden Eigenschaften. Als Westeuropäer tut man gut daran, sich in dieser Tugend zu üben, wenn man in der Wildnis jagen will, wo die Uhren, auch wenn es sie nicht gibt, anders „ticken“. Pünktlichkeit wäre oft unangebracht, man wäre meistens zu früh zur Stelle.

„Tick tock go the clocks, all the clocks, that rule the cities. But if they would stop – all together and all at once – it would not be the end of time.“ (Die Uhren ticken, alle Uhren, die die Städte beherrschen. Wenn sie stoppen würden, alle gemeinsam und gleichzeitig, bedeutete das nicht das Ende der Zeit.) So empfing mich Kai-Uwe Denker im nördlichen Namibia vor einer Elefantenjagd. An seinen Ausspruch dachte ich beim Schreiben dieses Manuskriptes. Wie zutreffend ist er doch!

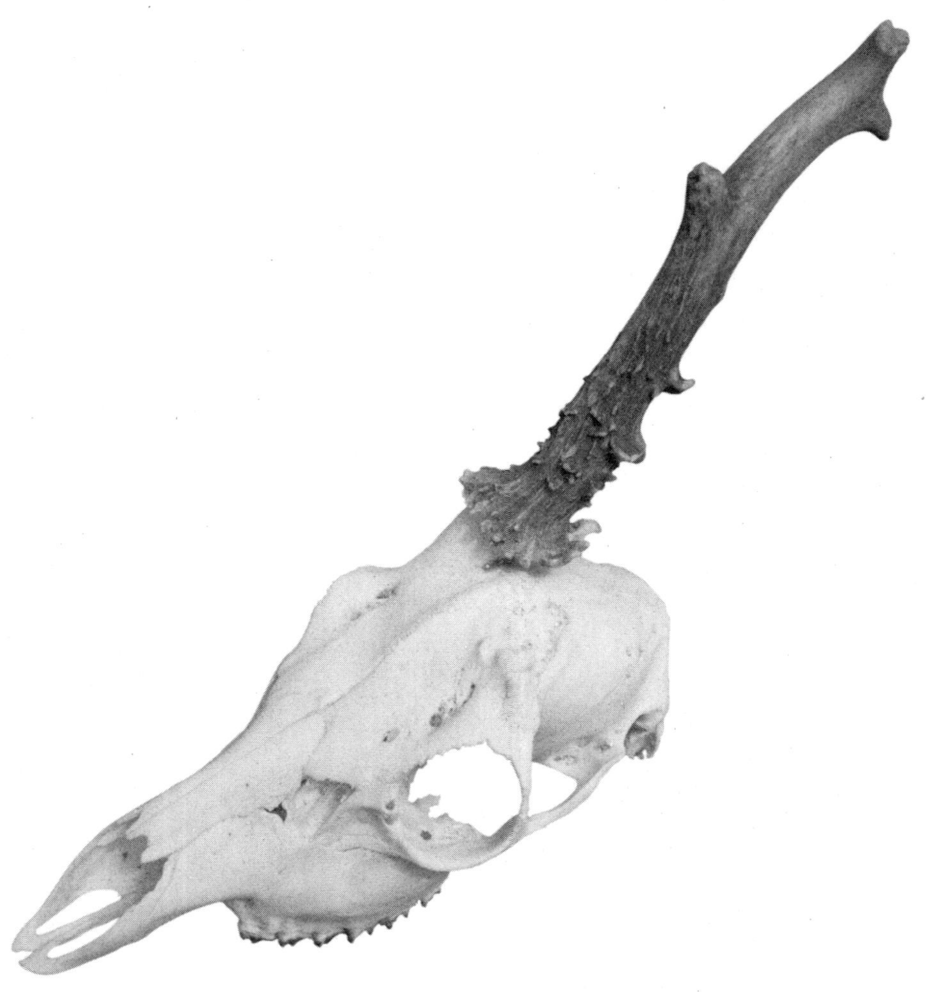

ÜBERLISTET:

Münsterländer Grenzmanöver

Der Titel der Geschichte mag irreführend sein, doch ist er passend. Die Schilderung spielte sich aber nicht an der Grenzlinie des westfälischen Landstriches ab, sondern meine Kleine Münsterländerin „Gesa" verhalf mir an der Grenze des Reviers eines Freundes zu außergewöhnlichem Waidmannsheil.

Es bereitet mir stets Freude und Herausforderung, in Revieren zu jagen, die ich nicht kenne. Ein zusätzlicher Reiz ist es, wenn mir niemand über Wildbeobachtungen, Einstände, Äsungsmöglichkeiten, Wechsel, Gewohnheiten oder andere Vorkommnisse Auskunft geben kann. So war es, nachdem mein Freund v. Petersdorff, der eine Viertelstunde vom Stadtkern der Hansestadt Rostock einen landwirtschaftlichen Betrieb besitzt, mich eingeladen hatte. Zwei Wochen vor dem 16. Mai kam ich mit Gesa auf seinem Gut an.

„Du, ich weiß gar nicht, ob es hier Rehe gibt. Wenn, dann treten sie zum Nachbarrevier aus, Hochsitze haben wir jedenfalls keine", empfing mich mein Freund. Die Äußerungen des erfolgreichen Landwirts klangen nicht sehr vielversprechend, und ich war nach freudiger Erwartung ziemlich enttäuscht.

Das herrliche Wetter, nach einer intensiven Regenperiode schien endlich die Sonne, konnte meinen Unmut kaum vertreiben. Doch ich hatte mich aus dem Büro freigemacht, 400 Kilometer unter die Reifen genommen und wollte nun das Beste aus meiner Situation machen.

Anhand einer Karte ließ ich mir die Reviergrenzen erklären und verließ mit meiner Hündin den Gutshof. Über einen holprigen Feldweg ging die Fahrt. Rechts erstreckte sich ein fast brauner Acker von hundertzwanzig Hektar Ausmaß, auf dem zarte Maispflänzchen trieben. Industriemais, der an wie ebenfalls aus dem Boden sprießende Biogasanlagen geliefert wird, um Elektrizität zu erzeugen – Lebensmittel als Energiespender. Nur ein sattes Volk kann sich diesen Luxus leisten, meditierte ich. Links dehnte sich ein ähnlich großer Schlag aus, auf dem fast kniehoher Weizen stand.

Der Schriftsteller Wilhelm Raabe (1831–1919) formulierte einmal: „Wie kahl und jämmerlich würde manches Stückchen Erde aussehen, wenn kein Unkraut darauf wüchse." An diesen Ausspruch dachte ich spontan beim Anblick der eintönig grünen Flächen.

Weiter ging die Fahrt entlang an einem riesigen Erbsenschlag und einem blühenden Rapsfeld, das bis zum Horizont wie ein goldgelbes Blütenmeer herüberleuchtete und das Innere des Autos mit berauschendem, süßlichem Duft erfüllte.

Gesa trollte ausgelassen vor dem Auto her und schien sich ebenfalls auf die vor uns liegenden Tage zu freuen. Meine anfängliche Enttäuschung verflog, als ich an einer Wasserlache hielt, damit die Hündin ausgiebig trinken konnte. Am Rand der großen Pfütze, auf dem Weg und dem angrenzenden Feld entdeckte ich zahlreiche Rehfährten. Freude und Hoffnung machten sich breit.

Hundert Meter Richtung Norden standen, 200 Meter vom Rand eines Feldgehölzes entfernt, mehrere hohe Pappeln in der Feldmark. Dort, auf der Grenze zwischen Raps- und Erbsenschlag wollte ich den Abend verbringen, kramte die tragbare Leiter aus dem Kofferraum und lehnte sie an einen der mächtigen Bäume. Dieser Platz bot sich für einen erfolgreichen Ansitz an, um das Wild morgens auf dem Wechsel zu seinem Tageseinstand, dem Feldgehölz und abends zu seinen Äsungsplätzen abzupassen. Doch der Wind stand ungünstig, er wehte von meinem Sitz auf das Wäldchen zu. Meine Blicke schweiften noch einmal über das kopierte Gelände in die Ferne, für jemanden, der hauptsächlich in Waldrevieren jagt, waren es beeindruckende Weiten. Dann organisierte ich mich neu, faltete wieder die Revierkarte auseinander, prüfte abermals den Wind, entschloss mich, das Feldgehölz zu erkunden, verstaute die Leiter im Auto und fuhr weiter.

Mitten durch das zwanzig Hektar große Gehölz führte ein Sandweg, anfangs durch einen Buchenbestand, dem schloss sich eine etwa dreißig Jahre alte Lärchenkultur an, an die ein Mischwald grenzte, der vor wenigen Jahren durchforstet worden war. Das Licht konnte an vielen Stellen durch die Kronen der Bäume bis auf den Erdboden dringen, und dort wucherte großflächig üppiges Brombeer- und Himbeergerank.

An den Stellen, an denen kein Beerengestrüpp wuchs, machte sich Naturverjüngung von Eiche, Buche, Ahorn und Fichte breit. Ein idealer Rehwildeinstand, Äsung und Deckung in Hülle und Fülle.

Ich hielt den Wagen, ließ den Hund bei Fuß gehen und suchte in dem lichten Altholz nach einem geeigneten Ansitzplatz. Der war schnell gefunden, ebenso schnell hatte ich meine transportable Leiter zusammengesetzt und an einem schlanken, hohen Fichtenstamm aufgerichtet. Dann fuhr ich auf den befestigten Weg am östlichen Rand des Feldgehölzes, der Grenze zum Nachbarrevier, und parkte das Auto unter den hohen Buchen am Wegrand.

„Die Rehe treten wahrscheinlich zum Nachbarn aus", hatte Petersdorff gesagt. Dem konnte abgeholfen werden. Ich wanderte den Grenzweg auf und ab, „nässte" dreimal, legte den Hund 200 Meter vom parkenden Wagen ab, pirschte zu meiner Leiter und war zuversichtlich, dass durch die Störungsaktionen das Wild nicht beim Nachbarn auf die blühenden Wiesen austreten würde, wie es der Jagdfreund prophezeit hatte.

Es war einer dieser anbrechenden Abende, an denen man mit dem lieben Gott per Du ist. „Fink, Fink" klang es herüber – ein Buchfink, als wolle er seinen Namen rufen. Dann schmetterte neben der Leiter in einem Ahornbusch ein zweiter seine Melodie. Nach kurzem Spekulieren machte ich neben dem farbenfrohen Sänger auch ein schlichteres, aber nicht weniger hübsch gefiedertes Weibchen zwischen den zu grünen beginnenden Zweigen aus.

Aus den hohen Fichten rief ein Ringeltauber. Ich versuchte ihn zu erspähen, da nahm ich 40 bis 50 Meter links eine Bewegung wahr. Ein schwaches Schmalreh, ruppig die Decke, hatte sich aus dem dichten Beerengestrüpp erhoben, zog vertraut auf mich zu und äste gierig an den jungen Trieben, als hätte es nach dem kargen Winter Nachholbedarf an gehaltvoller Äsung. Es wäre nicht verkehrt gewesen, dieses Stück zu erlegen, aber ich mag in dieser Jahreszeit keine weiblichen Rehe schießen, warte lieber bis in den Herbst. Jagd und Hege sind zwar eng verbunden, ich hege aber, um zu jagen, jage nicht, um zu hegen.

Da entdeckte ich über den Beeren einen rotbraunen Strich, der vor einigen Minuten noch nicht dort gewesen war. Die Rückenlinie eines Rehs. Langsam zog das Stück näher. Ab und zu verschwand es, tauchte ein in das dichte Grün.

Vorsichtig tauschte ich Fernglas gegen Büchse, auf die kurze Entfernung konnte ich durch das Zielfernrohr ansprechen und war für einen schnellen Schuss vorbereitet. Dem Benehmen, dem selbstsicheren Verhalten nach tippte ich auf einen alten Bock, der in dem Wissen, alleiniger Herrscher in seinem Einstand zu sein, kaum aufwarf. Aber dann sicherte er doch mit erhobenem Haupt zu mir herüber, nur kurz, und ich blickte in ein jugendliches Rehbockgesicht mit hellem Muffelfleck und eng stehenden schwachen Sechserstangen.

Kurz darauf erschien noch ein junger Sechserbock. Nervös warf er auf, als lebte er in ständiger Furcht vor einem starken Platzbock. So typisch war sein Verhalten, dass auch ich von Unruhe ergriffen wurde, doch der ersehnte Alte erschien nicht.

Viel später machte ich noch ein Schmalreh aus. Wahrscheinlich hatten sich die meisten Rehe der Umgebung im Winter von den kahlen Äckern in das Feldgehölz zurückgezogen und würden erst wieder auf die Felder zurückziehen, wenn sie mit beginnender Vegetationsperiode draußen ausreichend Äsung und Deckung fänden.

Als es dämmerte, zog ein graues Reh linker Hand so zügig in die Richtung meines Autos, dass ich es nicht ansprechen konnte. Im Vergleich zu den jungen Böcken, die am Träger schon verfärbt waren, erschien es auffallend stark.

Ich verließ meinen Sitz, pirschte zu Gesa, die mich fröhlich begrüßte, und suchte durch mein Glas die blühenden Wiesen im Nachbarrevier ab. Kein Stück Wild erblickte ich, obwohl es dort gewiss reichhaltigere, abwechslungsreichere Äsung fand als auf den Feldern auf den anderen Seiten des Feldgehölzes. Meine List, auf dem Grenzweg zu nässen, das Auto zu parken und zusätzlich den Hund abzulegen, schien die Rehe davon abgehalten zu haben, zum Nachbarn auszutreten.

Fünf Rehe hatte ich gesehen, zwei Schmalrehe, zwei unruhige junge Böcke und ein starkes Stück, das ich nicht ansprechen konnte. Zufrieden ging ich zum Auto, den Hund frei bei Fuß, ohne mir Mühe zu geben, leise zu sein oder mich unauffällig zu bewegen. Plötzlich aber blieben Gesa und ich zeitgleich abrupt stehen. In tiefem Bass erklang aus Richtung des Fahrzeuges das Schrecken eines Rehs. Voller Vorfreude auf den kommenden Tag startete ich den Motor und fuhr zum Gutshaus.

Am nächsten Morgen parkte ich den Wagen an derselben Stelle, legte den Hund dort ab, wo er am Vorabend über zwei Stunden ausgehalten hatte, und pirschte noch im Dunklen zu meiner Leiter. Fast drei Stunden lang genoss ich die Frische des anbrechenden Tages, der harmonisch von einem zwitschernden, pfeifenden, singenden und flötenden Vogelkonzert begrüßt wurde.

Mir kamen außer den beiden unsteten jungen Böcken drei Schmalrehe, und gegen 7.30 Uhr, als längst ein neuer, unruhiger Arbeitstag angebrochen war, in der Ferne Autos hupten und Menschengerede herüberklang, verließ ich den Sitz und holte meinen Hund ab. Ohne besondere Vorsicht näherten wir uns dem Auto und wieder wurde unser Gang gestoppt. Zehn Meter neben dem Fahrzeug stand ein graues Reh. Das Fernglas brauchte ich gar nicht hochzunehmen. Mit bloßem

Auge erkannte ich, dass es einen mächtigen Träger und zwischen den Lauschern dicke hohe Stangen hatte. Behutsam nahm ich die Büchse von der Schulter und ging in Anschlag, aber auf knapp 50 Gänge, stehend freihändig, bot der Bock durch das vierfache Zielfernrohr ein wackliges Ziel. Bevor ich dreimal tief durchgeatmet hatte, um mein Jagdfieber zu unterdrücken, verschwand er in der Richtung, aus der ich gekommen war.

Ich war keineswegs enttäuscht, vielmehr sah ich mich bestätigt in meiner Annahme, dass hier ein alter Bock seinen Einstand hatte. Dass er so kapital war, damit hatte ich allerdings nicht gerechnet.

Zur sogenannten „dummen Stunde“, zwischen 11 und 13 Uhr, kamen wir zurück, pirschten um das Feldgehölz herum und dann den breiten Querweg, von dem es geteilt wird, entlang. Die „dumme Stunde“, wenn die Rehe nach ausgiebiger Äsung, die sie in den ersten Morgenstunden aufgenommen und wiedergekäut haben, gerne an sonnigen Orten umherbummeln, diese Zeit wollte ich nutzen.

Im Buchenwald hatten die Buschwindröschen einen riesigen Teppich weiß leuchtender, vielfach zart rosa überlaufener Sterne ausgerollt, und ich freute mich an der verschwenderischen Vielzahl der unzähligen Blütensterne. Versonnen lauschte ich dem jauchzenden Gesprudel einer Mönchsgrasmücke, das ununterbrochen die Mittagsstille durchdrang.

Dort, wo es sich wegen des Untergrundes bequem abfährten ließ, fand ich Trittsiegel von Rehen im Boden. Die Naturverjüngung am Wegrand war stark verbissen. Um die Lärchenkultur herum waren Büsche und sogar kleine Bäume arg zugerichtet. Leuchtende Wunden im Holz und zerfledderte, herabhängende Rindenfasern bestätigten, dass ein guter Bock seinen Einstand markiert hatte. Aber ich sah auf unserem mittäglichen Gang auch an diesem vielversprechenden Platz kein Reh. Mein Entschluss, hier meine Leiter aufzustellen, war trotzdem schnell gefasst und in die Tat umgesetzt.

Am Abend saß ich gegen 18 Uhr an einer schlanken Lärche, das Auto stand am nun schon gewohnten Platz, und Gesa hatte sich damit abgefunden, wieder als Wildvergrämung missbraucht zu werden. Ohne dass ich etwas gesagt oder ihr ein Zeichen gegeben hatte, legte sie sich an den Rand des Grenzweges, wo sie schon viele Stunden ausgeharrt hatte, als ob es für sie nie ein anderes Lager gegeben hätte.

Leise schlich ich weiter zur Leiter.

Ein Zaunkönig warnte, und bald hatte ich den Grund seiner Aufregung entdeckt: Eine struppige Fuchsfähe schnürte unter meinem Sitz entlang und vertrieb mir die Zeit. Dann krabbelte ein Holzbock langsam über meinen Handrücken. „Im Verhältnis zu den kurzen Beinen bewegt sich eine Zecke relativ schnell“, meditierte ich, während ich den Unhold ergreifen wollte. Nach dem dritten Versuch gelang es schließlich, ihn zu entfernen.

Früher trug ich, wenn ich auf einen Hochsitz stieg, meinen Jagdterrier „Chico“ mit hinauf. Er zeigte mir oft lange bevor ich Wildanblick hatte durch auffallendes, aber nicht störendes Verhalten an, ob, wann und wo Wild anwechselte. So war es auch an einem lauen Sommerabend. Chico neben mir auf der Hochsitzbank hockend, blickte interessiert nach rechts, und ich war sicher, dass dort Wild austreten würde. Gespannt beobachtete ich die Reaktionen meines vierläufigen Begleiters. Währenddem bemerkte ich hinter seinem linken Behang eine prall mit Blut gefüllte Zecke, die ich mit Zeigefinger und Daumen herausdrehte und über die Hochsitzbrüstung warf.

Der Unhold verfing sich wenige Meter unter uns in einem dichten Spinnennetz, in dem er einige Male auf und ab federte und dann ruhig hängen blieb. Nicht lange. Eine Blaumeise, die im Gezweig der Erle herumturnte, kam herangeschwirrt, drehte den Kopf schief nach links, dann nach rechts, äugte zu mir, dann zur Zecke, stieß ein paar piepsende Töne aus, und schwupp, ergriff sie den Plagegeist meines Hundes und flog davon.

Daran dachte ich, während ich mich wieder über die reiche Vogelwelt freute.

Allmählich meldeten sich die Vorboten des Abends. Mücken und Fliegen machten Feierabend. Kein Rehwild erschien, das Einzige, was stetig näher kam, war die Dämmerung, und bis ich nach Schwinden des Büchsenlichtes zu Gesa zurückkam, genoss ich einen stimmungsvollen Abend.

Nachdem die Hündin und ich uns gebührend begrüßt hatten, schaute ich auf die Nachbarwiesen – auch dort war kein Wild ausgetreten. Dann leuchtete ich das Gelände um das Auto ab, und sofort hatte ich „ihn“ im Glas. Er stand zwischen Wagen und uns. Obwohl es schon recht dunkel war, konnte ich ihn in Ruhe ansprechen, ein an Wildbret so starker Bock, wie ich ihn nie vermutet hätte, mit einem Gehörn so hoch, so knuffig, so ebenmäßig und weit ausgelegt, dass sich mein Herzschlag beschleunigte und ich vor Aufregung zitterte.

Für einen Schuss war das Licht aber zu schlecht, durch das lichtschwache Zielfernrohr erkannte ich kaum mehr als einen Schatten zwischen den Buchenstämmen.

Als es so finster war, dass ich auch durch das Glas nichts mehr ausmachen konnte, wartete ich eine weitere Viertelstunde, um den Alten nicht zu vergrämen, bevor wir zum Auto gingen. Als der Motor gestartet war, schaltete ich das Licht an. Im gleichen Augenblick leuchteten mir am Wegesrand im Scheinwerferkegel die Seher des Bockes entgegen. Unwillig hatte er aufgeworfen, ließ sich aber von dem Motorengeräusch und dem grellen Licht nicht beeindrucken. Minutenlang verhoffte er, bis er vertraut Richtung Leiter zog und von dem dunklen Buchenwald verschluckt wurde.

Wie gut, dass es Mobiltelefone gibt! Während ich ein Handy sonst wenig schätze, rief ich nun erfreut über die Technik meine Frau an, die mich schon am Nachmittag erwartet hatte, erzählte von meiner „kapitalen Beobachtung" und bat, sämtliche Termine für den nächsten Tag abzusagen.

Früh am Morgen parkte ich den Wagen am selben Platz, legte den Hund wie gehabt ab und pirschte zu meiner Leiter am Rande des Lärchenbestandes, wohin der Alte am Vorabend gezogen war.

Ein junger Spießer äste kaum achtzig Meter entfernt und nahm mich wahr, als ich den Sitz bestieg. Unverwandt äugte er herüber, und ich verharrte in halber Höhe mucksmäuschenstill, minutenlang. Dann wurden Misstrauen, Furcht und Vorsicht des Bockes von der Neugier verdrängt. Er zog bis auf zehn Meter näher, kam, als er die Ansitzleiter umrunden wollte, in meinen Wind und sprang schreckend ab. Offenbar wurde die Störung von anderem Wild in der Umgebung übel genommen, den ganzen Morgen über sah ich nichts mehr.

Es war kühl geworden, als ich mich wieder zu Gesa aufmachte. Von Weitem sah ich schon das Auto zwischen den Buchenstämmen hindurchschimmern, und im selben Moment, in dem ich „ihn" erblickte, nahm er uns auch wahr. Reglos standen wir uns Augen in Lichtern gegenüber, dann wendete der Alte langsam, aber doch zu schnell, um die Büchse von der Schulter zu nehmen, und verschwand, sprang nicht hochflüchtig ab, sondern „schritt" aufreizend langsam, fast „majestätisch", würdevoll fort und war zwischen den Lärchen verschwunden.

Eigentlich musste ich nach Hause, Arbeit und Akten im Büro ließen sich nicht unbegrenzt aufschieben, doch aufgeben mochte ich nicht. Zu stark war der Eindruck, den der „Alte" in mir hinterlassen hatte. Mein Handy war nun wieder sehr willkommen, wurde für mehrere Ferngespräche benutzt, Ausreden wurden durch den Äther gesandt, Entschuldigungen in den Hörer gestammelt, Termine geändert, und gegen elf Uhr zog ich wieder zu dem Feldgehölz, um mein Glück zu versuchen.

Es schien wie ausgestorben. Bis auf zwei Begegnungen mit Leuten, die ihre Hunde spazieren führten, traf ich auf kein Lebewesen. Trotzdem ließ ich mich nicht entmutigen.

Nachdem bereits um 17 Uhr der Wagen am gewohnten Platz geparkt und Gesa abgelegt war, zog ich erneut voller Zuversicht zu meinem Sitz, machte aber nach hundert Metern kehrt. Viermal hatte ich den Bock in unmittelbarer Nähe des Wagens gesehen, grübelte ich, wahrscheinlich wäre es nicht verkehrt, sich ins Auto zu setzen und auf ihn zu warten.

Den Plan verwarf ich aber nach kurzer Überlegung, nicht weil ich Angst hatte, dass mich jemand bei meinem schändlichen Tun beobachten könnte, der Gedanke, aus dem Fahrzeug zu schießen, ist mir einfach zuwider.

Ich setzte mich 30 Meter vom Auto entfernt auf den Erdboden und schmiegte mich an den Stamm einer alten Buche. Knapp hundert Meter entfernt erkannte ich Gesas Umrisse schemenhaft zwischen den dicken Bäumen. Sie hatte sich aufgesetzt und blickte zu mir her. Von dort wird der Bock also nicht kommen, stellte ich beruhigt fest.

Es wurde im Hochwald früher dämmerig als an der Blöße, an der ich an den Vortagen saß, und nach einer Stunde schaute ich immer öfter unruhig auf meine Uhr. Kein Stück Wild ließ sich blicken.

Gegen 20 Uhr wollte ich meinen Platz verlassen und zu dem wartenden Hund gehen, beschloss dann aber, noch zehn Minuten auszuharren. Und da stand er plötzlich 60 Meter entfernt vor mir: der Alte. Er war durch das Auto verdeckt und zog jetzt dahinter hervor. Ich legte die Büchse auf mein linkes Knie, drückte den Rücken fest an den dicken Baumstamm und konnte so trotz aufkommendem Jagdfieber ruhig schießen.

Nach dem Schuss saß Gesa plötzlich neben mir. Sie hatte offensichtlich ein schlechtes Gewissen. Als wir aber zu dem verendeten Bock gingen, war unsere Freude über den Kapitalen gleichermaßen groß und der Ungehorsam der Hündin längst vergessen.

Ein Gehörn, wie ich noch nicht viele in Deutschland erbeuten durfte: dicke, reich geperlte, stark vereckte Stangen mit mächtigen Dachrosen.

GANZ UNKONVENTIONELL:

Strategie war gefordert

Die Bruchwiesen sind eine ungefähr 200 Meter breite, mindestens fünf Kilometer lange Wiesenschlenke, durch die sich der Bruchbach schlängelt. Sie bilden im Osten auf knapp drei Kilometern die Grenze zur Klosterkammer. Nur auf diesem Stück heißt das Bächlein Bruchbach. Weiter stromab, schon lange in der Nachbarjagd, wird es Wittbek genannt, und stromauf nennen es die Leute Geilgraben, warum auch immer.

Als der Wasserlauf noch nicht begradigt, sein Ufergrund noch von dichten Schlingpflanzen und anderer Vegetation bedeckt war, bevor Böschung und Bett jährlich mit großen Maschinen ausgebaggert wurden, standen in der Entengrütze und unter den ausgehöhlten Ufern Weißfische, Forellen, Hechte und Aale, die wir als Kinder mit der Hand fingen. In trockenen Sommern war das Wasser so flach, dass man den Graben, ohne nasse Füße zu bekommen, in Gummistiefeln durchqueren konnte. Dann standen nur an vereinzelten Stellen tiefere Gumpen, wo wir die Fischgründe mit scheuen Reihern oder einem Eisvogel teilten.

Damals glichen die Bruchwiesen mit ihrer reichen Blütenflora zeitweise einem abwechslungsreichen, bunten Farbenteppich. Seit einigen Jahren wird das Gras aber vor der Blüte geschnitten, weil dann der Eiweißgehalt am besten ist. Das mag der Wahrheit entsprechen, widerspricht aber einem ganzheitlichen Denken und bedeutet den Tod vieler Insektenarten, vor allem Bienen, Hummeln und Schmetterlingen. Ein Fluch unserer Zeit, dass vieles nur nach monetären Gesichtspunkten gewertet und schleichend unsere eigene Lebensgrundlage sowie diejenige wild lebender Tiere zerstört wird.

Wir müssen lernen, auf die Sprache und die Wünsche der Natur zu horchen, die Ehrfurcht vor der Natur, der Schöpfung Gottes wieder neu entdecken, Antworten finden auf die Reaktionen, mit denen sie auf die zügellose Ausbeutung reagiert. „Jeder dumme Junge kann einen Käfer zertreten. Aber alle Professoren der Welt können keinen herstellen", formulierte der Philosoph Arthur Schopenhauer.

Auf den Bruchwiesen ist regelmäßig Rehwild zu sehen. Meistens tritt es aus der angrenzenden Klosterkammer aus, dort ist die Äsung knapp. Kiefernmonokulturen prägen das Bild dieser Wälder, und der spärliche Unterwuchs, der auf dem kargen Sandboden im Schatten der Bäume sprießt, wird vom Wild kurz gehalten oder abgeäst. Für die Förster ist dieser Teil ihres Reviers, was Rehwild anbetrifft, uninteressant. Dort steht selten ein stärkerer Bock, die armen Standorte bringen nur schwaches Wild und ebensolche Trophäen hervor; außerdem sind die ausgedehnten, dichten Kiefernwälder für die Beamten schwer zu bejagen, der Waldrand bildet die Reviergrenze, und auf der Wiese ist das Wild für die Klosterkammer tabu.

Vom Jagen 18 aus, das vom elterlichen Gut an die Bruchwiesen grenzt, hatte ich, als die Rehböcke noch um ihre Einstände kämpften, einen alten, weißgesichtigen Bock beobachtet, der spät abends bei schwindendem Büchsenlicht aus der Klosterkammer trat, kurz äste, nervös am Waldrand umherzog und wieder im Kiefernholz der Nachbarjagd verschwand. Es war ein Bock, der auffiel, ungewöhnlich stark war für diese Gegend. Ein knuffiger Sechser mit langen Vordersprossen, die Stangen standen auf den Rosenstöcken sehr eng beieinander, formten dann aber eine weite Auslage. Auch im Wildbret kam er mir stärker vor als die anderen Rehe, die ich auf der Wiese bisher beobachten konnte.

So hoffte ich frühmorgens auf der „Affenschaukel", einem Hochsitz am Rande eines Wäldchens vor den Bruchwiesen, auf ein Wiedersehen mit ihm. Auf der Leiter hatte längere Zeit niemand gesessen. Spinnweben hingen vor der Eingangsluke, und der Kanzelboden war bedeckt mit trockenen Erlenblättern des letzten Jahres. Behutsam entfernte ich sie, um keine unnötigen Geräusche zu verursachen.

Bis die Sonne die taunassen Wiesen in ihr Licht getaucht hatte, beobachtete ich einen unruhig wirkenden Jährlingsbock und einen Hasen, sonst kein Wild.

Abend für Abend, Morgen für Morgen wartete ich auf der Affenschaukel auf das Austreten des starken Sechsers, sah ihn aber lediglich einmal schemenhaft im Nebel bzw. vermutete, dass er es war. Ein starkes Reh trieb ein schwächeres über die Bruchwiesen in das Wäldchen, an dessen Rand ich saß, ich konnte nicht erkennen, ob es der Alte war. Die tiefe Dämmerung ließ genaues Ansprechen nicht mehr zu.

Als ich mich wenige Tage später mit dem Auto dem Bestand näherte, um zu der Kanzel zu schleichen, bemerkte ich wieder ein starkes Reh, das ein schwächeres aus dem nachbarlichen Revier durch den Bruchgraben jagte und in dem vorgelagerten Waldstück, an dessen Rand die Kanzel steht, verschwand. Kurz darauf trollte eins der beiden durch den Graben wieder zurück zum Nachbarn. Der Blick durch das Fernglas bestätigte – kurz bevor das Stück im Bestand verschwunden war – den Sechser.

Der Abend verging. Ich beobachtete zwei junge Böcke unter meinem Sitz. Der Starke ließ sich nicht noch einmal blicken.

Auf der Wiese tummelte sich ein Schwarm nahrungssuchender Stare, Jungvögel, ihr Lärmen war weithin zu hören. Eilfertig trippelten sie umher, weitere flogen herbei, landeten, andere stiegen hoch und ließen sich einige Meter weiter wieder nieder. Es herrschte ständiges fröhliches Kommen und Gehen.

Am Himmel zogen drohende Gewitterwolken auf – es war in den letzten Wochen sehr heiß gewesen. Würden die Wolken Abkühlung und den ersehnten Regen bringen, den sie zu versprechen schienen? Ich glaubte nicht. Ein kurzer Gewitterguss, und sei er noch so heftig, richtet nicht viel aus. Das Wasser fließt schnell ab, dringt nicht in die staubigen Böden ein. Allzu oft schon waren dunkle Wolken heraufgezogen und genauso schnell wieder verschwunden, ohne sich abzuregnen.

Die Wärme war in dieser andauernden Intensität für Menschen, Tiere und Pflanzen beschwerlich geworden, die Ernte auf den Feldern mager. Die Blumenpracht war dahingewelkt, Wildpflanzen waren verdurstet und verdorrt – wer kann schon die Natur begießen außer der Himmel selbst? Trockenheit ist besonders in unserer kargen Heidelandschaft eine Katastrophe.

Viele Kulturen kennen Bittgebete um Regen, dachte ich – seltsam, dass man in Norddeutschland, das sich in vergangenen Sommern über Nässe nicht beklagen konnte, solche Assoziationen hat. Die „Regentrude“ fiel mir ein, das Märchen von Theodor Storm. Aber der weite Weg zu ihr erschien mir zu aufwendig …

Am nächsten Tag, ich hatte wegen des Windes den Morgen in einem anderen Revierteil verbracht, fuhr ich an der Affenschaukel vorüber und beobachtete, ähnlich wie am Vortag, dass ein Reh ein anderes aus der Nachbarjagd über die Bruchwiesen durch den Bruchbach in den Busch vor der Affenschaukel jagte. Augenblicke später wechselte es zurück zu seinem Einstand beim Reviernachbarn. Wiederum bestand kein Zweifel. Es war der gute Sechser. Ich hatte genügend Muße, ihn durch das achtfache Fernglas anzusprechen. Rasch sprang ich aus dem Auto, doch schon schlugen einige niedrige Büsche an der Stelle wieder zusammen, wo der Bock verschwunden war. Kurz noch schwangen sie hin und her und zeugten davon, dass ich nicht geträumt, sondern der Starke mich erneut genarrt hatte.

Wilhelm, Bewohner des kleinen Heidedörfchens, der sich im Wald und am Wasser besser auskennt als wir alle zusammen, berichtete mir anschließend von einem „riesigen Reh“, das die anderen immer im „Galopp über die Wiesen jagt“ und dann „in die Klosterkammer zurück rennt“. Er war bei seinen gestenreichen Schilderungen so aufgeregt, dass er reines Hochdeutsch sprach, bevor er wieder in das vertraute Heidjer Platt wechselte.

Lange vor Morgengrauen pürschte ich wieder zur Affenschaukel, setzte zögernd Schritt für Schritt voreinander, so leise ich gekommen war, so geräuschlos bestieg ich die Leiter. Es war noch stockdunkel im Wald, aber das erste Morgenlicht konnte nicht mehr fern sein. Als die Stunde kam, in der die Sonne in den grauen Morgen floss, entdeckte ich ein Reh am Waldrand. Nach langem Sichern schob es sich vorsichtig ins Freie, setzte sich in Troll und strebte zur gegenüberliegenden Klosterkammer. Ehe ich begriff, dass es der Starke war, und vernünftig reagierte, war er im nachbarlichen Revier verschwunden.

Einen Fuchs beobachtete ich als einziges sonstiges Wild an diesem Morgen, Reineke bot ein Bild des Jammers. Klitschnass war sein Balg, der ganze Fuchs hatte kaum Ähnlichkeit mit einem Rotrock. Hatte er wegen der Wärme ein Bad genommen oder war er beim Versuch einen Fisch zu erbeuten in den Bach gefallen?

Auf meinem Rückweg erschien ein Hase auf dem grasbewachsenen Stieg, hoppelte einige Meter auf mich zu, zupfte hier an einem Halm, dort an einem Blatt und kam immer näher. Ich stand stocksteif. Während Meister Lampe friedlich mümmelnd ganz darauf konzentriert war, die richtigen Kräuter zu erwischen, trennte uns schließlich nur noch ein knapper Meter. Sodann machte der Krumme einen Kegel, äugte zu mir her, als ob er mich erkannt hätte, sank in sich zusammen und verharrte einige Minuten, bis ich nicht mehr stillstehen konnte. Als ich mich bewegte, ergriff er das bekannte Panier, flüchtete 20 Meter, machte einen Kegel und hoppelte, als sei er von jeglicher Gefahr weit entfernt, gemächlich fort.

Da fuhr ich zusammen. Das Echo eines Kugelschusses rollte durch das lange Wiesental und stimmte mich nachdenklich. Sollte einer der Beamten …? Ich hatte Bedenken, die Enttäuschung verursachten, wo noch kein Grund vorhanden war. Der herrliche Morgen kam mir aber plötzlich trist vor. Ein Anruf bei der Försterei am gleichen Tag brachte keine Gewissheit.

Viele Stunden verbrachte ich weiterhin auf der Affenschaukel ohne nennenswerten Wildanblick. Trotzdem – ich blieb stur. Irgendwann musste der Bock doch wieder austreten – sofern es ihn noch gab …

An einem frühen Morgen Anfang Juni, ich beobachtete gerade eine kleine Spinne, die die Hochsitzbrüstung hochkrabbelte, sich plötzlich fallen ließ und an einem hauchdünnen Faden hängen blieb, trieb wieder ein Bock mit Elan einen Jüngling aus dem nachbarlichen Forst. Er war im Eifer des Gefechts so unvorsichtig, dass er seine sichere Deckung bei vollem Licht verlassen hatte und über die frisch gemähten Bruchwiesen preschte, um dann über die Wiesen zurückzutrollen. Alles ging rasend schnell. Ich lag sofort im Anschlag, der Sechser verhoffte aber auf mein nachgeahmtes Schrecken nicht, sondern beschleunigte sein Tempo und verschwand in weiten Fluchten im nachbarlichen Forst, bevor ich ihn im Absehen des vierfachen Zielfernrohres erfassen konnte. Es war das fünfte Mal, dass ich beobachtete, wie der alte Geheimrat einen Jährling aus seinem Territorium sprengte.

Wie sagte unser alter Wildmeister: „Hast du die Gewohnheiten und Eigenarten eines Rehbockes herausgefunden, ist es nicht schwierig, ihn zu strecken." Diese Weisheit hatte ich mir zu eigen gemacht.

Am selben Abend, während ich mich dem Wäldchen, an dem die Affenschaukel steht, näherte, trat einer der jungen Böcke, die ich so oft vor mir gehabt hatte, aus und äste unbekümmert zwischen Holz und Wiese. Vorsichtig pürschte ich um den Bestand herum und schlich von der entgegengesetzten Seite quer durch das Wäldchen auf den Jährling zu. Als ich ihn schließlich wieder erblickte, war er nur noch knapp 50 Schritte entfernt, hatte mich vernommen, warf auf und sicherte nervös zu mir herüber. Da sprang ich laut rufend, wild mit den Armen fuchtelnd auf ihn zu, sodass er in panischem Schreck in hohen Fluchten durch die Wiesen über den Bruchbach zum Nachbarrevier flüchtete.

Flink verbarg ich mich hinter einer Kiefer, die mir notdürftig Deckung, vor allem Sicht zur Grenze bot, und wenige Minuten später kam das Böckchen zurück. Es hatte, wie von mir erhofft, drüben nicht die ersehnte Ruhe gefunden, sondern wurde von dem starken Platzbock zurückgejagt. Knapp 40 Meter neben mir brach die wilde Jagd krachend in das Wäldchen ein, verschwand hinter mir, und kurz darauf trollte der Starke wieder auf die Bruchwiesen. Auf dem Wechsel zurück in seinen Einstand schreckte ich ihn an, diesmal verhoffte er, sicherte zu mir her und brach im Schuss zusammen.

Ein „nur" fünfjähriger, für unsere Revierverhältnisse ungewöhnlich starker Bock, nicht nur im Wildbret, lag vor mir im Gras und zwei Monate Spannung, strategische Überlegungen und Jagdfreuden lagen auf einmal hinter mir.

WENIG ANGST VOR VIELEN MENSCHEN:

Einfacher ging's schließlich kaum

Ein Samstag im Juni. Das Getreide wurde allmählich reif, gelegentlich folgte bereits ein Kitz der Ricke auf die gemähten Wiesen. Die Böcke waren heimlich, nur selten sah man einen von ihnen. Ruhe vor der Brunft.

Unbekümmert wanderten meine Frau, meine Schwägerin, mein Bruder und ich nach dem Mittagessen in angeregter Unterhaltung die Margaretenbahn entlang zu den Bruchwiesen. Die Sonne schien. Wir begutachteten einige Rothirschfährten auf dem breiten Sandweg, lauschten dem Schmettern des Buchfinks und dem eintönigen „Zilp-zalp" des Weidenlaubsängers. „Caesar", der Weimaraner, war vorausgelaufen, blickte aber immer wieder zurück, als wollte er uns auffordern, schneller zu gehen.

Als wir an das Ende der Margaretenbahn kamen und nach links auf die Bruchwiesen bogen, stoppten wir. Zwischen Bruchgraben und Waldrand äste ein Rehbock, warf auf, sicherte kurz zu uns herüber, tat aber so, als seien wir gar nicht da. „Krank" – „diagnostizierte" mein Bruder spontan, so benahm sich kein normales Reh, während der Bock vertraut 30 Gänge von uns entfernt über den schmalen Grasweg, der Grenze zwischen Bruchwiesen und Hochwald, an uns vorbeizog und im Jagen 24 verschwand.

Er war gewiss kein Jüngling mehr. Die Decke wirkte fahlgelb, nicht rot wie bei anderen Rehen zu dieser Jahreszeit. Als er zog, schien der Abstand zwischen Windfang und Blatt größer als der vom Blatt zum Spiegel, ähnlich wie bei einem überalterten Hirsch. Der Grind leuchtete schneeweiß unter zwei eng nebeneinander stehenden Stangen.

Jedes dieser Merkmale für sich mochte nicht reichen, den Bock als alt anzusprechen, aber die Häufung der Kriterien ließ uns annehmen, er war entweder sehr alt oder eben krank. Beides Gründe, sich in dieser Ecke des Reviers häufiger aufzuhalten.

Schon zwei Tage später pürschte ich daher am späten Nachmittag wieder die Margaretenbahn entlang und erstarrte fast zu der viel zitierten Salzsäule, als ich um die Waldkante biegend den Bock auf der Wiese erblickte. Im Zeitlupentempo ging ich, als er mir den Spiegel zeigte, in die Hocke und lag dann platt auf dem feuchten Weg. Der Wind stand günstig, durch den Rain, der den Weg zur Wiese begrenzte, hatte ich perfekte Deckung. Allerdings sah ich den Bock aus meiner Position nicht mehr.

Wie ein Reptil kroch ich den Weg entlang und erreichte nach 50 Metern eine Erle. So trennten mich höchstens noch 80 Gänge von dem vermeintlich Alten. Ich legte mich wieder flach auf den Erdboden, entspannte und erholte mich von der ungewohnten körperlichen Anstrengung und wischte mit klopfendem Herzen die Linsen des Zielfernrohrs blank, die beim Robben trübe geworden waren. Als sich mein Puls beruhigt hatte, hob ich vorsichtig den Kopf, kniete mich schließlich behutsam hin, lugte durch das hohe Gras zur Wiese und wollte meinen Augen kaum trauen: Kein Reh war weit und breit zu sehen. Resigniert setzte ich mich an den Fuß des Baumes und wartete, bis nach zwei Stunden das Büchsenlicht geschwunden war. Einige Rehe traten aus, ein Jährling äste wenige Meter entfernt, mein Bock ließ sich an diesem Abend nicht mehr blicken.

Unsere Waldarbeiter hatten ihn am Vortag auf zehn Meter am helllichten Tage gesehen, wurde mir, als ich nach Hause kam, berichtet. Am nächsten Morgen versuchte ich daher mein Glück erneut. Da der Wind meinen Plan, mich über die Margaretenbahn den Bruchwiesen zu nähern, vereitelte, pürschte ich durch den Bestand der Abteilung 24. Ein Häher krächzte, und zweimal prasselten mit lautem Schwingenschlag Tauben aus den Fichten davon. Als ich zwischen den hohen, noch schwarz erscheinenden Fichtenstämmen, die im feuchten Dunst liegende Wiese schimmern sah, ästen dort mehrere Rehe.

Fast lautlos pürschte ich weiter, peinlich genau bedacht, vor jedem Schritt aufzupassen, wohin ich einen Fuß setzen konnte, ab und zu ein Ästchen beiseite räumend, einen Zweig, der mich durch Brechen verraten könnte, vorsichtig fortschiebend oder einen Reisighaufen umgehend. Im Osten wurde es über der schwarzen

Kulisse des Hochwaldes allmählich lichter, die Helligkeit vermischte sich langsam mit der vergehenden Nacht zu grauer Dämmerung.

Die Rehe hatten mich nicht bemerkt, aber plötzlich äugte eins starr in meine Richtung, zog ein paar Schritte nach links, dann nach rechts, während ich bewegungslos hinter dem Stamm einer Fichte verharrte. Stocksteif stand ich, eine Minute, vielleicht auch zwei, im normalen Tagesgeschehen eine kurze Zeitspanne, bei der Jagd erscheint sie mitunter wie eine Ewigkeit. Nach meinem Ermessen konnte mich im Lichtschutz des noch dunklen Hochwaldes das Wild von der Wiese aus nicht bemerkt haben, zumal mir leichter Wind ins Gesicht zog, als ich meine Pürsch begonnen hatte. Endlich senkte das Stück den Kopf wieder ins feuchte Grün und äste. Behutsam nahm ich das Glas vor die Augen, doch das war zu viel. Schreckend sprang es ab, schien im Morgendunst zu zerfließen. Im Glas erkannte ich noch, dafür reichte das Licht schon, dass es „mein Bock“ gewesen war, der mich wieder an der Nase herumgeführt hatte. Ich hatte geglaubt, er hätte sich nach anfänglichem Misstrauen beruhigt, war aber wie ein „unbedarfter Jungjäger“ auf sein Scheinäsen hereingefallen. Während die Sonnenstrahlen die taunassen Wiesen in gleißendes Licht tauchten, ließen sich die anderen Rehe durch das Schrecken nicht stören und ästen vertraut weiter, wahrscheinlich, weil ihnen durch das viele Rot-, Schwarz- und Damwild in diesem Revier Beunruhigungen dieser Art vertraut waren.

Der Morgen schleppte sich zähflüssig dahin. Bis in die Vormittagsstunden harrte ich am Fuß einer Kiefer aus und beobachtete den Jährling, an dessen Spießen noch Bastfetzen hingen, wie er im leuchtenden Löwenzahn äste. Eine wunderschöne Farbkomposition: Rehrot in Goldgelb. Der Jüngling wirkte unruhig, warf immer wieder auf, sicherte nervös zum Waldrand und zog unstet hin und her. Offensichtlich lebte er in Furcht vor dem Platzbock. Der aber erschien nicht mehr.

Auf dem Rückweg von meiner erfolglosen Frühpürsch kam ich bei einigen Waldarbeitern vorbei und berichtete von meinen vergeblichen Pürschen. „Den Bock, bei dem die Stangen so dicht zusammen gewachsen sind, ja, den würden sie kennen. Der sei doch ganz zahm. Den würden sie jeden Tag sehen, und der sei doch ziemlich dumm und würde nie vor ihnen weglaufen. Dass ich den schießen wolle und nicht bekäme …“, musste ich mir beschämt anhören, bevor ich nachdenklich weiterging.

Am folgenden Tag – es war glühend heiß – baute ich an der Erle einen Schirm. Einige Pfähle hatte ich bereits in die Erde gesteckt und schleppte schweißgeba-

det Fichtenzweige zur Verblendung herbei. Arbeit, die aber Spaß machte. Ganz vertieft war ich in mein Werk, und als ich, um zu verschnaufen, einhielt und mich umblickte, stand kaum 50 Gänge entfernt ein Bock, nein, mein Bock, auf der Wiese. Vertraut äste er und nahm kaum Notiz von mir. Vermutlich hielt er mich für einen „ungefährlichen Holzarbeiter". Ich war so verblüfft, dass ich einige Schrecksekunden verstreichen ließ und mich mucksmäuschenstill verhielt, bis ich geduckt zu der Erle schlich, an der meine Büchse lehnte. Das aber hielt der Bock nicht aus, er trollte in den Wald.

Mehrere Abende und Morgen verbrachte ich in dem Schirm, beobachtete viel Rehwild – aber meinen Bock, den sah ich nur zweimal im allerletzten Licht, mit Sicherheit konnte ich nicht einmal sagen, ob er es wirklich war.

Es war wieder ein Samstag, als ich mit zwei Freunden schwatzend am hellen Nachmittag an den Bruchwiesen entlangschlenderte. Zwar hatte ich meine Büchse auf der Schulter, aber mehr aus Gewohnheit, ich rechnete nicht damit, Wild zu begegnen.

Als wir uns dem Schirm näherten, trat ein Reh auf die Wiese ohne Notiz von uns zu nehmen. Mit bloßem Auge erkannte ich auf 40 Schritt, dass es der Alte mit den eng zusammenstehenden Stangen war. Ungläubig nahm ich das Fernglas hoch, obwohl ich ihn bereits ohne Glas angesprochen hatte. Erst dann vertauschte ich hastig – nicht behutsam, wie normalerweise auf der Jagd üblich – das Glas mit der Büchse. Der Bock warf nicht einmal auf, als ich zu einem Baum ging und ein Zweig unter meinen Füßen knackte. Als ob er diese Menschenansammlung nicht für voll nahm, äste er weiter.

Meine zahllosen Pürschversuche und heimlichen Bemühungen hatte er stets durchschaut, von einer größeren Menschengruppe ließ er sich jedoch nicht stören! Im Knall des Schusses sank der Alte verendet ins Gras.

Dem Zahnabschliff nach mochte er sieben, vielleicht sogar acht Jahre sein. „Ein hervorragender Abschuss", meinte mein Bruder, „besser allerdings wäre gewesen … du hättest den Bock ein paar Jahre früher geschossen."

BANGE MOMENTE:

In letzter Minute

Ende der 70er Jahre war ein Waldbrand über Teile der Lüneburger Heide hinweggefegt und hatte im elterlichen Revier große Schäden angerichtet. Es dauerte viele Jahre, bis die Spuren der Katastrophe vernarbten und die Natur allmählich wieder in einen „normalen" Zustand hineinwuchs, doch völlig getilgt waren die Spuren des großen Feuers noch nicht. Dort, wo früher im „Jagen 6" starke Kiefern standen, unterbaut mit Douglasien und vereinzelten Laubbäumen, wuchsen nun, wohin man auch schaute, dicht bei dicht vierzigjährige Fichten, vier bis fünf Meter hoch, ordentlich in Reih und Glied aufgereiht.

Die Natur, Urbild alles Schönen, war in diesem Revierteil von Menschen durch eintönig wirkende Monokulturen vergewaltigt worden. Zu den Neuanpflanzungen gab es kaum Alternativen: Die Vielfalt wurde aufgegeben, musste aus wirtschaftlichen Gründen der Zweckmäßigkeit weichen. Arm an Moosen und Farnen, Gräsern und Blumen, Kräutern und Büschen, Vögeln, Insekten und anderem Getier, war der Wald sichtlich aus dem Gleichgewicht geraten, der große natürliche Reigen, das organische Weben und Leben weitgehend zerstört.

Die Baumreihen erweckten den Eindruck einer reinen Nutzpflanzung wie auf einem Gemüsefeld. Erhalten geblieben waren aber Frieden und Geborgenheit, die den Bestand wie einen Mantel schützend umhüllten. Als ich zum „Jagen 6" pirschte, hatte ich das Gefühl, mit der Natur allein zu sein.

„Es gibt vielerlei Lärm, aber nur eine Stille", behauptete der große Russe Kurt Tucholsky. Motorenlärm, Flugzeuggebrumm, Autohupen und andere Zivilisationsgeräusche wurden auf meinem Marsch leiser, versanken immer weiter hinter mir, verstummten schließlich ganz und wurden durch Stimmen der Natur abgelöst: Tauber rucksten, Buchfinken schmetterten, Kleiber zankten, Drosseln sangen, und endlich nahm mich der Wald wieder in seine Arme, der Wald, den ich von Jugend an durchstreift hatte, in dem jeder Winkel für mich seine eigene Geschichte hat, die im Gedächtnis treu bewahrt bleibt.

Die nach dem großen Waldbrand gepflanzten, monoton wirkenden Fichten, geradlinig ausgerichtet, waren zum Teil bis auf den Boden dicht beastet. Ungefähr alle fünfzig Meter waren bei der Aufforstung der großen Fläche zwei Reihen als „Brandschutzschneisen“ unbepflanzt geblieben. Wahrscheinlich zur psychologischen Beruhigung, denn sie sind so schmal, dass sich bei einem Waldbrand keine Flamme, kein Funke durch sie aufhalten lassen würde. Zwar dringt mehr Licht auf den Erdboden als im dichten Bestand, aber eine sonderliche Bereicherung an Kräutern und Gräsern bieten die drei bis vier Meter breiten Schneisen dem Wild nicht.

Im kilometerweiten Umkreis wuchs lediglich auf einer etwa zwei Morgen großen Wiese „sehenswerte“ Äsung. Beim Umkreisen der Freifläche fand ich Fährten und Spuren, und nicht zuletzt sprachen drei Hochsitze, für jede Windrichtung eine geeignete Ansitzmöglichkeit, eine beredte Sprache dafür, dass dort Wild zu erwarten war.

Am ersten Abend und am folgenden Morgen meines Urlaubs wartete ich an einer der Schneisen, auf der sattes Grün spross und ein Ansitz aussichtsreich erschien, auf das Austreten des Wildes. Von der Leiter an der großen Wiese aus aktionslos zu warten, war mir nicht spannend genug.

Laut klatschend strichen beim Angehen Tauben aus den dichten Fichtenwipfeln, und sanft verhauchte der Schwingen Ton in der Weite der Stille, als ich im Halbdämmerlicht des schummerigen Waldes am Erdboden auf dunkler Nadelspreu auf einen Rehbock harrte. Außer Tannenmeise, Goldhähnchen und Eichelhäher erfreute mich aber vorerst kein Lebewesen. Nach einer Stunde verkürzten mir zwei Eichkatzen mit munterem Spiel die Zeit. Sie hatten sich offenbar an meine Anwesenheit gewöhnt, näherten sich neugierig auf wenige Gänge, bevor sie keckernd an den Bäumen rauf und runter tobten und verschwanden.

Nach einer halben Stunde hüpfte einer der roten Kobolde in meine Richtung. Als er sich zwanzig Meter entfernt aufrichtete, erkannte ich, dass er einen drosselgroßen Vogel „apportierte“. Nachdem mich der kleine Nager eine Weile aufmerksam gemustert hatte, sprang er mit einem gewaltigen Satz zur nächsten Kiefer, kletterte mit seiner Beute blitzschnell spiralförmig den starken Stamm hinauf und verschwand in der Krone des Baumes.

Am Vormittag ging ich die Schneisen und Wälle, zu denen nach dem Brand das verkohlte Holz mit schweren Raupenfahrzeugen zusammengeschoben worden war, nach Wechseln ab, wurde fündig und saß am Abend bei gutem Wind dort an. Mich reizte es mehr, hier zu sitzen als auf der Wildwiese. Mein Bruder meinte zwar, es sei sinnlos, wusste aber, dass jeder Versuch, mich zu belehren oder mir jagdlich etwas ausreden zu wollen, zwecklos war.

„Wenn die Wiese gemäht ist, ist alles vorbei. Du wirst dort keinen Bock mehr sehen“, warnte er. Ich blieb stur und wartete einen weiteren Abend und Morgen am Wechsel.

Auf dem Rückmarsch vom Morgenansitz erspähte ich im Halbdämmern unter den jungen Fichten, obwohl es schon später Vormittag war, eine Bewegung. Vorsichtig hob ich mein Glas vor die Augen, und was ich sah, beschleunigte meinen Pulsschlag: Zwischen zwei dickeren Fichtenstämmen verdeckt stand ein Reh. Es verhoffte spitz zu mir, äugte unablässig und bewegungslos zu mir her. Mir war klar, dass es bei einer geringsten Bewegung abspringen würde. Vor Aufregung stockte mir der Atem, denn dem Gebäude und der Färbung nach war es ein älterer Bock, der mir da gegenüber verhoffte, und dann erkannte ich ein beachtliches Gehörn.

Ich war versucht, im Zeitlupentempo das Glas abzusetzen und vorsichtig die Büchse von der Schulter zu nehmen, aber gewiss wartete der vermutlich alte Bock nur auf eine Bewegung des für ihn noch nicht sicher ausgemachten Wesens vor ihm, um sogleich abzuspringen. Vielleicht vermutete er auch in den unvermeidbaren Geräuschen, die ich bei meiner Pirsch verursacht hatte, einen Nebenbuhler, alle seine Sinne konzentrierten sich jedenfalls auf mich.

Bange Minuten! Allmählich strengte es an, das Glas ruhig zu halten. Langsam ermüdeten Arme und Augen, wurden schwerer und schwerer. Der Bock jedoch stand still wie ein Denkmal. „So kann es nicht weiter gehen“, überlegte ich. Arme, Rücken und Beine begannen zu schmerzen. Zudem beschlugen meine Brillengläser. Die Geduldsprobe, die er mir aufzwang, musste ich verkürzen.

Zwischen uns lag der trockene Zopf einer gefällten Fichte. Das verdorrte Gezweig verbarg meine Knie und Füße vor den Lichtern des Wildes, eine Bewegung meiner Beine könnte es nicht eräugen, ging es mir durch den Sinn. Wenn ich mit dem Fuß ein leises Geräusch auf dem Erdboden verursachte, überlegte ich, würde der Bock Haupt und Träger senken und im Stechschritt auf mich zu ziehen. Dann wäre sein Kopf durch einen der dicken Stämme verdeckt. Die kurze Zeit müsste ausreichen, um das Fernglas hinabgleiten zu lassen, die Büchse von der Schulter zu nehmen und in Anschlag zu gehen.

Minutiös genau ließ ich in Gedanken den Bewegungsablauf noch einmal vorüberziehen, bedachte auch den Knopf auf der linken Schulterseite des Lodenmantels,

der das Heruntergleiten des Gewehrriemens verhindern soll, das eilige Herunterreißen der Büchse verzögern könnte und zog sogar die Hundepfeife, die vor meiner Brust baumelte und beim Herabfallen des Fernglases klappern könnte, in meinen „Schlachtplan" mit ein.

Als ich meine Überlegungen beendet hatte, scharrte ich mit der Sohle meines linken Gummistiefels auf dem Waldboden, drehte den Fuß geräuschvoll in die feuchte Erde, und der Bock machte einen Schritt auf mich zu. Sein Haupt war, wie erwartet, für Sekunden verdeckt.

Mein Bewegungsablauf verlief nun genau so, wie vorher exakt gedanklich durchgespielt. Als Kopf und Träger wieder hinter dem Stamm erschienen, das Blatt frei war, lag der Schaft der Büchse längst vor meiner Schulter. Der Zeigefinger berührte den Abzug, ließ der Kugel freien Lauf, und schon schlugen die dichten Fichtenzweige hinter dem davonstürmenden Reh zusammen. Kurz hörte ich noch Brechen, dann Schlegeln, schließlich herrschte wieder Stille.

Aufatmend folgte ich der Schweißspur und fand nach zwanzig Metern den Überlisteten unter den tief hängenden Fichtenzweigen.

Dem Zahnabschliff nach war er vier Jahre, bei Weitem nicht so alt wie vorher angesprochen, und auch in der Stärke des Gehörns hatte ich mich getäuscht. Aber es waren spannende, bange Minuten, meine Rechnung war aufgegangen, und es war kein „Nullachtfünfzehn-Ansitz“ an einer Wildwiese.

Einige Morgen und Abende verbrachte ich anschließend noch im Wald. Weil meine Zeit begrenzt war und immer knapper wurde, setzte ich mich eines Morgens aber doch an die Wiese. Das heißt, das Wort „Morgen“ ist falsch gewählt, stockdunkle, bitterkalte Nacht war es, als ich loszog.

In den dunklen Fichten war mir die Zeit während der Ansitze, bei denen ich nur einmal Wild vor mir gehabt hatte, mitunter lang geworden. Nun wunderte ich mich über mehrere Hasen, die sich in dieser Kultursteppe offensichtlich wohlfühlten, freute mich über einen Fuchs, der in der von Menschenhand geprägten Landschaft noch eine Nische zum Überleben gefunden hatte und schließlich über eine Ricke mit ihren zwei munteren Kitzen.

Als die Sonne hoch stand und ich bereits an das Verlassen der Kanzel dachte, erschienen zwei Böcke. Rechts verhoffte ein Jährling am schattigen Dickungsrand, von links zog zielstrebig und selbstsicher ein anderer Bock auf die Fläche. Er trug kein starkes Gehörn, wie sollte er es auch bei diesem schlechten und einseitigen Äsungsangebot hervorbringen, aber er war älter und deswegen schoss ich.

Erleichtert stopfte ich mir danach eine Pfeife. Als das metallische Klicken des Feuerzeuges verklungen war, ich die kleine Flamme an den Kopf der Pfeife führte und genussvoll die ersten Züge des Tabakrauches inhalieren wollte, da hörte ich ein Motorengeräusch. Ein Trecker war es, und dann sah ich den schweren Schlepper mit einem großen Kreiselmäher im Schlepptau auf die Wiese rollen, um das erste Gras für das Vieh zu mähen.

„Morgen hättest du den Bock nicht mehr bekommen“, freute sich mein Bruder später.

Ich freute mich mit ihm, auch wenn sich in die Freude Nachdenklichkeit und verletzter Stolz mischten, weil meine Fähigkeiten als Jäger nicht ausgereicht hatten, auch den zweiten Bock in seinem Einstand zu überlisten.

Blattzeitüberraschungen

EIFERSUCHT:

Stärker als Liebe

Ich saß am Fuße einer mächtigen Eiche. Die Himmelsrichtung war unschwer auszumachen. Die Seite, an der ich mich an den Stamm lehnte, war mit grünem Moos bewachsen, der Wind wehte mir entgegen – Ostwind und ideales Rehwetter.

Bis in die frühe Morgendämmerung hatte es geregnet, nun hatte es auch aufgehört zu nieseln, die Sonne stieg in herrlichsten Himmelsfärbungen höher.

Dreißig oder vierzig Gänge vor mir blickte ich auf einen Ebereschenhorst. Die jungen Bäumchen, die sich massenweise ausgesamt hatten, standen dicht bei dicht. Auch ein wenig erfahrener Jäger konnte erkennen, dass kaum einer der dürren Stämme von der Wut eines Rehbockes verschont geblieben war und keine Wunden vom Fegen davongetragen hatte. Die Rinde hing in Streifen und dünnen Fasern schlaff von den Stämmchen herunter.

Behutsam drückte ich ein Fliederblatt an die Lippen, und leise, nach zehn, zwölf Fieptönen lauter werdend, tönte meine „Musik vom Baum“ durch den Bestand. Stille. Nichts regte sich um mich herum. Ich hatte wohl eine halbe Stunde regungslos gesessen und angestrengt in den beginnenden Morgen gelauscht, als ich von kurzem Schrecken aus meinen Gedanken gerissen wurde. Vor mir, im dichten Pflanzengewirr, ich ahnte die ruckartigen Bewegungen im Gestrüpp mehr, als dass ich sie sah, bearbeitete ein Rehbock einen der kleinen Bäume mit seinem Gehörn und schreckte dann. Offenbar hatte er Wind von mir bekommen, war aber unsicher, weil er nicht ausmachen konnte, um was es sich bei dem Wesen am Fuß des Baumes handelte.

Da ich mir sicher war, der Bock würde das Dickicht nicht ohne zwingenden Grund verlassen, schreckte ich ihn an und scharrte mit einem Ast auf dem Waldboden. Für kurze Zeit herrschte Ruhe, beklemmende Stille.

Dann schreckte mein unsichtbares Gegenüber erneut, und sofort antwortete ich.

Kurze Pause und wieder Schrecken des Bockes. Dabei zog er im Bogen auf mich zu. Sehen konnte ich ihn nicht, nur hören. Um in meinen Wind zu kommen, musste er aber die Schonung verlassen. Wieder erklang es kurz und böse „Böh! – Böh!“, und meine Antwort schallte ebenfalls durch den Wald.

Dreißig Meter entfernt vernahm ich heftigen, ruckartigen Stechschritt. Eine Amsel strich schimpfend davon und gleich darauf erschien der Bock am Rande der Dickung.

Die Büchse, bis dahin im Voranschlag, glitt vor die Schulter, im Zielfernrohr erkannte ich zwei krumme Stangen zwischen den Lauschern, und im rasch abgegebenen Schuss brach der Bock auf weniger als dreißig Gänge verendet zusammen. Nicht meine Blattarien, sondern imitiertes Plätzen und Schrecken hatten ihn offenbar zum Zustehen veranlasst.

Jeder Bock reagiert anders auf den Ruf. In meinem Buch „Die Blattjagd“ widme ich diesem Phänomen mehrere Kapitel.

Anfang August saß ich auf einer Kanzel an einem Wildacker und blattete. 70 bis 80 Meter vor mir erschien das Haupt eines Bockes über dem Gras. Obwohl ich ohne Unterbrechung weiter fiepte, machte er keine Anstalten sich zu erheben, geschweige denn zuzustehen. Schließlich verschwand das Haupt wieder im Grünen, und es hatte den Anschein, als sei das Revier weit und breit rehwildleer. Ich baumte ab, war aber am frühen Nachmittag, drei Stunden später, wieder zur Stelle. Nach dem ersten Fiepton preschte der Bock, der sich bis dahin nicht von seinem Bett fortbewegt hatte, auf die Kanzel zu und wurde von mir erlegt. Seine Zähne waren dermaßen abgeschliffen, dass man den Eindruck gewinnen konnte, der Alte sei in der Arche Noah dabei gewesen.

Es hängt also auch von der „Laune“ oder „Stimmung“ eines Rehbockes ab, ob beziehungsweise wann und wie er zusteht.

Meinem Bruder hatte ich erzählt, ich wolle mit der Erlegung eines von ihm bestätigten heimlichen Bockes bis zur Blattzeit warten. Es war eine Ausrede. Ich hatte ihn mehrfach gesehen, aber nicht bekommen. Wegen der hohen Naturverjüngung und des dichten Unterwuchses im Jagen 3, in dem er bevorzugt seinen Einstand hatte, hatte ich ihn nie so frei, dass ein Schuss zu verantworten war. Um meine Unzulänglichkeit nicht zuzugeben, benutzte ich deshalb die Notlüge und sehnte die Blattzeit herbei.

Am 5. August harrte ich in dem Erdschirm an der „Herrschaftlichen Bahn“ und hoffte, den Alten zu erlegen. Von Süden war ich gegen den Wind langsam auf einem ausgetretenen Wildwechsel durch Moor und Porst zu dem Sitz gepürscht, war immer wieder stehen geblieben und gelangte schließlich fast lautlos an mein Ziel.

Vorsichtig hatte ich mich zurechtgesetzt und leuchtete durch das Fernglas die vor mir liegende Blöße ab. Als ich kein Wild erblickte, lehnte ich mich gemütlich zurück, blieb aber aufmerksam.

An ihrem für mich unsichtbaren Faden ließ sich eine kleine Spinne vom Hochsitzdach herunter und schwebte vor der Fensteröffnung, wo sie der Wind wie im Spiel leicht hin- und herschaukeln ließ. Offenbar wurde es dem kleinen Tier zu ungemütlich, es krabbelte wie auf einer unsichtbaren Leiter flink wieder in die Höhe und war verschwunden.

Ringeltauber rucksten, und zwischendurch erklang der Ruf einer Hohltaube. Sie wird bei uns im Gegensatz zu ihrer geringelten Cousine nicht bejagt. Diese hatte früher bis zum Mai Schusszeit, wenn mitunter die erste Brut schon flügge war, und durfte bereits im Juli wieder geschossen werden, wenn noch Jungtauben auf dem Nest sitzen. Der Gesetzgeber ließ zu, dass adulte Tauben, die ihre Jungen großziehen, erlegt werden, die oft zitierte Waidgerechtigkeit blieb auf der Strecke.

Nicht das Gesetz war schuld, sondern der Jäger, der sich ohne nachzudenken stur daran hielt. Gut, dass nun auch Ringeltauben eine vernünftige Jagdzeit eingeräumt wurde.

Es mochten zwanzig Minuten vergangen sein, seit ich in den Erdsitz gekrochen war, da drückte ich behutsam eines der Buchenblätter an die Lippen. Erst leise, dann lauter schallte es „Piäh, Piäh!“ durch das Kiefernholz. Als nichts Außergewöhnliches um mich herum geschah, blattete ich nach zehn Minuten noch einmal, lauter, fordernder und ausdauernder. Und wieder herrschte Stille. Sekunden wurden zu Minuten und diese fast zu einer Ewigkeit.

Der Wind stand günstig, die Spinnenfäden wehten mir fast ins Gesicht, da durchfuhr mich ein freudiger Schreck: Kaum vierzig Gänge vor mir stand er, auf den ich so oft gepürscht und gepasst hatte, dessentwegen ich manche Ausrede ersonnen hatte, um Verpflichtungen zu umgehen und mich diesem Bock zu widmen. Von meinen Fieptönen nahm er keine Notiz, sondern bummelte davon. Ich fiepte leise, ich fiepte laut, er ließ sich nicht betören.

Schließlich schallte das Geschrei durchs Altholz, aber der Alte schien taub zu sein. Ohne aufzuwerfen, geschweige denn zu verhoffen, zog er verdeckt, so, dass ich nicht schießen konnte, weiter. Schließlich sah ich ihn nicht mehr.

Wenn er die Richtung beibehalten würde, müsste er auf dem Großen Wildacker austreten, überlegte ich, beeilte mich, meinen Sitz zu verlassen, und im Laufschritt ging es zur Kanzel an der Wildwiese.

Halbwegs geräuschlos stieg ich auf den Sitz. Der Wind stand ungünstig, wehte nach dort, wo ich den Bock vermutete, trotzdem wollte ich mein Glück versuchen.

Als die quietschende Fensterluke geöffnet und die Büchse auf der Kanzelbrüstung abgelegt war, hielt ich das Buchenblatt an die Lippen. Kaum hatte ich die ersten Töne herausgepresst, knackte es im Unterholz. Wie von Furien gehetzt, brach der Alte auf den Wildacker und verhoffte zwanzig Gänge vor der Kanzel. Eine Stunde vorher hatte er auf mein Blatten überhaupt nicht reagiert, und nun hatte ich kaum Zeit, die Büchse hochzunehmen. Im Schuss riss es den Bock herum, er flüchtete zurück in die Dickung, aus der letztes Schlegeln drang.

Langsam ging ich zum Anschuss und folgte der kurzen Fluchtfährte, die mit hellem Lungenschweiß benetzt war. An ihrem Ende fand ich den Bock.

Warum sprang er nicht bei meinem ersten Versuch auf das Blatt, warum erst hier und dazu bei schlechtem Wind?

Nicht nur sein ungewöhnliches Verhalten stimmte mich nachdenklich, auch sein abnormes Gehörn: Links trug er eine respektable Sechserststange, die rechte war lediglich zu einem Spieß ausgebildet.

GUT GETARNT IM WEIZENFELD:

Nach der Feist- und vor der Blattzeit

„Um starke Rehböcke zu schießen, brauchst du nicht ins Ausland zu fahren, komm in die Uckermark", meinte Freund Baudissin. Das klang verlockend.

Am 26. Juli ging es in die Nähe von Prenzlau, bei glühender Hitze erreichte ich Schönermark und den verabredeten Treffpunkt.

Etwas Ursprüngliches ging von der weiten Landschaft aus mit ihren Knicks, Brachstreifen, Schilfparzellen, die noch keine Flurbereinigung kennen und hoffentlich nie erfahren werden. Wald und Flur waren noch nicht zum Freizeitsportgerät und Tummelplatz moderner Naturfreuden degeneriert.

Über 1600 Hektar war das Revier groß. Zwischen kleinen Waldstücken und eingesprengten Sumpflöchern lagen riesige Getreideschläge, Raps, Roggen, Weizen, Hafer und Mais – guter Boden, starkes Wild. Hier bestätigte sich die These meines Freundes. Was wir an Rehwild sahen, war beeindruckend. Vom Auto aus erblickten wir mehrere Böcke in der hohen Frucht, fast immer trugen sie starke Gehörne. Ein Jährlingsbock, guter Sechser, äugte uns auf fünf Meter aus dem Hafer an, glaubte, seine Deckung sei perfekt und wir könnten ihn nicht sehen. Minutenlang amüsierten wir uns über den Jüngling.

Die dunkelbraunen Rapsfelder, die helleren Weizenschläge und der goldene Hafer bildeten optisch abwechslungsreiche Kontraste. Schwalben schossen dicht darüber hinweg, zwei Feldlerchen schwangen sich in die Luft, ließen sich gleichzeitig fallen und „stürzten" wieder zu Boden.

Gegen 22 Uhr, als es dunkel wurde, kehrten wir in einem Gasthof ein, erzählten, diskutierten und merkten nicht, wie schnell die Zeit vergangen war. Schließlich lohnte es kaum noch, schlafen zu gehen, und so saß ich gegen vier Uhr am Rande eines Kartoffelackers, an den links ein Haferschlag grenzte. Durch die seit Monaten herrschende Dürre stand der Hafer nicht einmal kniehoch. In den Kartoffeln hatten in den vergangenen Nächten Sauen beträchtliche Schäden verursacht, außerdem war dort ein braver Bock beobachtet worden.

Es war empfindlich kühl. Als es allmählich hell wurde, entdeckte ich 17 Stück Damwild in den Kartoffeln. Spießer, Knieper, Löffler und ein angehender Schaufler zogen, als die Sonne erschien, im Gänsemarsch 20 Meter entfernt durch den Hafer zu ihren Tageseinständen im Wald.

Zwei Kraniche tummelten sich auf einem umgebrochenen, einige hundert Meter entfernten Acker. Als die Sonne höher stieg, wohltuend wärmend auf das verdorrte Land schien und die „Vögel des Glücks" trompetend abstrichen, machte ich mehrere Rehe aus. Ricken, Kitze, junge Böcke, und dann stand wie hingezaubert dreihundert Meter entfernt, und damit für mich unerreichbar, ein starker Bock im Hafer. Je länger ich ihn durch das Glas betrachtete, desto begehrenswerter erschien er. Nachdem er über eine halbe Stunde keine Anstalten machte, sich fortzubewegen, robbte ich in einer Kartoffelreihe auf dem Bauch rutschend, vorsichtig alle 20 bis 30 Meter den Kopf aus dem Kraut hebend, in seine Richtung. Der Boden war staubig, Steine und vertrocknete Erdklumpen drückten schmerzend in meine Knie. Schweiß rann ob der ungeübten Anstrengung in meine Augen und brannte, die Ellenbogen taten weh, aber ich kam näher.

Was ich nicht gesehen hatte: eine Senke, in der es sich einfacher robben ließ, ich konnte auf Knien und Händen kriechen, ohne vom Bock bemerkt zu werden. Aber die „Erholungspause" war nur kurz. Nach 30 Metern musste ich wieder den Staub küssen. Ein Hase stand vor mir auf, machte zehn Meter entfernt einen Kegel, sicherte, hoppelte weiter und verschwand in einer anderen Pflanzreihe.

Hundert Meter hatte ich zurückgelegt, ohne dass der Bock mich bemerkt hatte. Aber das reichte nicht, ich musste noch näher heran. Ich ließ das störende Fernglas zurück und machte eine weitere Pause, als sich ein Wadenkrampf ankündigte. Als ich wieder behutsam meinen Kopf hob, war der Bock fort. Ich verharrte noch eine halbe Stunde, konnte ihn aber nirgends entdecken, und dann kam der Freund, um mich abzuholen.

Später fuhren wir an der Straße entlang, die an den Haferschlag grenzte. Ich sah wieder mehrere Rehe, erkannte auch den starken Bock, war im Nu aus dem Auto gesprungen und schlich gebückt in der Deckung einiger Büsche zu einem Telegrafenmast, wo ich anstreichen konnte. Meinen Schuss quittierte der Bock mit einer hohen Flucht, preschte fort, und als er wieder verhoffte, verschwand er nach dem zweiten Schuss im Hafer. Freudig gingen wir nach angemessener Wartezeit zu dem Platz, wo er zusammengebrochen war. Es war kein leichtes Unterfangen, ihn in der Frucht zu finden, aber schließlich standen wir vor einem kapitalen, alten, gut vereckten Sechser mit ungewöhnlich heller Stangenfärbung.

Die Tageshitze verbrachten wir wie das Wild in einem kühlen Wäldchen, schliefen, ärgerten uns über störende Insekten, warteten auf den Abend, dass es kühler und das Wild wieder auf den Läufen sein würde. In der glühenden Hitze bewegte es sich kaum, litt wie die Menschen unter den hohen Tagestemperaturen.

Abends lag ich im Gesträuch an einer Wiesenschlenke. Ein alter Bock trieb rechts, links spielten zwei Kitze. In ihrer Färbung unterschieden sie sich auffallend vom leuchtenden Rot der Ricke und dem braunfarbenen Bock. Tief gebückt schlich ich auf die beiden zu, aber in großen Kreisen entfernten sie sich. Als ich keine Deckung mehr fand, setzte ich mich hinter den Betonsockel eines Mastes in das hohe Kraut und wartete, hoffte, dass die beiden noch bei gutem Büchsenlicht zurückkommen würden.

Die Luft war erfüllt vom Geruch der Kamille. Auf den Koppelpfählen blockten fünf Mäusebussarde. Trotzdem, Niederwild gab es in diesem gesegneten Landstrich genügend. Rebhühner sah ich und auf den staubigen Wegen und trockenen Stoppeläckern tummelten sich sieben Hasen.

In der Ferne ratterten und rauschten in riesigen Staubwolken mit eintönigem Klang Mähdrescher. Die Ernte des notreifen Rapses hatte begonnen.

Mein Augenmerk galt dem Bock. Immer wieder trieb er die Ricke in großen, dann kleiner werdenden Kreisen, von Ruhepausen unterbrochen, beschlug sie und tat sich nieder. Keine Erfolg versprechende Möglichkeit, ihn anzupürschen, obwohl der Wind günstig stand. Vertrocknete Grassamen, von den Halmen gestreift und in die Höhe geworfen, schwebten fast schwerelos in die entgegengesetzte Richtung davon.

Endlich, als es dämmerte, bewegten sich die beiden langsam auf mich zu, waren dann aber hinter Büschen verschwunden. Unaufhaltsam nahm das Licht ab. Die Dämmerung gewann immer mehr die Oberhand über den schwindenden Tag, die Umrisse der Bäume und Büsche verwischten. Da erschienen zwei Rehe: Ricke und dahinter – mit tiefem Träger, den Windfang am Feuchtblatt – der Bock. Ruckartig verhielt er, äugte in meine Richtung, tat sich nieder, ich pfiff und er fuhr in die Höhe. Aber wo war hinten, wo vorn? Da zog er über ein helles Grasstück. Wieder ein Pfiff meinerseits, und er verhoffte fast breit. Auf den Knien aufgelegt schoss ich auf knapp 60 Meter, vernahm dumpfen Kugelschlag und deutete ihn als gutes Zeichen, denn durch das Mündungsfeuer geblendet, konnte ich kein Zeichnen erkennen.

Nach kurzer Wartepause, es war inzwischen fast finster, wollte ich zum Anschuss eilen, fiel in ein Morastloch, versank bis über die Knie in stinkender Gülle, doch nichts konnte mich aufhalten. Und dann stand ich vor dem Bock. Zufrieden tastete ich nach dem Einschuss. Er saß dort, wo er sein soll. Aber als ich das Gehörn befühlte, stutzte ich. Vor mir lag ein zwei- bis dreijähriger ungerader Gabler.

Noch lange unterhielten Baudissin und ich uns über diesen Abschuss, als wir uns unter ein paar Fichten, deren Zweige genügend Sicht zum sternenübersäten Himmel gaben, „eingeschoben" hatten. Wohltuende Stille – und als der abnehmende Mond emporstieg, schliefen wir rasch ein, ich aber keineswegs traumlos in der Vorfreude auf einen strahlenden Morgen in diesem abwechslungsreichen Feldrevier, voller landschaftlicher Schönheit, Herausforderung und Spannung.

Am nächsten Morgen zog es mich wieder an die Wiesenschlenke. Die Nacht in dem Wäldchen war erholsam kühl, aber feucht gewesen. Tau lag auf dem Gras, meine Schuhe waren pitschnass. Allerlei Federvieh war bereits wach, als ich meinen Platz an dem Mast erreichte. Hähne krähten im nahen Dorf, dazu mischte sich das Quaken von Enten und das Geschrei einer Gänseherde. Lerchen sangen und Kraniche trompeteten.

Als der erste Lichtstreif am Horizont erschien, pürschte ich zu einem riesigen Strohhaufen. Ihn zu besteigen, war nicht so einfach, wie es den Anschein hatte. Ich konnte nicht sicher in das glitschige Stroh greifen und meine Füße fanden keinen Halt. Immer wieder rutschte ich ab, glitt zwei, drei mühsam erklommene Meter herab und landete auf dem Erdboden. Schließlich war es geschafft, ich thronte auf dem willkommenen „natürlichen" Hochsitz. Das Stroh roch modrig. Leiser Wind spielte mit den unstet über Wiesen und Felder geisternden Dunstfahnen.

Die Stahldächer der Getreidesilos der Landwirtschaftlichen Genossenschaft blendeten mich für Minuten, als die Sonne darauf schien. Links davon wurde das wunderschöne Herrenhaus, das bis zum Krieg in einem ansehnlichen Park stand, abgerissen und durch Betonbauten ersetzt.

Die Strahlen der aufgehenden Sonne taten gut, ich genoss sie ebenso wie die weite Sicht, die sich von meiner Warte aus bot. Dabei verpasste ich eine gelbe Katze und schoss gleich darauf eine grau-weiße. Unerfreulich ist es, aber wie sonst soll man das Niederwild vor diesen bedauernswerten Produkten menschlicher Unvernunft schützen. Auf den Schuss hin flüchtete ein junger Bock, der nur wenige Meter von mir entfernt geruht hatte, in hohen Sprüngen durch den taunassen Weizen.

Trecker fuhren bereits zur Arbeit auf die Felder, da trieb weit in einem Weizenschlag ein anderer Bock. Als Baudissin mich abholen wollte, zog ich ihn auf den Strohhaufen, und durch das Spektiv sprach er ihn als alt an.

Also runter vom Haufen und rein ins Auto. Nach wenigen Minuten erreichten wir das Feld. Als wir den Wagen am Wegrand geparkt hatten und ich mit dem Pürschstock wenige Meter gegangen war, erblickte ich Bock und Ricke. Ersterer war uralt, darüber bestand kein Zweifel. Fast bullig, dreieckig wirkte sein Kopf, aber das Gehörn anzusprechen, war unmöglich. Die Luft über dem Getreidefeld flimmerte dermaßen, dass ich die Stangen nur ahnen, aber nicht klar erkennen konnte.

Schließlich schoss ich. Der Bock zeichnete und brach nach ein paar Fluchten zusammen. Wir warteten eine knappe Viertelstunde, bis wir es in der sengenden Sonne kaum mehr aushielten, und gingen dann zu ihm. Baudissin hatte sich die Stelle anhand eines Mastes und einiger hoher Disteln eingeprägt. Trotzdem suchten wir zehn Minuten lang im hohen Weizen, bis der Freund leise rief: „Der Bock sitzt vor mir, ich muss ihm einen Fangschuss geben."

Ich beobachtete, wie er behutsam die Büchse von der Schulter nahm und auf den Boden zielte. In dem Augenblick, als es knallte, sprang der Bock gegen seinen Oberschenkel, dass Chrischan den Halt verlor und zu Boden ging. Ehe ich das hochflüchtige Reh ins Absehen bekam, brach es zusammen.

Dem Freund war nichts Arges passiert, nur seine Lederhose hatte ein großes Loch!

Den uralten Sechser mit unglaublich starken Rosenstöcken und Rosen fanden wir nach zwanzig Schritten im dichten Halmengewirr. Die hellen Stangen mit fast weißen Enden hatten sich gegen das gelbe Getreide kaum abgehoben und uns das Ansprechen so schwer gemacht.

Der Freund musste fort. Dringende Geschäfte in Berlin warteten auf ihn. Ich hatte das Revier drei Tage – eine lange Zeit, wenn die Nacht bereits um drei Uhr morgens und der Tag erst gegen 23 Uhr mit Schwinden des Büchsenlichts endet – für mich allein.

Ich saß wieder auf dem Strohhaufen, genoss die Weitsicht, litt unter der Hitze und ärgerte mich, dass ich schon so früh an diesem heißen Nachmittag rausgegangen war, denn die vorangegangenen Tage hatten gezeigt, dass das Wild bei den Temperaturen kaum auf den Läufen war.

Drei Gabelweihen, geschickt die dürftige Thermik ausnutzend, schwebten über einen frisch gemähten Acker. Auf der Stoppel fanden sie durch die Schäden, die die gewaltigen Mähdrescher an der Kleintierwelt angerichtet hatten, einen reich gedeckten Tisch.

Als ich wieder meine Umgebung ableuchtete, hatte ich einen treibenden Bock und eine Ricke im Glas. Mehr ahnte ich die Rehe, als dass ich sie ansprechen konnte. Bevor die beiden wieder in den Weizen eingetaucht waren, hatte ich mir die Stelle genau eingeprägt, rutschte vom Strohhaufen, pürschte zu dem Feld, in dem sie brunfteten, und kauerte mich an dessen Rand auf den Erdboden. Nach wenigen Minuten blattete ich und auf 200 Meter erschien der fast weiße Kopf eines alten Bockes. Vermutlich war es ein Sechser, der auf mich zu zog, zum genauen Ansprechen flimmerte die Luft zu stark. Kniend, am Pürschstock angestrichen, verfolgte ich den Bock im Zielfernrohr in der Hoffnung, er würde auf eine der von Sauen oder Wind geschaffenen Lagerstellen im Weizen treten. Oft war er nicht zu sehen, mitunter erkannte ich an Bewegungen der Halme, wo er sich aufhielt.

Zwei Störche segelten vorüber, kreisten, kamen zurück und fielen vor mir ein. Sie waren Menschen gewöhnt, hatten ihren Horst mit drei Jungen auf einem Telefonmast im Dorf und ließen sich durch meine Anwesenheit nicht stören. Für kurze Zeit zog mich der Anblick der beiden Vögel in ihren Bann. Ihr stolzierendes, stets fressbereites Schreiten wirkte würdevoll, bevor sie mit majestätischen Schwingenschlägen wieder Richtung Dorf segelten.

Langsam kam der Bock näher. Wenn ich blattete, beschleunigte er, verhoffte, tauchte im Halmenmeer unter, erschien nach Minuten an einer anderen Stelle, sicherte mit erhobenem Haupt Wind holend und zog sich Weizenähren durch den Äser. Schließlich war er knapp 120 Gänge entfernt, 50 von einer größeren Lagerstelle, auf der er frei sein würde, ich hatte keine Veranlassung, vorher zu schießen. Doch als er nach erneutem Fiepen näher kam, verhoffte, wo die Getreidehalme niedrig waren und ich beim Anvisieren durchs Zielfernrohr glaubte, das Blatt frei zu haben, schoss ich.

Mit einer hohen Flucht zeichnete der Bock, stürzte auf mich zu, wendete und brach nach knapp hundert Metern zusammen. Langsam bahnte ich mir durch den hohen Weizen einen Weg zum vermutlichen Anschuss und stiefelte, als ich ihn nicht fand, nach dort, wo ich den verendeten Bock glaubte. Da fuhr ich zusammen. Zwei Kitze preschten davon. Nur kurz waren sie zu sehen, dann zeigten lediglich sich bewegende Getreidehalme ihre Fluchtrichtung.

In großen Kreisen suchte ich das Getreide ab, ging unsicher zum Ausgangspunkt zurück, markierte mit meiner Jacke eine Stelle, mit dem Hemd eine andere, um die ich großflächig nach dem Bock suchte, jedoch ohne Erfolg.

Es wurde dunkel und feucht. Schließlich gab ich resignierend auf, ließ Hemd und Jacke als Anhaltspunkte für die Nachsuche am nächsten Morgen zurück und wanderte zum Strohhaufen, auf dem ich die Nacht verbrachte.

Die Schönheit des anbrechenden Tages nahm ich nicht so intensiv wahr wie die vorherigen Sonnenaufgänge, obwohl der Morgen ebenso reizvoll war. Der Himmel rötete sich in den schönsten Farben, als ich über einem dichten, hin und her, rauf und runter wogenden Nebelfeld, das die Sonne allmählich auflöste und die Rehe in dem frischen Grün als rote und braune Punkte aufleuchten ließ, wartete, dass es taghell wurde.

Zerknirscht wanderte ich dann zur Unglücksstelle des vergangenen Abends. Plötzlich stand auf 70, 80 Meter ein kapitaler Bock vor mir, sicherte zu mir her und suchte dann mit tiefem Windfang langsam die Wiesen ab. Behutsam glitt die Büchse von der Schulter, am Zielstock angestrichen hatte ich den Starken frei und breit im Absehen des Zielfernrohrs, aber ich zögerte mit dem Schießen. Zu sehr lagen mir der Schuss vom Vorabend und die unruhige Nacht im Magen. Aufreizend vertraut wechselte der Kapitale unbeschossen in das angrenzende Rapsfeld, und ich war sogar froh darüber.

Voller Hoffnung ging ich weiter, dorthin, wo ich am Vorabend geschossen hatte, fand Hemd und Jacke und stellte fest, dass ich beide Markierungen viel zu weit vom Anschuss entfernt abgelegt hatte. In gerader Richtung schritt ich zu der Stelle, die sich über Nacht in meinem Gedächtnis eingeprägt hatte, und stolperte über den Bock. Er hatte einen riesigen Ein- und einen ebenso großen Ausschuss. Die Kugel war auf einen Halm gestoßen und hatte sich zerlegt.

Das Gehörn war einmalig. Vor mir lag ein regelmäßig vereckter Achterbock mit unwahrscheinlicher Perlung, blitzend weißen, langen Enden, und ich war trotz der Wildbretzerstörung glücklich.

Noch zwei Tage, vollgestopft mit Eindrücken und Erlebnissen, verbrachte ich in der Uckermark. Die riesigen Gänseflüge, die morgens und abends über die atemberaubenden Weiten hinwegstrichen, die zunehmenden Stoppeln und Sturzäcker, die großen Kiebitzflüge, sie ließen Gedanken an den Herbst wach werden. Ich nahm sie als Zeichen der Vorfreude für die Jagd auf den Feisthirsch, als ich an rot leuchtenden Vogelbeerbäumen vorbei nach Hause fuhr. Das versöhnte mich mit dem Abschied aus Mecklenburg.

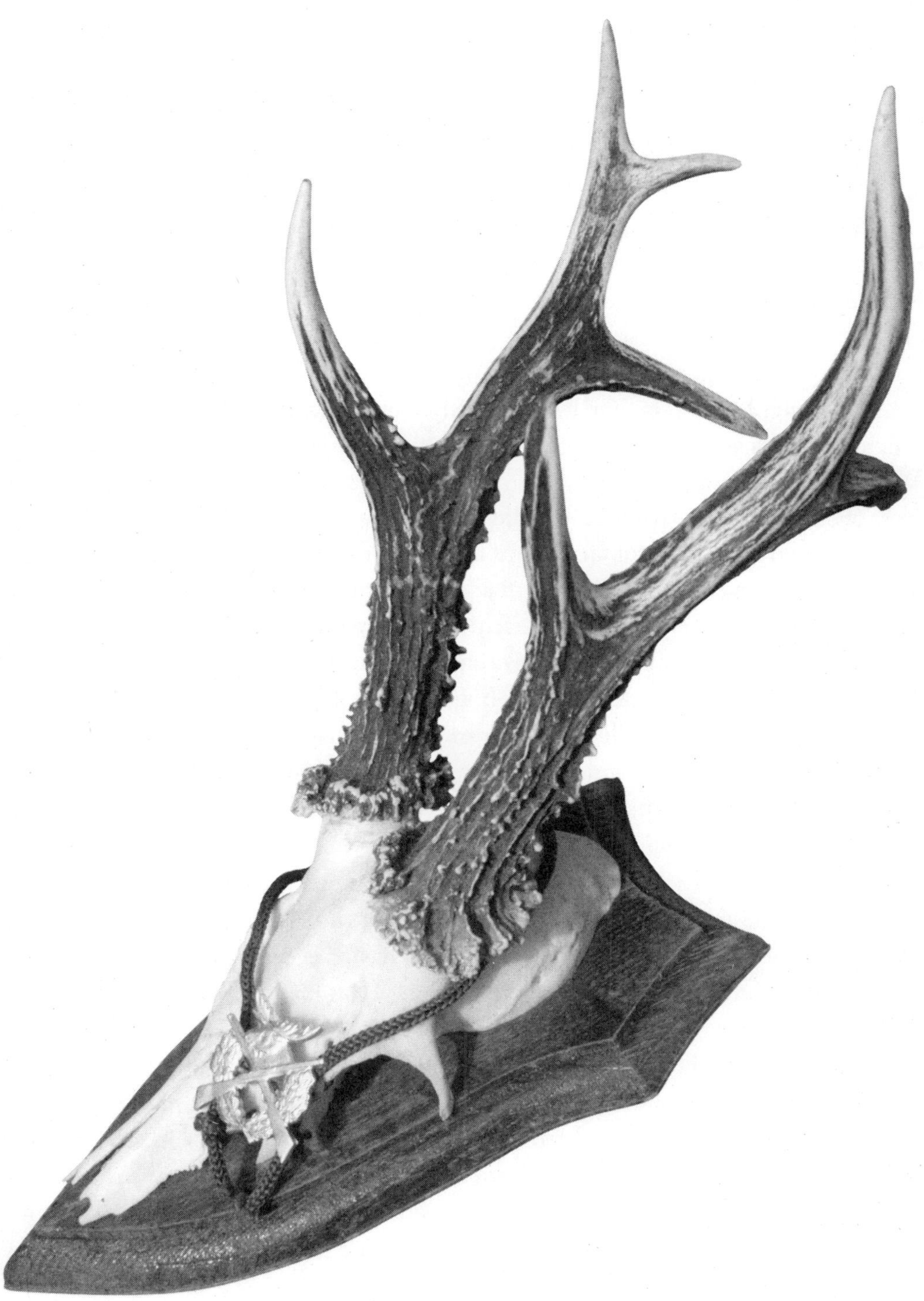

AUSWÄRTSSPIEL:

Der Bock im Exil

9. August. Ich blattete in einem Revier nahe Neu Brandenburg, Müritz, in einem feuchten moorigen Waldstück, das nach starken Regenfällen an vielen Stellen unter Wasser stand. Hierdurch hatten sich durch höher gelegene Stellen zwangswechselähnliche Erhebungen gebildet, die die Auswahl des Blattstandes erleichterten. Ich saß auf einem Baumstumpf, der Hund lag neben mir, der Wind wehte auf eine vor wenigen Wochen entstandene Wasserfläche. Von dort war kein Rehwild zu erwarten.

Nach meinen ersten Fieptönen erschien ein Jährlingsbock, verhoffte auf 40, 50 Gänge und ließ sich von mir und Diva, meiner Hündin, in Ruhe beobachten. Abwechselnd schaute ich zu dem jungen Bock und der Hündin, die ebenfalls gebannt zu dem Reh starrte, doch ließ ihr Interesse schnell nach. Konzentriert schaute sie nach rechts, meine Blicke folgten den ihrigen, ich vernahm leises Rascheln und dann bewegte sich der grüne Unterwuchs aus Brennnesseln, Springkraut und allerlei Beerengerank. Als ich wieder zu Diva schielte, bebte sie am ganzen Körper, blickte nicht zum Bock, der immer wieder aufwarf und zu uns her äugte, sondern immer noch zu dem Gestrüpp, aus dem der gestreifte Kopf eines Marderhundes auftauchte.

Intensiv windete der Enok am Boden, näherte sich auf knapp zehn Meter, äugte minutenlang zu uns her und verschwand, als der Hund leise quiemte. Der Neubürger aus dem Osten war auf mein Blatten zugestanden, und es war wohl die bisher ungewöhnlichste Wildart, die ich mit dem Buchenblatt angelockt habe.

Zwei- oder dreimal war es ein Überläufer oder ein Fasanenhahn, der sich nach meinen Fieptönen auf wenige Meter näherte, Fuchs, Dachs, Marder und eine verwilderte Hauskatze fielen ebenso auf meine Fieptöne herein wie ein Mäusebussard.

Die Blattzeit beschert viele Überraschungen.

Nicht nur an meiner Gehörnwand, auch in meiner Erinnerung hat ein alter Rehbock, ein ungerader Gabler mit einer verbogenen Stange, seinen besonderen

Platz. Er war ein „Opfer" der Brunft und für mich eine Blattzeitüberraschung. Als wäre es gestern gewesen, tauchen die Jagdtage, an denen ich ihm nachstellte, in all ihren Einzelheiten vor mir auf, wenn ich das abnorme Gehörn betrachte.

Schon nach den ersten beiden Begegnungen, irgendwann im Frühjahr, vielleicht Anfang Mai, war mir klar gewesen: Dieser Bock war reif. Ihn zu jagen, zumal er keinen festen Wechsel einhielt, nicht regelmäßig, wie es zu der Jahreszeit Rehwild normalerweise tut, zu stets der gleichen Tageszeit an derselben Stelle austrat, reizte mich.

Ich sah ihn auf den selbst in trockenen Sommern feuchten Viehweiden vorm „Süßen Winkel", einer rehwildträchtigen Ecke des Reviers, obwohl dort fast nur Binsen, Wiesenschaumkraut, Sumpfdotterblumen sowie saure Gräser wachsen, Äsung, wie sie vom Rehwild normalerweise wenig geschätzt wird, mal stand er in der ausgeasteten Erlenkultur an der Örtze oder auch im Vogelherd. Dort gedeihen aufgrund des schlechten Bodens lediglich harte Schilfgräser, die den Feinschmecker „capreolus" ebenfalls kaum reizen. Die Rehe, die wir in dieser Gegend erlegen, sind schwach, die Gehörne der Böcke meistens kümmerlich. Der ungerade Gabler war eine Ausnahme, er war stark im Wildbret!

Ganz gleich, wo ich auf ihn passte, es war eine unsichere Angelegenheit. Trotzdem saß ich an all den Stellen, an denen ich ihn gesehen hatte, und genoss jeden einzelnen Ausgang, voller Hoffnung auf ein Wiedersehen mit ihm.

Ein solches Wiedersehen fand auch statt, aber der Alte narrte mich. Entweder war er zu weit, ich scheiterte bei meinen Bemühungen, auf Schussentfernung heranzukriechen, oder er sprang ohne erkennbaren Grund ab. Ein anderes Mal zog er an der Örtze entlang, dort, wo ich ihn nie vermutet hätte, und kaum dass ich ihn im Glas hatte, tauchte er in der Erlen-Brennnessel-Dickung unter und verschwand. Der Wunsch, ihn zu erlegen, stieg mit jeder Begegnung.

Als sich in dem sprießenden Grün kaum ein Hase verstecken konnte, passte ich noch an den Örtzewiesen, hatte aber bald Schwierigkeiten, ein Reh zu schießen, weil das Gras so hoch stand und es wenig Sinn hatte, dort auf Rehwild anzusitzen, höchstens Lauscherspitzen waren vom Hochsitz aus noch wahrzunehmen. Ich wartete auf die Heuernte.

Wieder zog der Juni ins Land. Die Rehböcke wurden heimlich, faul und – zumindest für den Jäger – unsichtbar. In der Gewissheit, den Alten zur Brunft zu strecken, gab ich für die Zeit bis Ende Juli auf, wenn auch die heimlichsten Rehböcke unvorsichtig werden.

Anfang August, die Rehbrunft war wieder im Abklingen, saß ich am Fuße einer Erle auf dem Boden im „Süßen Winkel“, hoffte, den Abnormen nicht nur zu sehen, sondern auch zu schießen. Ich war mir meiner Sache sicher, denn Störungen hatte es in diesem Teil des Reviers nicht gegeben. Mir jedenfalls war nicht bekannt, dass etwas vorgefallen war, was das Rehwild veranlasst haben könnte, den Einstand zu wechseln oder besonders heimlich zu sein.

Ich war dankbar mit der Natur, mit ihren Tieren und Pflanzen, Bäumen und Büschen, Sand und Steinen, Wasser und Luft, allein zu sein, froh über die Gewissheit, in den nächsten Stunden keinem Menschen zu begegnen.

Und auf einmal wanderten die Gedanken weit zurück in die Vergangenheit, als in der Nähe des Platzes, an dem ich unter der Erle harrte, ein Hochsitz stand, auf dem der gerade vierzehnjährige Pennäler einen seiner ersten Rehböcke strecken wollte.

Damals erschien ein Bock auf weite Entfernung, wechselte über die Weiden, wo ihn offensichtlich am Waldrand der üppige Bewuchs reizte. Dabei musste er eine sumpfige Binsenfläche durchqueren. Je näher er der feuchten Stelle kam, desto unruhiger und aggressiver wurden einige Kiebitze, die dort brüteten. Laut schreiend hassten sie auf den Bock, der sich durch die aufgeregten Vögel nicht stören ließ, schließlich aber von einem der Kiebitze eine regelrechte Backpfeife erhielt. Mit seiner Schwinge hatte der gewandte Flieger das Reh an den Kopf geschlagen. Das war zu viel. Mit lautem Schrecken sprang der Bock zurück in den Wald, aus dem noch lange sein Schrecken klang.

Dann hatte die Gegenwart mich wieder eingefangen.

Wenn ich mich länger nicht in der Natur aufgehalten habe, mich nicht von Büro und Stadt habe lösen können, dauert es gewisse Zeit, bis meine Augen wieder „sehen lernen“, und noch länger benötigen die Ohren, um auch die zartesten Laute, die den Jäger im Walde umgeben, wieder wahrzunehmen und zu deuten. So vermutete ich nach angestrengtem Lauschen, dass Wild beim Näherziehen Dürrholz von den Bäumen brach, bis ich amüsiert meine Täuschung realisierte: Es waren die Schoten des Ginsterstrauches, die mit feinem Laut aufbrachen.

Der ungerade Gabler kam an diesem Abend nicht. Zu meinem Erstaunen aber stand ein schwacher Sechser, kein Jährling, vielleicht zwei, höchstens drei Jahre alt, bei der Ricke, die ich mit ihren beiden Kitzen schon mehrmals auf der Weide beobachtet hatte. Wohl war ich im Zweifel, sollte ich den Kümmerling schießen oder auf den Stärkeren warten? Schließlich nahm mir das schwindende Büchsenlicht die Entscheidung ab. Jedenfalls für diesen Abend.

Bis am nächsten Morgen die erste Dämmerung meine Augen und der erste Vogelruf meine Ohren trafen, würde noch viel Zeit vergehen. Ich hatte es mir wiederum auf dem Erdboden bequem gemacht, kauerte unter einer Kiefer am Rande zum Süßen Winkel. Nacht und Morgen rangen noch eine Weile miteinander, bis die Helligkeit das Dunkel in die Dickungen drängte, die Sonne den Wald mit Licht und Farben erfüllen würde. Dann brachten endlich auch Vogelstimmen Leben in das vergehende nächtliche Schweigen. Die älteren Kiefern um mich herum wirkten krank. „In der Krone muss sich eine Taube verbergen können, sonst ist der Baum nicht gesund", sagt mein Bruder. In den dünn benadelten Spitzen dieser Bäume konnte sich nicht einmal ein Spatz verstecken.

Mein Fiepen auf dem Fliederblatt verhallte scheinbar ungehört. Nach mehreren erfolglosen Versuchen mit halbstündigen Unterbrechungen, pürschte ich weiter, blattete im Süßen Winkel und vom gegenüberliegenden Erlenwäldchen, aber kein Bock sprang.

Gegen Mittag, es mag bereits zwölf Uhr gewesen sein, erhob sich der junge Bock mit der Ricke mitten in der Weide. Während ich überlegte ihn zu schießen, begann er die Geiß zu treiben. Immer größere Schleifen zogen die beiden, entfernten sich und waren schließlich verschwunden. An den folgenden Tagen sah ich zwar den Jungen, aber kein Haar von dem ungeraden Gabler.

Der zu anderen Jahreszeiten einfach zu berechnende Lebensrhythmus zwischen Äsen, Wiederkäuen und Ruhen, den Rehwild normalerweise einhält, macht mir zur Brunft jedes Mal einen Strich durch die Rechnung. Einstandstreue Böcke werden jetzt zu „Zigeunern", heimliche, sonst nie gesehene Rehe beobachtet man nun zu den erstaunlichsten Tageszeiten, man sieht Wild, nach dessen Austreten man die Uhr stellen konnte, über Wochen überhaupt nicht.

Trotzdem war mir schleierhaft, weshalb der alte Platzbock sich nicht blicken ließ, stattdessen dem Jüngling das Feld überließ. Aber in der Blattzeit ist im Rehwildrevier eben alles anders als in der restlichen Zeit des Jahres, nicht nur beim Wild, auch im Jägerhaushalt. Der Alte blieb unsichtbar.

Am frühen Morgen des 14. August, es herrschten wieder fast „normale" Verhältnisse bei den Rehen, die Böcke waren müde, abgebrunftet, wurden wieder heimlich, misstrauisch und vorsichtig, die Ricken waren beschlagen, schoss ich schließlich am frühen Vormittag den Sechser. Er war zwar stärker und wohl auch ein bis zwei Jahre älter als vorher angesprochen, aber bei Weitem nicht stark.

Am Abend desselben Tages pürschte ich zu den Feisthirscheinständen im „Vogelherd“ an den Viehweiden vor dem „Süßen Winkel“ entlang. Durch das Glas beobachtete ich eine Ricke mit ihrem Kitz. Vertraut ästen die beiden in der Mitte der Weide. Plötzlich erschien ein drittes Reh, noch ein Kitz. Und dann überfiel mich Erstaunen und Aufregung: Der ungerade Gabler! Müde zog er hinter der Ricke her, den linken Hinterlauf stark schonend. Auf einem Koppelpfahl aufgelegt, war es ein weiter Schuss, den ich dennoch wagte.

Als das Echo des Knalls durch das Wiesental rollte, trollte die Ricke mit ihrem Nachwuchs irritiert zum Erlenwald, dann auf mich zu und verschwand im Vogelherd, während der ungerade Gabler eine letzte Flucht machte und zusammenbrach.

Als ich zu ihm trat, erkannte ich eine furchtbare Verletzung an seinem Hinterlauf. Ein Knochen ragte aus der Keule, Maden wimmelten um eine offene Wunde, die übel roch und dem Bock schreckliche Qualen verursacht haben musste. Ein unglücklicher Sturz oder ein Zusammenprall mit einem Auto? Die Ursache war nicht mehr festzustellen.

Mir wurde klar, warum ich den Alten so lange nicht gesehen hatte. Der Sechser, den ich am Morgen geschossen hatte, hatte offenbar erkannt, vielleicht an der Wundwitterung, dass der Alte nicht kampffähig war und seinen Einstand nicht mehr verteidigen konnte.

Diese Chance hatte der junge Bock genutzt, und der Schwerkranke lebte quasi im Exil, bis sein angestammter Einstand wieder frei geworden war.

MACHTWECHSEL ZUR „DUMMEN" STUNDE:

Der König ist tot – es lebe der König

Die „Dumme Stunde" hat mir schon zu manchem Bock verholfen. Besonders wenn es morgens oder in der Abenddämmerung nicht klappen wollte, nutzte ich gerne den Vormittag für ausgedehnte Pirschgänge. In der Zeit zwischen elf und eins habe ich im elterlichen Heiderevier mehr Rehböcke geschossen als in den frühen Morgen- oder späten Abendstunden.

Bereits mehrere Male war im ersten Büchsenlicht, wenn ich auf dem Wolthäuser Weg ins Revier zog oder vom Ansitz zurückkam und es schon dunkel war, nahe des Dorfes ein Reh abgesprungen, wahrscheinlich ein jüngerer Bock. Sicher konnte ich ihn nie ansprechen. Es waren nur Vermutungen, die Entfernung war zu groß, das Licht zu schwach oder die Zeit drängte, da ich in einem anderen Revierteil jagen wollte. Jedenfalls hatte ich mir nie die Mühe gemacht, mich näher um ihn zu kümmern.

Ich hätte nur auf der Böschung oder im Bett des „Überfallgrabens", dem Bach, der streckenweise den breiten Weg begleitet, sein Austreten abwarten brauchen, aber es gab interessantere Stellen als die Nähe des Dorfes, wo das Jagen ungestörter, spannender war, wo man unter schwierigeren Bedingungen auf alte, nie vorher gesehene Rehböcke pürschen konnte.

Der Junge kam mir nach der eigentlichen Rehbrunft, zur besten Blattzeit, wieder in den Sinn, als ich vormittags den Schäferdamm entlangschlenderte.

Es staubte auf dem trockenen Sandweg bei jedem meiner Schritte, als ich mich gegen zehn Uhr dem Überfallgraben näherte.

Dieser Graben, wegen seines starken und langen Gefälles eher ein schnell fließender Bach, führt normalerweise viel Wasser und wird nach einem Gewitter oder starken Regenfall sogar für kurze Zeit zu einem kleinen Fluss.

Aufgrund der langen Trockenheit war er nun zu einem Rinnsal geworden. Man konnte ihn in Halbschuhen überqueren, ohne nasse Füße zu bekommen.

Der Wind wehte bei jedem meiner Schritte kleine Staubwolken vom Weg ins Jagen 24 links von mir, wohingegen ich rechts den Einstand des Bockes wusste.

Als ich den Übergang des Grabens erreicht hatte, änderte ich meine Pläne und beschloss, den Vormittag dem bekannten Unbekannten zu widmen.

Vorsichtig rutschte ich die trockene Grabenböschung hinunter, und noch einmal bestätigte der Staub, dass der Wind für mein Vorhaben günstig stand.

Aufrecht gehend konnte ich problemlos über die Böschung schauen, stand auf dem Grabenrand kein Bewuchs, musste ich gebückt schleichen, um nicht entdeckt zu werden. Manchmal musste ich mich auf die Zehenspitzen stellen oder die steile Böschung hinaufkriechen, um zu sehen, ob Wild in der Nähe stand.

Auf der Seite zum Feld hin, dort wo Licht und Luft an den Bach kommen, behinderten ab und zu einige Erlenbüsche meine Sicht. Zu dieser Tageszeit war dort aber kaum mit Wild zu rechnen.

Der grobe, trockene Kies knirschte unter meinen Schuhsohlen, obwohl ich langsam und vorsichtig schlich, bis ich meine Lauftechnik änderte, auf Zehenspitzen bzw. vorderen Ballen ging, den Fuß nach hinten zum Hacken abrollte, so wie sich Wild fortbewegt. Die Gangart war mühsam, aber fast lautlos.

Ich kreuzte einen ausgetretenen Wechsel mit Rot- und Schwarzwildfährten, tief in die Uferböschung eingetreten. Zwei leere Bierdosen lagen auf dem gelben Kies, vor Wochen, als der Bach viel Wasser führte, in der Strömung am Rande hängen geblieben. Dann passierte ich eine tiefere Stelle, wo einige Pfützen übrig geblieben waren. Das Wasser roch moderig.

Eine Bachstelze schwirrte in wellenförmigem Flug davon, ließ sich nach ein paar Metern nieder, trippelte von einem Stein zum anderen, wippte mit ihrem langen Schwanz, strich weiter, flog im großen Bogen um mich herum und verschwand hinter mir.

Unter tief hängenden Fichtenzweigen drückte ich mich in dem ausgetrockneten Bachbett weiter vor, aber so heimlich und leise, wie ich glaubte, war ich nicht: Tauben klatschten fort.

An einer erhöhten Stelle der Böschung entdeckte ich auf einem verwitterten Baumstumpf eine Rupfung. Einwandfrei wies sie Jäger und Gejagten aus: Hühnerhabicht und Taube. Geschmeiß und blaue Federkiele offenbarten, dass ein noch nicht durchgefiederter Jungvogel zur Beute des schnellen Jägers geworden war.

Erfreut entdeckte ich wenig später Pfifferlinge. Sie werden auch in diesem Revier von Jahr zu Jahr seltener. Ich erinnerte mich an Zeiten, in denen wir Körbe voll der schmackhaften Waldfrüchte gesammelt haben, an Zeiten, in denen der Pilz so häufig war, dass sein Name für Wertlosigkeit sprichwörtlich wurde.

Endlich erreichte ich die Stelle, an der ein ehemaliger, nun fast zugewachsener Holzabfuhrweg am Graben vorbeiführte. Ihn wollte ich als Pirschpfad nutzen, kroch das Ufer hoch, spähte herum und leuchtete dann mit Hilfe des Fernglases meine Umgebung ab. Wild entdeckte ich nicht, aber in knapp hundert Metern Entfernung einen vergessenen Raummeterhaufen Feuerholz. Als erhöhte Sitzgelegenheit kam mir der Holzstoß sehr gelegen.

Der angenehme, süße Duft des Geißblattes, in der Lüneburger Heide nennen wir die immergrüne Rankenpflanze „Je-länger-je-lieber", ließ mich tief durch die Nase einatmen. Nur kurz, in der Nähe unter vier einzelnen Eichen standen Stinkmorcheln, aber auch ihr wenig angenehmer Geruch verflog mit jedem Schritt, der mich näher in Richtung meines Zieles brachte.

Endlich saß ich auf dem einen Meter hohen Holzhaufen. Die Sicht war gut. Unter den dichten Kronen der Kiefern konnte ich nach fast allen Richtungen sehen und befand mich zum Blatten nicht zu hoch. Ältere Böcke wissen die Herkunft der Fieptöne genau zu orten, werden oft misstrauisch, wenn man vom Hochsitz aus blattet. Und eine brunftige Ricke sitzt nun einmal nicht auf der Kanzel.

Ein Bussard schwebte lautlos fort. Unbefangene Spaziergänger hätten sein heimliches Abstreichen zwischen den Zweigen der hohen Bäume wahrscheinlich gar nicht bemerkt. Ein Tauber ruckste. Ich hörte ihn fortklatschen, sah den graublauen Vogel in die Höhe steilen, für Momente im Himmel stehen und im gleitenden Balzflug wieder zu den dichten Baumkronen segeln. Der heimliche Tauber war Indiz, dass ich unauffällig, unbemerkt meinen Sitz erreicht hatte.

Es war ein Spätvormittag zum Genießen.

In der Ferne krakeelte ein Eichelhäher. Mich konnte Markwart nicht mitbekommen haben. Was mochte der Grund seiner Unruhe sein, grübelte ich, als zweihundert Meter entfernt ein Bock trieb. Auf meine vorsichtigen Fieptöne stand urplötzlich eine Ricke wenige Meter rechts von mir, gefolgt von ihrem Kitz. In komisch anmutenden Bewegungen wollte es saugen, die Geiß hingegen versuchte den Bemühungen ihres Nachwuchses in seltsamen Sprüngen zu entgehen. Schließlich zogen beide fort.

Als ich wieder das Buchenblatt an den Mund nahm, rief in der Nähe ein Schwarzspecht, und ich wartete mit meiner Musik, bis der dunkle Geselle seine Arien beendet hatte. Da erschien ein weiterer Bock. Auf siebzig bis achtzig Gänge konnte ich ihn schon in dem raumen Holz ausmachen, als er suchend, den Windfang tief am Boden, dann misstrauisch ängstlich hoch erhoben, näher kam. Schließlich verschwand er hinter einem Birkengebüsch. Ich hatte die Büchse längst im Anschlag und beobachtete das Gestrüpp durch das Zielfernrohr. Als er wieder sichtbar wurde, zog er spitz von mir fort. Meine leisen Fieptöne ließen ihn noch einmal verhoffen, aber dann sprang er ab.

Ein nicht roter, eher gelber Bock war es, mit dünnen Stangen. Mehr hatte ich nicht ansprechen können, auf jeden Fall war er nicht der, den ich kurz vorher hatte treiben sehen. Der nämlich jagte, dort wo ich ihn das erste Mal gesehen hatte, und damit viel zu weit für jeden sicheren Kugelschuss, wieder seine Ricke. Im Fernglas erkannte ich, wie er sie beschlug und sich niedertat. Nach zehn Minuten erhob er sich, trieb, beschlug noch einmal und tat sich erneut nieder.

Eine Möglichkeit, die beiden Rehe in die Reichweite meiner Büchse zu bekommen, war nun der Kitzruf. Schon hallte es zart durch den Altholzbestand. Statt der beiden Erhofften erschien aber ein Jährlingsbock, sprang ab, als die Ricke auf mich zutrollte, einen uralten Spießer im Schlepptau. Auf knapp 25 Gänge beschossen, brach er im Knall zusammen.

Die Ricke sprang erschreckt ab, verhoffte, begann zu äsen und äugte zwischendurch immer wieder zu der Stelle, an der der Bock verendet lag.

Ich verharrte regungslos auf meinem „Ansitz" und beobachtete die unruhige Geiß.

Als ich den Holzstoß hinaufgekrochen war, hatte ich mir einen Splitter in die rechte Handfläche gespießt. Es schmerzte. Ich betrachtete die Stelle, wollte den Quälgeist herausdrücken, da wurde die Ricke unruhig, äugte in eine andere Richtung und sprang ab. Ihr folgte ein weiteres Reh. Glaubte ich für Sekunden noch, dass es ihr Kitz war, sprach ich es dann als jüngeren, wohl zweijährigen Sechser an.

In großen Kreisen trieb er die Ricke durch das Stangenholz, stürmisch, in rasender Fahrt, das Prasseln der Fluchten war weithin zu hören. Dann wurde die wilde Jagd langsamer. Schließlich, der Platzbock war gerade gefallen, mein Schuss kaum eine Viertelstunde verhallt, beschlug der Jüngling die Ricke. Der König ist tot – es lebe der König!

Ich konnte mich eines Schmunzelns nicht erwehren, doch als die Rehe verschwunden waren und ich zu dem Gestreckten ging, war ich nachdenklich geworden. Vier Böcke waren innerhalb einer Stunde auf mein Blatten gesprungen, ein Zeichen, dass im Interesse eines ausgewogenen Geschlechterverhältnisses mehr geschossen werden sollten.

Allerlei Fliegen und Mücken huschten um mich herum, als ich meine Beute auf dem Rücken durch den Graben nach Hause trug und an einen Ausspruch Johann Wolfgang v. Goethes dachte: „Die Natur versteht keinen Spaß, sie ist immer wahr, immer ernst, immer streng, sie hat immer recht und die Fehler und Irrtümer sind immer die des Menschen."

GEDULD IST DIE KUNST DES HOFFENS:

Zwei Veteranen aus dem Kiefernwald

Mein Blick wanderte nachdenklich, erinnerungsbeladen an der Wand entlang, von einem Rehgehörn zum anderen, und verweilte schließlich an zwei fast identisch aussehenden Krickeln.

Sinnend schaute ich sie an, lange blieben meine Augen auf ihnen haften, die Wände um mich wichen langsam fort, und ich fühlte mich zurückversetzt in jene unverlierbaren Tage im August im elterlichen Revier, Jagdtage, die heute wie damals aus dem Nebel der Vergangenheit, aus dem Meer der Erinnerung kristallklar herausragen.

In der Lüneburger Heide ist Rehwild nicht übermäßig zahlreich, Rehböcke schieben zudem, zumindest in unserem Revier, keine starken Gehörne – sieht man einmal von wenigen, alle zehn bis zwanzig Jahre auftretenden Ausnahmen ab. Der größte Teil meiner zu Hause erbeuteten Rehkronen verdient daher die Bezeichnung „stark“ nicht. Es sind in der Mehrzahl krumme Spieße, verbogene Gabler und schwache, in der Mehrzahl lediglich angedeutete Sechser. Der Wert dieser unscheinbaren „Trophäen“ liegt aber nicht in der Endenzahl oder im Gewicht, vielmehr prägt sich zumeist die Geschichte ihrer Erlegung in mein Gedächtnis ein und macht sie meistenteils für mich so wertvoll.

Am Abend meiner Ankunft saß ich mit meinem Bruder noch bis früh in den Morgen auf der Veranda und genoss die laue Sommernacht. Während des Erzählens wurde vieles, was längst vergessen war, wieder lebendig, mitunter so, als wäre es erst gestern gewesen.

Eine Woche hatte ich Urlaub, sieben Tage, 168 Stunden. Zog man die Nächte ab, waren es höchstens 120! So blieb nicht viel Zeit zum besinnlichen Aussuchen, zum sicheren Bestätigen eines Rehbockes.

In unserem Waldrevier sieht man die Böcke nicht oft, sie führen einen unsteten Lebenswandel, sind heimlich und in ihrem Verhalten nicht so berechenbar, wie es mitunter in den Feldern und Wiesen der Fall ist. Ich wollte aber auch nicht mit aller Gewalt einen Bock erlegen, sondern mir Zeit nehmen, alte Erinnerungen auffrischen, stilles Erleben genießen und nicht mit aller Macht kurzfristig Beute machen. Unter Druck zu jagen, ist mir ein Gräuel. Wenn es nicht klappen sollte, würde ich irgendwann wiederkommen, spätestens im nächsten Jahr.

Es mag Jäger geben, die zufrieden sind, wenn nach wenigen Ausgängen ein weiteres Gehörn oder Geweih an ihrer Trophäenwand glänzt, ich brauche keine Knochen zur Aufwertung waidmännischer Wohnkultur!

Fast vier Monate war ich nicht zu Hause gewesen, und es war schon lange nicht mehr so wie früher, als ich noch ein Junge war, die Gewohnheiten „meines“ Wildes ziemlich genau kannte, wusste, wo und bei welcher Witterung die bevorzugten Einstände lagen, zu welcher Jahreszeit Flächen von bestimmtem Wild aufgesucht wurden, welche Stellen spezielle Äsung boten und am beliebtesten waren. Ich kannte früher Zeit und Ort des ruhenden Wildes, wann bei welchem Wetter es vornehmlich umherzog und an welchen Plätzen es besonders empfindlich reagierte oder Störungen nicht verübelte.

Nun benötige ich immer wieder Zeit, um mich mit dem Revier vertraut zu machen, aber hoffte auf mein Glück und pirschte am nächsten Morgen zu den Hingstbergen. Über die Bezeichnung „Berge“ mag manch einer schmunzeln. Mit knapp 120 Metern über NN sind sie aber in weitem Umkreis immerhin die höchsten Erhebungen, für uns Heidjer also etwas Besonderes. Die Überreste dieser Endmoränen üben auf mich eine besondere Ausstrahlung aus. Gewiss haben hier bereits die alten Germanen gesessen, den Ort als Thingplatz genutzt, ihre Götter verehrt und Opfer dargebracht. Ob christlicher Glaube oder die Verehrung germanischer Gottheiten, man spürt noch den Zauber, der von diesem Platz ausgeht.

Die alten Kiefern rauschten ihr altes Lied wie seit Tausenden von Jahren, man fühlt die Liebe der Schöpfung hier besonders und lernt an solchen Plätzen, Ehrfurcht vor der Natur, vor ihrer Entstehung und der Geschichte zu empfinden.

Seit jeher hatten Menschen, die in dieser Gegend lebten, ähnliche Probleme, Ziele, Träume, ob Heiden oder Christen, und an geschichtsträchtigen oder sagenumwobenen Orten wie den Hingstbergen wird mir dies bewusst. So, wie sie schon vielen Generationen vor mir Zuversicht, Hoffnung und Stärke gegeben haben und Menschen für das Leben und Überleben formten, so empfinde ich die eigene Faszination dieser kiefernbewachsenen, kargen Sandhügel.

Die Bäume wurden vor zwei oder drei Menschengenerationen gepflanzt, nachdem viel früher andere Baumkronen über ersten menschlichen Behausungen wachten, nach eigenen Gesetzen entstanden, wuchsen und starben. Vermoderte Baumgestalten künden davon: wie schlafende Riesen ragen sie aus Moos und Farn in urwüchsiger Natur – selten, dass sich Ehrfurcht so in Andacht wandelt wie in dieser urtümlichen Landschaft.

Neben einen der langsam vergehenden Veteranen längst vergangener Zeit setzte ich mich auf einen morschen Baumstumpf, wartete, träumte und schaute, in tiefen Gedanken versunken, sinnend dem entschwebenden Rauch meiner Tabakpfeife nach. Ich war den schweren Wolken dankbar, der Tag, die Morgendämmerung, würde sich durch sie verspäten.

Als sich erste Konturen langsam aus der Dunkelheit lösten, piepste es neben mir auf dem Boden. Eine Rötelmaus huschte vorbei, verschwand unter den wenigen trockenen Blättern und unzähligen vergilbten Kiefernnadeln, kam wieder und eilte den gleichen kurzen Weg zurück. Bald darauf erschien sie noch einmal, ihr folgte eine zweite. Beide Nager raschelten auf mich zu und nahmen, selbst als sie nur zwei Meter entfernt waren, kaum Notiz von mir. Nach wenigen Momenten verkrochen sie sich irgendwo im Waldboden, blieben meinen neugierigen Blicken verborgen.

Erstaunlich, auch wenn man die kleinen Kobolde selten beobachtet: Es leben mehr Mäuse in unseren Waldgebieten als Hirsche, und das nicht nur zahlenmäßig: das Gewicht aller lebenden Mäuse in deutschen Wäldern übertrifft das der Hirsche bei Weitem!

Trotz des verhangenen Himmels hatte ein breiter Strahl der aufgehenden Sonne eine Bahn durch die dichten Kiefernkronen gefunden und beleuchtete den Waldboden. Nur einige Augenblicke, dann war er, so schnell wie gekommen, wieder erloschen.

„Die Farbe ist das Kind von Licht und Dunkel“, schrieb Goethe. Ob der Dichter, als er hierüber nachdachte, an einer ähnlichen Stelle in der Tiefe des Waldes gesessen hatte?

Vertrocknete Kiefernzapfen lagen verstreut auf der dunklen Nadelspreu sowie den sattgrünen Moospolstern, und ich erfreute mich an einem sacht schaukelnden Spinnennetz, den wenigen Vogelstimmen, der Rinde der rötlichen, verhalten leuchtenden Kiefernstämme und dem Blick zum Himmel durch ihre bizarren Kronen.

Ein Tauber ruckste, dumpf und hohl hallten seine Balzstrophen durch das Stangenholz, sonst war es still. Kein Grashalm, kein Strauch, kein Blatt oder Zweig regte sich, kein noch so leiser Windhauch. Die Luft schien stillzustehen, selbst der Qualm meiner Tabakpfeife stieg nur träge auf.

Warten aber macht die Erwartung noch schöner, und dann kam mir bei meiner so knapp bemessenen Zeit schon beim ersten Ausgang der Zufall zu Hilfe.

Ich hatte mir am Abend vorher neben dem Herrenhaus einen Zweig Fliederblätter gepflückt, den ich nun aus der Jackentasche kramte, nachdem die Pfeife aufgeschmaucht war. Die grünen Blätter waren über Nacht welk geworden und arg trocken. Außerdem hatte ich in der Dunkelheit, als ich den Busch abtastete, einen Zweig erwischt, der während seines Wachstums viel Licht erhalten hatte. Seine Blätter waren härter als die anschmiegsamen, im Schatten gewachsenen. Trotzdem, die Fieptöne, die durch das Stangenholz schallten, klangen naturgetreu echt.

Mein eher träumender als aufmerksamer Blick zwischen den Kiefernstämmen hindurch wurde plötzlich wachgerüttelt, fast erschreckt: ich hatte mit Wild nicht so unmittelbar gerechnet.

Gerade noch bewegten sich meine Gedanken in anderen Dimensionen, schweiften nachdenklich, aber zufrieden zurück in unbeschwerte Jugendtage, zu Erlebnissen und Beobachtungen, die ich an diesem Ort hatte, und zu Erinnerungen, die mich mit den mir so lieb gewordenen Hingstbergen verbanden, da wurden sie jäh „gestört".

Leises Brechen, verhaltenes Drosselwarnen – er kam, jubelte es in mir. Instinktmäßig, fast unbewusst, duckte sich mein Körper zusammen, wurde kleiner, drückte sich an die Erde, versuchte mit der Natur, mit seiner Umgebung zu verschmelzen, und erst dann wurden die Sinne des Jägers aktiv, begannen wahrzunehmen, zu erkennen, dass sich zwischen den einzelnen Stämmen zügig ein Reh näherte.

Ein Bock. Ich erkannte sein Gehörn mit bloßem Auge, und dann stand er so nah, dass ich kaum wagte, eine Bewegung zu machen, geschweige denn mein Fernglas hochzunehmen.

In Anbetracht meiner knapp bemessenen Zeit hob ich, als sich der Bock nach einer knappen Minute gespannten Sicherns abwendete, langsam die Büchse, und scharf zeichnete er sich im Rund des Zielfernrohres ab.

Im Schuss brach das nur zwanzig Gänge entfernte und zu mir her sichernde Stück zusammen, und nach kurzer Wartezeit stand ich zufrieden vor einem älteren Sechser, keinem starken, aber auch keinem schwachen, eben einem Durchschnittsbock, so wie es ähnliche viele in diesem Revier gibt.

Es war schon später Vormittag, als ich mir nach dem Aufbrechen einen kleinen Kiefernbruch hinter das Hutband steckte und den Bock gemächlich nach Hause trug.

Nachdem ich zwei Morgen und Abende lang in anderen Ecken des Reviers gesessen, gewartet, gepirscht, geblattet und gehofft, erstaunlich viel Rotwild gesehen hatte, aber nur junge Böcke, ein Schmalreh und eine Ricke aufs Blatt gesprungen waren, empfing mich meine Frau mit den Worten: „Und wieder war ein Abend umsonst!“ „Umsonst?“, entgegnete ich lächelnd. „Höchstens erfolglos.“

Am vorletzten Tag meines Urlaubs zog es mich noch einmal in das Kiefernaltholz der Hingstberge. Schon der Anmarsch war vielversprechend. Als ich nämlich auf dem Wolthäuser Weg links des Jagens 21 vorbeipirschte, erhaschte ich über dichten Fichtenwedeln eine rasche Bewegung, und als meine Blicke über das satte Grün wanderten, es zu durchdringen versuchten, blieben sie an zwei dunklen, glänzenden Punkten, den Lichtern einer Ricke, die aufmerksam auf mich gerichtet waren, haften. Bewegungslos verharrte das Stück, vertraute auf seine Deckung, darauf, von den Augen des „Feindes“ nicht wahrgenommen zu werden. Meinen kurzen Halt nahm die Ricke nicht übel, sondern äugte vertraut hinter mir her, als ich weiterging.

Im hellen Sand des breiten Weges zeichneten sich deutlich Fährten flüchtiger Rehe ab, kreuzten mehrfach die Fahrspur. Obwohl der August fast die Hälfte überschritten hatte, waren offenbar einige Stücke noch in Brunftlaune.

Nicht weit von dem Baumstumpf entfernt, von dem aus ich den Sechser geschossen hatte, setzte ich mich, mit dem Rücken an eine dicke Kiefer gelehnt, in das trockene Heidelbeerkraut und genoss die friedliche Abendstimmung.

Lautlos zu pirschen, war auf der trockenen, harten Nadelspreu, die seit Jahrhunderten den Waldboden bedeckt, viele Jahre benötigt, um zu vergehen, und den „Kienäppeln“, wie wir als Jungen die Kiefernzapfen nannten, fast unmöglich.

Ich hatte gutes Sichtfeld. Knapp fünfzig Meter entfernt schimmerte eine mit Bentgras bestandene „Insel“ hell durch die dunklen Kiefernstämme zu mir herüber. Dort erregte eine undefinierbare Bewegung meine Aufmerksamkeit, ließ mein Blut für Momente schneller pulsieren. Was da vor mir über die Heide gaukelte, war aber kein Reh, sondern „nur“ ein Kleines Nachtpfauenauge. Und als es sich vor mich hinsetzte, staunte ich wieder einmal, wie schön und deutlich die großen „Augen“ auf den Flügeln den hübschen Falter tarnen und gewiss Feinde wie z. B. Vögel abschrecken. Verteidigen und Verstecken verschmelzen bei diesem „Sommervogel“ in fast perfekter Form.

Links von mir hatten sich Birken ausgesamt und bildeten ein undurchsichtiges Gebüsch. Der Wind wehte mir daraus ins Gesicht, und ich rechnete von dort mit dem Auftauchen von Wild.

Eine knappe halbe Stunde später erschien auf mein Blatten ein Bock mit fahlgelber Decke. Ich bemerkte ihn erst, als er 40 Gänge vor mir unruhig verhoffte. Er kam nicht durch den kleinen Birkenhorst, sondern hatte eine unauffällige Boden-

erhebung, die mir in den vergangenen Jahren nie aufgefallen war, geschickt ausgenutzt, um sich zu nähern.

Es war nicht die Färbung des Wildes, die mich gespannt das Glas hochnehmen und freudig erschauern ließ, es war das Gehörn, das über die Lauscher emporragte. Einen solch starken Bock hatte ich hier noch nie gesehen und nicht vermutet.

Unwahrscheinlich, dass er fünf, sechs oder gar sieben Jahre hier von allen Jägern unbemerkt seine Fährte gezogen hatte und nun zur Brunft unvorsichtig geworden war, sich bis dahin als „Unsichtbarer“ allen Nachstellungskünsten entzogen hatte. Er schien auf der Suche nach einer spätbrunftigen Ricke zufällig meinen Weg gekreuzt zu haben, schoss es mir durch den Sinn, während der Schaft des Repetierers langsam an meine Backe glitt.

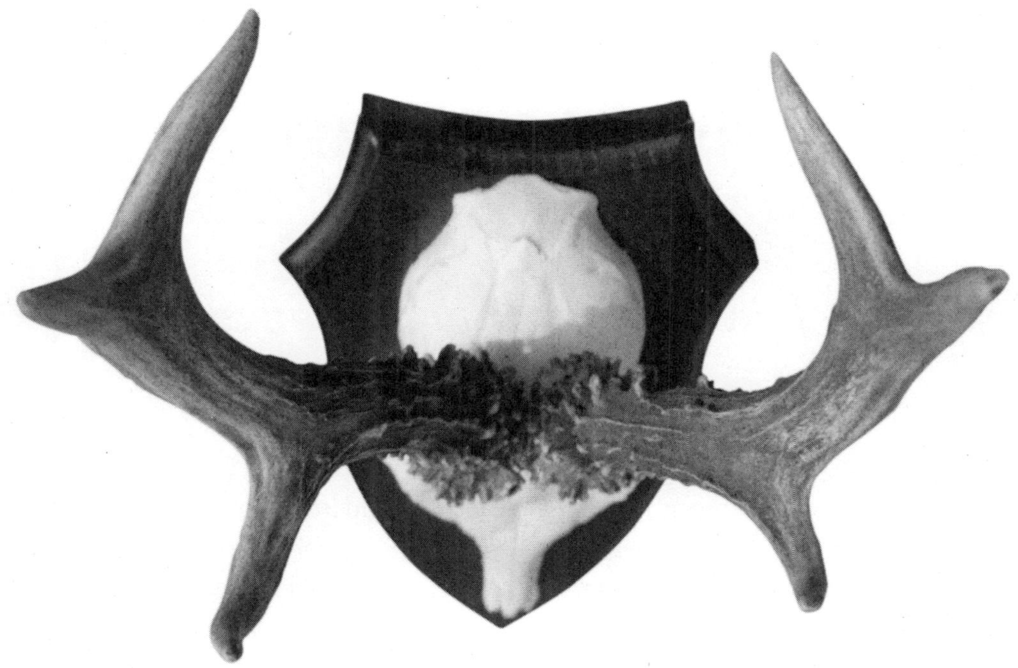

Im dumpfen Knall des Schusses verschwand der Bock, aber Zeichnen und harter Kugelschlag ließen keinen Zweifel an einem sicheren Treffer aufkommen. Und dann begann mein Herz noch einmal schneller zu klopfen, als ich im letzten Licht des sich verabschiedenden Tages vor dem Gestreckten kniete und meine Hände erst unsicher, schüchtern, dann umso freudiger und dankbarer über die starke Krone tasteten.

Am nächsten Tag hingen beide Schädel abgekocht an der Südseite des Herrenhauses, dort wo schon so viele Gehörne und Geweihe seit alters her vom Vater, Großvater und noch früheren Generationen zum Bleichen in die Sonne gehängt worden waren.

Grübelnd stand ich davor und betrachtete sie. Die Anschüsse waren nur 200 Meter voneinander entfernt. Beide Böcke mögen, glaubt man dem Abschliff der Zähne des Unterkiefers und den nur rudimentär erhaltenen Schneidezähnen, das gleiche Alter erreicht haben.

Kurz vor meiner Abreise erlebte ich eine Überraschung. Mein Bruder hatte die Gehörne, was sonst bei uns nicht üblich ist, gewogen. Das kurz abgeschlagene, getrocknete, schwächere Gehörn des ersten Bockes, mit weniger Masse und kleinerem Volumen, wog 210 Gramm. Es war lediglich 15 Gramm leichter als die Krone des anderen Bockes, des Stärksten, der seit vielen Jahrzehnten in diesem Revierteil erlegt worden war.

ERST ABGEKANZELT, DANN HEISS GELIEBT:

Die ungeliebte Schilfkanzel

Den Ansitz auf geschlossenen Kanzeln habe ich nie sonderlich gemocht. Einige dieser Hochsitze sind mir aber trotzdem ans Herz gewachsen, sei es wegen des Standorts, den der weitsichtige Jagdherr ausgesucht hat, sei es wegen der originellen Konstruktion oder Bauart, sei es, weil mich besondere Erinnerungen mit ihnen verbinden oder weil ich von dieser Reviereinrichtung außergewöhnliches Waidmannsheil hatte.

Fast alles von dem trifft auf den Sitz am Schilf zu, aber erst spät habe ich Sympathien für ihn entwickelt. Obwohl ich reichlich Strecke von ihm aus gemacht habe, ärgerte ich mich jedes Mal aufs Neue, wenn mein Jagdfreund Schütze mir den Sitz in dem Glauben zuwies, er würde mir eine besonders große Freude machen. Ich wagte als Gast nie, ihm zu widersprechen.

Der Sitz steht an einer mehr als 25 Hektar großen Schilfinsel, nach der er seinen Namen erhalten hatte, die zu den wildreichsten Winkeln des Reviers gehört. Soweit ich zurückdenken kann, habe ich, von wenigen Ausnahmen abgesehen, von der Schilfkanzel aus Wild vorgehabt.

An einen Weihnachtshasen erinnere ich mich: Am 23. Dezember rückte er aus dem Schilf, nachdem ich kaum fünf Minuten gesessen hatte. Ebenso erlegte ich vier oder fünf Ricken, bei keiner brauchte ich länger als eine Viertelstunde zu warten, bis es knallte und mich der Freund mit seinem Geländewagen kurz danach zufrieden abholte.

Auch zwei Frischlinge machten es mir einfach. Beide Male hatte ich frühmorgens gerade den Sitz bestiegen, mit dem Fernglas meine Umgebung abgeleuchtet, als sich die Schwarzkittel quietschend und schmatzend ankündigten, ich in aller Ruhe die Büchse hochnehmen und in Anschlag gehen konnte. Bereits 20 Minuten nachdem ich hinaufgestiegen war, störten meine Schüsse die morgendliche Stille und ich konnte wieder hinabsteigen.

Die Erlegung zweier Rehböcke ist mir deshalb noch in Erinnerung, weil die Ansitze auf der Schilfkanzel ebenfalls nur kurz und unspektakulär waren. Keine erfüllende Jagd, keine Spannung, Erwartung, Hoffnung, wesensloses Waidwerk.

Der drei Meter hohe Sitz ähnelt einem der überdachten Drückjagdböcke, wie sie auf Wildjagden eingesetzt werden, und ist im Gegensatz zur geschlossenen Kanzel nach allen Seiten offen. Er ist leicht zu transportieren, steht aber seit vielen Jahren am selben Platz.

Der Standort und die Umgebung sind abwechslungsreich und reizvoll, und weil ich verhältnismäßig viel Wild von der Schilfkanzel aus geschossen habe, müsste es mich eigentlich immer wieder dorthin ziehen, aber das tut es nicht, denn alle Abschüsse sind mir ohne Anstrengung, ohne dass ich mich groß bemühen musste, quasi in den Schoß gefallen, verblassten bald in meiner Erinnerung und gerieten in Vergessenheit.

Ich wollte endlich auch andere Teile der 900 Hektar großen Jagd kennenlernen, hatte bereits das Gefühl, Freund Schütze wollte sie mir vorenthalten, verheimlichen oder der Rest des Reviers bestand außer der Schilffläche fast nur aus eintöniger, wildleerer Kultursteppe.

Jedenfalls äußerte ich, als ich Ende Juli wieder auf einen Bock eingeladen wurde, vorsichtig den Wunsch, mich woanders als auf der Schilfkanzel ansetzen zu dürfen, bereute meine zaghaften Bedenken aber sofort. Der Jagdherr murmelte etwas, das wie „keine Ahnung“ klang und bestand darauf, mich wieder nach dort zu bringen. Ich fügte mich in mein Schicksal.

Als wir auf der Fahrt zu dem ungeliebten Sitz eine verlockende Ödfläche passierten, ich vorschlug, mich hier abzusetzen, der Weg zur Schilfkanzel sei doch noch sehr weit, es wäre schon spät, ich wolle nicht zu viel Aufwand machen, verwünschte ich meine Worte, kaum dass ich sie ausgesprochen hatte, und musste mir noch ein paar wenig freundliche Belehrungen des Pächters anhören. Dann bekam der Abend aber doch einen Lichtblick. Bevor der Wagen hielt, um mich abzusetzen, fragte Schütze nämlich: „Sie schießen doch gerne abnorme Böcke?“ Und als ich seine Frage begeistert bejahte, meinte er: „Dann sind Sie auf der Schilfkanzel genau richtig.“

Mit neugierigen Fragen hielt ich mich zurück, zumal die Zeit drängte.

Am Himmel zogen dunkle Wolken auf, es begann zu nieseln und sah aus, als würde jeden Augenblick ein Unwetter losbrechen. Obwohl es erst 18 Uhr war, wurde es dunkel, und dann entlud sich tatsächlich ein Wolkenbruch über uns. Ab und zu erhellte ein Blitz die Umgebung. Das Unwetter ließ jedoch bald nach, es klarte auf, das Land dampfte, die Luft war sauber und triefte vor Feuchtigkeit. Die Wolken hingen noch tief und trübe am Himmel. Ein ungewöhnliches Licht verzauberte tausende von Tropfen um mich herum und vergrößerte sie zu filigranen, matt schimmernden Kristallen.

Ein riesiger Flug Stare strich einer dunklen Wolke gleich mit schnellen Flügelschlägen vorüber und sorgte auch akustisch für lebhafte Abwechslung, als sie im Schilf niedergingen, wie auf ein geheimes Zeichen hin, als seien sie allesamt gestört worden, erschreckt wieder aufstoben und munter zwitschernd fortstrichen. Ein zweiter und ein dritter Schwarm folgten, hielten es aber ebenfalls nur kurze Zeit in der Deckung des Schilfdickichts aus.

Vom grauen Himmel drang der heiser krächzende Ruf eines Fischreihers. So sehr ich mich auch anstrengte, ich konnte den grauen Gesellen über mir nicht ausmachen.

Schon als ich die 400 Meter zum Sitz hinter mich gebracht hatte, sah ich, was Schütze gemeint hatte: Knapp 300 Gänge entfernt, für einen sicheren Kugelschuss viel zu weit, ragten vier Lauscherspitzen über dem hohen Gras empor, und durch das Glas entdeckte ich zwischen einem der beiden Paare eine Stange. Ricke und Bock hatten sich dort niedergetan, ich konnte aber im Schutz einiger Erlen die Schilfkanzel erreichen und wartete darauf, dass sich die beiden Stücke erheben und der Bock treiben würde. Meiner Sache sicher, bedauerte ich bereits, dass wieder alles schnell und wenig spannend verlaufen würde.

Es begann leicht zu regnen. Als die Rehe keine Anstalten machten, sich zu erheben, fiepte ich auf dem Buchenblatt. Offenbar wurde die Ricke durch die Töne stimuliert, sie sprang auf, verfiel sofort in verhaltenen Trab, der sie mäandernd über die Wiese führte. Dichtauf folgte der Bock. Immer dichter umeinander kreisend entfernten sich die beiden jedoch.

Schließlich bewegte sich die wilde Jagd aber auf mich zu und kam auf knapp 150 Gänge zum Stehen. Der Verfolger hatte die „Lebensabschnittsgefährtin“ eingeholt, betupfte mit seinem Windfang ihren Spiegel und legte den Unterkiefer auf ihre Kruppe. Die Ricke senkte Kopf und Hals und machte einen leichten Karpfenrücken. Längst lag ich in Anschlag, hatte den Bock im Absehen des Zielfernrohrs, da beschlug er die Ricke. Diesen Moment wollte ich keinesfalls für einen Schuss nutzen, doch schon ließ er ab und sank zu Boden, während die Ricke scheinbar teilnahmslos zu äsen begann.

Den Bock mit Fieptönen einer Ricke fortzulocken, dürfte schwerfallen. Daher ließ ich erst zart, dann lauter und fordernder ein Kitzfiep über die Wiese erschallen.

Hätte die Ricke ihr Kitz in meiner Nähe abgelegt, wäre sie gewiss zugestanden, so aber warf sie nicht einmal auf. Ich wartete fast eine halbe Stunde währenddessen sich nichts Außergewöhnliches tat. Weder Fuchs noch Hase unterhielten mich, kein Vogelruf sorgte mehr für Abwechslung, nicht einmal Fliegen oder Mücken schwirrten umher und verkürzten die Zeit.

Die Ricke hatte sich ebenfalls niedergetan, ich nahm sie kaum wahr, ahnte lediglich ihre nervös spielenden Lauscher über dem Gras.

Zwar lag die Büchse schussbereit vor mir, die Laufmündung wies in Richtung der beiden Rehe, sodass ich ohne Zeitverlust wieder in Anschlag gehen konnte, aber trotzdem verpasste ich den Moment, als beide plötzlich aufstanden und fortzogen.

Der Windfang des Bockes klebte förmlich an der Schürze der Ricke, als beide in schaukelnden Fluchten kreuz und quer über die Wiese fortstürmten.

Plötzlich preschte die Ricke auf mich zu, flüchtete 40 oder 50 Meter an mir vorüber, ihr folgte der Bock. Ich schrie drei-, viermal so laut ich konnte: „Böh! Böh! Böh!" Alles ging rasend schnell, um den Bock zum Verhoffen zu bringen. Aber vergeblich – schon waren die beiden im Schilf verschwunden.

Es begann wieder stärker zu regnen, mein Optimismus erhielt einen gehörigen Dämpfer. Anfängliche Zuversicht wandelte sich in Ungeduld, Gleichgültigkeit machte sich breit. Ich legte die Waffe auf die Brüstung der Kanzel, ließ aber den Schilfrand nicht aus den Augen. Doch dort war trotz angestrengten Schauens keine Bewegung zu entdecken. Außer dem eintönigen Rascheln in den Erlen, dem Raunen des Windes und den einschläfernden Rhythmen fallender Tropfen auf das Hochsitzdach drang kein Laut an meine Ohren. Das monotone Rauschen der vom Himmel strömenden Wassermassen und das ständige Prasseln der Regentropfen verschluckten andere Geräusche um mich herum.

Schon mutlos geworden, ohne große Hoffnung, zog ich aus der Jackentasche eines der Buchenblätter, es war kalt, feucht, aber noch frisch, drückte es mit Daumen und Zeigefingern an meine Lippen, und leise tönte es „Fie, Fie" durch den aufkommenden Dunst. Meine Bemühungen verhallten ungehört.

Ich blattete noch einmal. Lauter, fordernder, ausdauernder.

Als ich mich nach weiteren erfolglosen Versuchen zurücklehnte, erschienen die Rehe wieder am Schilfrand, und während ich behutsam die Büchse hochnahm, die Entfernung betrug immerhin mehr als 150 Gänge, trieb der Bock die Geiß erneut.

Immer größere Schleifen zogen die beiden, entfernten sich und taten sich am gegenüberliegenden Rand der Wiese nieder. Wieder vergingen spannende Minuten und die Dämmerung breitete sich langsam aus.

Da jagte der Bock erneut hinter der Ricke her, aber viel zu weit für jeden sicheren Kugelschuss. Im Fernglas erkannte ich, wie er abermals beschlug und sich niedertat. Nach zehn Minuten erhob er sich, trieb kurz, es folgte ein Beschlag und wieder verschwand der Einstangige im Gras, während die Ricke gemächlich in meine Richtung zog.

Endlich erhielt ich meine Chance.

Vorsichtig ließ ich den Kitzruf erschallen, die Geiß warf auf und wechselte zielstrebig in die Richtung des Schilfsitzes.

Nun wurde auch der Bock unruhig, erhob sich und zog ebenfalls auf mich zu. 400 Meter, 350, 300, 200, ich hatte die Büchse im Anschlag, die Ricke war bereits auf gute Kugelschussentfernung herangewechselt, da raste der Bock auf sie los, sie zog ihn förmlich hinter sich her, dann wurde die stürmische Jagd langsamer.

Ich spürte einen leichten Windhauch im Nacken, der Wind hatte gedreht. „Böh! Böh!", schrie ich über die Wiese. Die Ricke verhoffte abrupt, äugte zu meinem Sitz, der Einstangige begann zu äsen, als habe er nichts vernommen. Knapp hundert Meter trennten uns, als er die Kugel erhielt. Nach vielen kurzen, unspektakulären Ansitzen hatte mir die Schilfkanzel über drei Stunden lang Spannung beschert.

Und als ich das Gehörn des Erlegten in die Hand nahm, registrierte ich erst, wie abnorm und stark er war. Ein sehr, sehr guter Bock, aber wen interessierte das im Augenblick – es war mein Bock. Schütze war, als er mich abholte, wieder bester Laune, sein Ärger über meine „Besserwisserei" war verflogen.

Als er mich das nächste Mal fragte, wo ich gerne ansitzen möchte, bat ich ihn, auf den Schilfsitz zu dürfen, um diese spannenden 180 Minuten noch einmal in aller Ruhe nacherleben zu können.

NOCH EINMAL:

Abbitte an einen geschlossenen Hochsitz

Im selben Jahr, in dem ich den einstangigen Rehbock von der Schilfkanzel aus geschossen hatte, wurde ich noch einmal mit meinem „Problem geschlossene Hochsitze" konfrontiert.

Als ich im Revier eines Jagdfreundes ankam, machte sich wieder Enttäuschung breit. Ich sollte mich nämlich einem älteren Bock widmen, der angeblich wegen des hohen Grases nur von einer geschlossenen Kanzel aus erlegt werden konnte.

Behutsam versuchte ich, diesen Plan zu ändern. Bei herrlichem Sommerwetter aus einem geschlossenen Kasten durch schmale Schießscharten zu starren, ist ganz und gar nicht nach meinem Geschmack. Jagdherren sind aber uneingeschränkte Herrscher, und so fügte ich mich, dankbar, überhaupt in dem landschaftlich schlichten Heiderevier jagen zu dürfen, auch wenn ich unter „Jagen" etwas anderes verstehe, als passiv in einer Kanzel auf Wild zu warten.

Wer sehen, hören, riechen, schmecken und fühlen verlernt hat, mag den Ansitz dort schätzen, ich sitze lieber auf dem Waldboden, auf meinem Jagdstock oder auf einer offenen Leiter, wo ich mich der Natur näher fühle. Doch ich fügte mich wohl oder übel dem Wunsch des Jagdherrn. Zu allem Überfluss sollte ich mit dem Auto bis zum Sitz gefahren werden, das aber konnte ich verhindern. Nachdenklich schlenderte ich zu der mir zugewiesenen Kanzel an einer noch nicht gemähten Wiese. Mücken und Fliegen schwirrten um mich herum, belästigten mich aber kaum, weil das bewährte Tarnnetz mein leuchtendes Gesicht verbarg und die Plagegeister von meinem Kopf fernhielt. Meiner Kleinen Münsterländer-Hündin Gesa setzte das Geziefer aber ziemlich zu. Immer wieder schnappte sie mit hastigen Bewegungen nach den störenden Quälgeistern, laut klappten ihre Zähne dabei zusammen.

Es war drückend schwül, seit einer Woche heiß und staubtrocken, das Land brauchte dringend Regen. Der Himmel sah allerdings nicht aus, als würde er seine Schleusen öffnen.

Singdrossel und Buchfink waren die einzigen Vögel, die mich melodisch begleiteten, als ich die Hündin ablegte, widerstrebend die steile Leiter hochstieg und mit dem Eintritt in den dunklen, miefigen Kasten den hellen, klaren Spätnachmittag hinter mir ließ. Als ich die schmalen Luken der Kanzel öffnete, war die stickige Luft aber im Nu verflogen.

Kaum hatte ich es mir bequem gemacht, noch einmal meinen Kopf durch die enge Fensteröffnung gezwängt und mir mit einem Blick nach unten Gewissheit verschafft, dass der Hund zufrieden war, zog 150 Gänge entfernt eine Ricke mit ihrem Kitz über die Wiese. Zwanzig oder dreißig Meter konnte ich die beiden im angrenzenden Hochwald noch durch das Glas verfolgen.

Welche Diskrepanz: in freier Natur, dort, wo der Mensch nicht als Jäger eingreift, sind zu dieser Zeit Jungwild, ob Kitz, Kalb oder Frischling, ob Küken oder Welpe, und auch die Muttertiere am stärksten gefährdet. Die einen sind unbeholfen, noch nicht flucht- oder flugfähig, die anderen tragend, führend, säugend oder fütternd und dadurch „gehandicapt". In von Menschen unberührten Gegenden sind die Verluste durch natürliche „Räuber" in den ersten Lebenstagen und Wochen am höchsten, in unseren „kultivierten" Revieren setzt die Bejagung im Spätsommer oder Herbst ein. Jungtiere leben in Gebieten, die durch Menschen bejagt werden, somit „wie im Paradies".

Als ich das Fernglas absetzte, segelte ein Vogel majestätisch vorbei und ging kaum zwanzig Meter vor mir am Grabenrand zu Boden. Ein Schwarzstorch.

Während seine weißen Vettern aus dieser Gegend verschwunden sind, kehrt der scheue Waldbewohner, so lange ich denken kann, regelmäßig hierher zurück und zieht zwei oder drei Junge auf.

Wohl eine halbe Stunde lang konnte ich den schwarzen Gesellen fast hautnah und ungestört beobachten. In dem dunklen Kanzelraum machte selbst sein scharfes Auge mich nicht aus. Das Licht der Sonne zauberte auf dem schwarzen Federkleid die herrlichsten Farben hervor. Brust, Hals und Kopf schillerten in einem unbeschreiblichen Glanz. Sämtliche Farben des Regenbogens schienen darüber hinweggegossen zu sein, vom metallischen Stahlblau bis zum funkelnden Gold und Smaragdgrün, in das sich Purpur- und Violettschimmer mischten. Plötzlich erhob er sich und klafterte über die dunklen Kiefernwipfel davon.

Die Hündin hatte den großen Vogel nicht bemerkt, wie ich mich mit einem Blick nach unten vergewisserte, aber etwas anderes schien ihre Aufmerksamkeit zu fesseln. Und da erschienen dort, wohin Gesa so fasziniert blickte, fünf Frischlinge am Wegrand, gefolgt von einer Bache. Zehn Meter von der Leiter entfernt wuselten die Frösche, mal völlig durch dichten Bewuchs verdeckt, mal frei durcheinander, und hielten Gesa und mich in Atem, bis sie wieder verschwanden.

Von meiner hohen Warte aus konnte ich den Wechsel der kleinen Rotte an den sich mitunter stürmisch bewegenden Grashalmen noch kurz verfolgen. Vom Erdboden aus hätte ich Schwarzwild und Schwarzstorch gewiss nicht wahrgenommen, der Anblick hatte meine „schwarzen" Gedanken vertrieben.

Nur kurz blieb mir Zeit, mich auf der bequemen Sitzbank zurückzulehnen. Am anderen Ende der Wiese wucherte ein mehrere Quadratmeter großer Brennnesselhorst. Rundherum war das Gras verkümmert, stand nicht so hoch wie auf dem Rest der Wiese. Und in der Verlängerung, 300, vielleicht gar 350 Meter entfernt von eben dieser Anhäufung von Brennnesselstauden, leuchtete es rot auf.

Ein älterer Rehbock war es, wie der Blick durch das Glas bestätigte. Ein sicherer Schuss wäre auf die Entfernung mit der Fensterluke als Auflage auf ein so kleines Ziel wie ein Reh für gute Schützen zu verantworten, mir aber war er zu riskant und zudem wenig reizvoll.

Wie oft höre ich von Mitjägern Wundergeschichten über weite Schüsse, die einem Münchhausen Ehre gemacht hätten, und wie oft mache ich mir dann so meine Gedanken …

Manche Schützen meinen, sie jagen, haben aber lediglich leidenschaftsloses, pures Liquidieren von Lebewesen übernommen, indem sie wilden Tieren noch bessere Waffen, noch stärkere Optik, noch höhere Kanzeln entgegenstellen. Jagen aber ist vornehmlich draußen sein, den würzigen Waldboden riechen, die Natur schmecken, den Wind fühlen, die Umgebung mit allen fünf Sinnen begreifen, den „Gegner" überlisten, die Zeit im Revier bis zum Letzten auskosten, die Devise muss lauten: Das Jagen an sich muss Spaß machen, lauern, schleichen, überlisten und schließlich das sichere Strecken der Beute aus gerechter Entfernung und nicht aus ungerechter Entfernung einfach nur technisch töten.

Der Bock war bis zu dem Brennnesselwald getrollt, machte aber keine Anstalten, näher zu ziehen, sondern umkreiste ihn langsam und verschwand dahinter. Einmal sah ich ihn frei und breit verhoffen, und zweimal erschien sein Kopf hinter dem dichten Grün, dann blieb er verschwunden.

Allmählich schickte die Dämmerung ihre Schatten voraus, das Schwinden des Büchsenlichtes war nicht mehr allzu fern.

Vorsichtig baumte ich ab. Am Fuß der Leiter wurde ich aufgeregt und freudig von Gesa begrüßt. Schnell beruhigte ich die Hündin und bedeutete ihr, wieder abzulegen. Unverständnis sprach aus ihren hübschen Augen. Ich ließ mich aber nicht erweichen, ließ sie zurück, schlich geduckt zum Waldrand und pirschte in dessen Schatten Richtung Brennnesseln.

Eine Amsel flatterte davon, das heißt, sie schlich eher verstohlen, von Zweig zu Zweig hüpfend, fort. Gewiss hatte sie in ihrem Nest gesessen und ich hatte sie aufgeschreckt.

In diesem heimlichen Winkel verhalten sich Drosseln anders als in Siedlungen oder Gärten, wo die Vögel sich an Menschen gewöhnt haben und meistens laut zeternd davonfliegen.

Ich war stehen geblieben. Bevor ich weiter ging und meinen Blick wieder zu den Brennnesseln schweifen ließ, fiel er auf ein Federbüschel am Waldboden, die Rupfung des Sperbers, der eine Drossel geschlagen hatte. Ich verharrte, um die Spuren, die der Greif auf dem bemoosten Baumstumpf hinterlassen hatte, zu begutachten. Als ich langsam meinen Marsch fortsetzte, mich dabei umsah, erschien ein Blaumeisenpaar und trug Feder um Feder zu einer kleinen Höhle in einer trockenen Birke.

„Seltsam“, meditierte ich, „der ärgste Feind der kleinen Singvögel liefert das Federbett für die vielköpfige junge Brut!“

Der Bock blieb unsichtbar, auch als ich mich bedächtig den Brennnesseln bis auf zehn Gänge genähert hatte. Noch kleiner versuchte ich mich nun zu machen, noch kleiner wurden auch meine Schritte und noch vorsichtiger bewegte ich mich, denn mit jedem Tritt gewann ich mehr Einblick hinter den hohen Bewuchs.

Auf einmal erspähte ich auch den Bock. Vertraut äste er zwanzig Meter entfernt und verschwand plötzlich, fast wie ein kurzer Spuk, wieder im Gras. Die Büchse hatte ich bereits von der Schulter genommen, wollte gerade in Anschlag gehen, als das Reh in der dichten grünen Deckung untertauchte.

Von der Kanzel aus hätte ich es gewiss sehen, aber ebenfalls nicht schießen können. Hier, vom Boden aus, konnte ich es nicht einmal mehr schemenhaft ausmachen.

Noch während ich den Stutzen sinken ließ, stand der Bock wieder frei vor mir, ebenso plötzlich, wie er verschwunden war.

Erneut wanderte der Schaft der Büchse langsam vor meine Schulter. Die Mündung zeigte zu dem fast breit stehenden Reh, doch es zog zügig in den hohen Bewuchs. So ließ ich die Waffe abermals sinken. Eine knappe Minute später stand der Bock noch einmal halbwegs frei, das Spielchen wiederholte sich, und noch zweimal verschluckte das bunte Gewirr aus Gräsern, Stängeln, Dolden und Blüten das helle Rot des Wildkörpers. Ich sah mich bereits erfolgreich am Ziel meiner aufregenden

Pirsch, doch ebenso oft änderte sich nach kurzer Spannung die Richtung der Laufmündung im Zeitlupentempo vom Bock zurück auf den Erdboden.

Von der Kanzel, aus sicherer Höhe mit bequemer Auflage, hätte die Jagd wahrscheinlich schon ein schnelles, aber nicht so „naturnahes", packendes, erregendes Ende genommen. Ein unverhoffter Schritt und der Bock war gedeckt durch Halme, Rispen, Blätter und Blüten, ein weiterer Schritt und er stand wieder frei, aber spitz von hinten, unmöglich für einen sicheren Schuss. Alles ging sehr schnell, und ich war stets zu langsam, zumal ich mich kaum zwanzig Meter vom Ziel meiner Wünsche entfernt besonders vorsichtig bewegen musste. Nach der Devise: „Was du versäumst in der Sekunde, bringt keine Ewigkeit zurück", blieb das Gewehr schließlich im Anschlag, und außer den Augen bewegte sich nichts an mir.

Wenige Lidschläge später hielt ich wieder den Atem an, und der Schuss brach.

Ein paar taumelige Fluchten mit tiefem Äser, und das Grün der Wiese schloss sich über dem roten Bock. Nur eine dunkle Stelle in dem hohen Gras zeigte an, wo er lag. Erleichtert eilte ich zurück zur Kanzel und zu meinem Hund, der dann ruhig der kurzen, roten Bahn folgte, die mein, nein, unser Bock im Gras hinterlassen hatte.

Und dann kniete ich lange neben ihm, dem angeblich nur von der Kanzel aus beizukommen war. Ein kurzer Griff in den Äser sagte mir: Der Bock war so alt, dass die Zeit, die ich brauchen würde, um den Schädel abzukochen, wahrscheinlich länger sein würde, als die, die ich benötigt hatte, um ihn zu erlegen. Und sein Gehörn war ebenfalls etwas Besonderes. Rechts ein hoher starker Spieß, links eine abgebrochene Stange, ob sie jemals vereckt war, werde ich nie erfahren.

Eine Singdrossel sang und verabschiedete sich von uns und dem scheidenden Tag. Frieden ohnegleichen lag auf dem weiten Tal und auch auf der hohen Kanzel, ließ mich alles, was den Alltag hässlich machte, vergessen. Über dem Dunst, der sich auf den Wiesen bildete, erhob sich schemenhaft ihre dunkle Silhouette, eine blinkende Fensterscheibe warf das letzte Rot des Abendhimmels zurück und gab dem Gestell etwas Versöhnliches. Ich leistete ihm Abbitte.

In manchen Landschaften mögen hohe, geschlossene Kanzeln unerlässlich sein, in ebener Marsch oder flacher Feldflur, wo weit und breit kein natürlicher Kugelfang vorhanden ist, der Jäger, ohne das Hinterland zu gefährden, nicht schießen darf und deshalb auf Hochsitze nicht verzichten kann, im Waldrevier aber stellen solche Kanzeln, womöglich mit Glasfenstern und Teppichboden isoliert, ein Armutszeugnis für Jäger dar.

Ich fühle mich in ihnen vom unmittelbaren Naturerlebnis ausgeschlossen. Die Jagd von dort aus wird lediglich Naturbeobachten „aus zweiter Hand“, kein Messen der Sinne und Kräfte zwischen Mensch und Tier.

Sitze ich über dem Wind, nehme ich dem Wild seine letzte „faire“ Chance, denn der Geruchsinn ist das einzige, was ein Tier gegen die zahllosen Hilfsmittel des „homo sapiens“, mit denen dieser seine verkümmerten natürlichen Sinne kompensiert, einsetzen kann.

Jagd ist ein Handwerk, das man erlernen kann. Es gibt Lehrlinge, Gesellen und wahre Meister. Jagd ist auch eine Kunst. Kunst kommt von „Können“. Ein Könner wird ohne geschlossene Kanzeln auskommen, doch auch ich hatte mich dieser zweifelhaften Jagdeinrichtung bedient, hätte ohne sie weder den scheuen Schwarzstorch beobachten können noch in dem hohen Gras die Ricke mit ihrem Kitz sowie die Sauen, geschweige denn den alten Bock gesehen.

BOCKJAGD BEI SAUWETTER:

Der Himmel weint – Diana lacht

Seit zwei Wochen hatte es geregnet, ohne Unterbrechungen in Strömen gegossen, war kalt, und die Hälfte meines Urlaubs lag bereits hinter mir. Missmutig stapfte ich durch den Wald, ohne große Zuversicht, einen Bock zu sehen, geschweige denn zu erlegen. Die Wettervorhersagen der letzten Tage hatten mir keine Hoffnungen gemacht. Das wildreiche Heiderevier erschien wie ausgestorben.

Seit meiner Kindheit jagte ich hier, kannte Wechsel, Einstände und bevorzugte Äsungsflächen des Wildes, wusste um seine Gewohnheiten und die Eigenheiten des Reviers. Trotzdem hatte ich in den vergangenen Tagen nur zwei junge Böcke, hoffnungsvolle Jährlinge, deren Gehörne man lieber im Wald als an der Wand sieht, sowie eine Ricke vor mir. Das Wild erweckte den Eindruck, als sei es ebenso deprimiert über die Witterung wie ich. Dabei war die Zeit um den 4. August die beste Jahreszeit zum Blatten.

In den letzten Jahren war kaum eine Pirsch oder ein Ansitz vergangen, an dem man Anfang des „Erntemondes“ nicht treibende Böcke beobachten konnte. Dieses Jahr aber schien wie verhext.

Nicht pirschen gehen, sondern pirschen stehen! Getreu dieser alten Jägerregel war ich, alle paar Schritte verhaltend, nach links, nach rechts und zurück spähend, durch den Regen geschlichen. Eintöniges Rauschen vom Himmel kommender Wassermassen, und ständiges Prasseln der Regentropfen auf am Boden liegendes Laub verschluckten verdächtige Geräusche und erleichterten meine Pirsch.

Am Vortag hatte ich unter einer starken Überhälterbuche am Rande der Eschenbahn gesessen, dort, wo in den vierzigjährigen Bestand eine Schneise abzweigt. Der ehemalige Holzabfuhrweg war mit allerlei Beerengerank und jungen Bäumen zugewuchert, die Natur hatte in wenigen Jahren die unschönen Spuren, die Wunden, die der Mensch mit starken Maschinen hinterlassen hatte, beseitigt, sich zurückgeholt, was ihr auf zerstörerische Weise entrissen worden war.

Mein Bruder hatte hier im Mai einen älteren Rehbock mit dicken, dunklen, ungleich langen Stangen bestätigt, und ich hatte den Alten ebenfalls beobachtet, als ich im Juni hier gepirscht war. Er hatte mich aber bemerkt, bevor ich ihn im Glas hatte, und war davongezogen, nicht schreckend abgesprungen, so wie es Rehwild oft tut, vor allem junge Stücke, sondern hatte sich fortgedrückt.

Damals schon hatte ich mir vorgenommen, zur Rehbrunft zurückzukommen und dem Heimlichen meinen Urlaub zu widmen. Mit einem Wiedersehen rechnete ich aber kaum, als ich im Regen unter der dicken Buche saß.

Ein Eichhorn hüpfte auf dem Erdboden an mir vorüber, kam neugierig zurück, als es die dunkle Gestalt am Fuße des Baumes gewahr wurde, krabbelte, als ich eine unbedachte Bewegung machte, keckernd eine Fichte hinauf und verschwand in der dichten, dunklen Krone.

Für diesen Ausgang blieb es der Höhepunkt. Mit Abnehmen des Lichtes sank auch meine Begeisterung, doch schicksalsergeben wartete ich. Der Bock kam nicht – stattdessen die Dämmerung, schließlich die Nacht, und bei völliger Dunkelheit stapfte ich durch den rauschenden Regen nach Hause.

Am darauf folgenden Morgen pirschte ich wieder zur Eschenbahn. Es regnete nicht so stark wie an den Vortagen, aber der geliehene Lodenmantel meines Bruders war von den vorherigen Pirschgängen noch schwer vor Nässe. Mein eigener hing seit zwei Tagen zum Trocknen auf dem Bügel.

Ich wusste nicht, ob das Licht noch der Nacht oder bereits dem Tag gehörte, Dunstschwaden wanderten durch das Fichtenaltholz, es nieselte aus dunklen, grauen Wolken.

Den Regen hatte ich endgültig satt, änderte meinen Plan und stieg auf die kleine überdachte Kanzel an der Eschenbahn. Wir hatten sie vor vielen Jahren aufgestellt, um Rotwild bei Westwind auf seinem Rückwechsel von den Feldern in die Tageseinstände im Jagen 18 abzupassen.

Vom vermutlichen Einstand des alten Bockes saß ich nur knapp zweihundert Meter entfernt, und ich hatte von dem Sitz oft Rehwild in den ersten Morgen- und Vormittagsstunden herumbummeln sehen.

Der ständige Niederschlag in den letzten Tagen – jeden Morgen und jeden Abend war ich durchnässt aus dem Revier zurückgekehrt – hatte an meiner Urlaubsstimmung gezehrt, meinem Optimismus einen gehörigen Dämpfer verpasst, und obwohl ich lieber auf dem Erdboden ansitze, machte ich es mir nun auf dem trockenen Hochsitz bequem.

Außer dem eintönigen Rauschen und Raunen der hohen Bäume und den einschläfernden Rhythmen fallender Tropfen drang kaum ein Geräusch an meine Ohren.

Bald machten sich bei mir die Folgen der langen Nacht bemerkbar. Nach einer halben Stunde, während der ich stur in den dunstigen Morgen gestarrt hatte, fröstelte mich, Zweifel nagte, Unzufriedenheit begann meine Zuversicht wieder zu schwächen, denn es tröpfelte in sturer Regelmäßigkeit auf das Dach der kleinen Kanzel.

Es war die vorletzte Chance, des Bockes habhaft zu werden. Eine Abendpirsch würde mir noch bleiben, am nächsten Tag musste ich wieder am Schreibtisch hocken. Schmerzlich wurden mir, als es heller wurde, meine nasse Situation und die vor mir liegenden trockenen, jagdlosen Wochen im Büro bewusst.

Mutlos zog ich eines der Fliederblätter, das ich am Vorabend im Garten gepflückt hatte, aus der Manteltasche und drückte es an meine Lippen. Leise tönte es „Fie, Fie" durch den Dunst des morgendlichen Waldes.

Für kurze Zeit lauschte ich in das monotone Tropfen und Trippeln, Rauschen und Raunen, Wispern und Wehen, aber bald ließ meine Aufmerksamkeit wieder nach. Es sprach gegen meine Erfahrung, dass bei anhaltenden, eisigen Regenperioden ein Rehbock springen würde.

Nach einer halben Stunde blattete ich trotzdem noch einmal, ohne Resonanz, und nach zehn Minuten Wartezeit stand mein Entschluss fest, den Ansitz abzubrechen und diesen „Jagdurlaub" als verregnete, erfolglose Blattzeit im Kalender zu notieren. Resigniert hängte ich die Büchse über die Schulter und wollte abbaumen. Da stand, wie hingezaubert, ein Reh am Dickungsrand. Offenbar hatte es in der Nähe geruht und konnte meinen Locktönen nicht widerstehen.

Behutsam glitt der Riemen der Büchse von meiner Schulter, die Backe des Schaftes an meine Wange und der Vorderschaft an die Strebe der Kanzelbrüstung. Alles ging nicht ganz geräuschlos vor sich, aber das Reh preschte unerwartet bis fast unter die Leiter, verhoffte, sicherte misstrauisch, jeden Augenblick zum Abspringen bereit, aber ich hatte es bereits im Absehen des Zielfernrohres.

Schneeweißer Grind, alter Bock, registrierte ich, für einen Moment auch die starken, dunklen, ungleich langen Stangen, und schon fiel der Schuss.

Im Knall ging der Alte mit krummem Rücken in voller Flucht ab. In der Fichtennaturverjüngung, aus der er gekommen war und die er wieder angenommen hatte, vernahm ich kurzes Schlegeln, dann war bis auf das monotone Fallen der Regentropfen wieder Ruhe in meinem Umfeld.

Das feuchte Element trug nicht dazu bei, meine Stimmung aufzuheitern. Wie ein Häufchen Unglück kauerte ich voller Selbstvorwürfe auf dem Sitz, bis ich schließlich nach einer knappen halben Stunde von Zweifeln geplagt zum Anschuss ging.

Er war leicht zu finden. Heller, vom Regen wässriger Schweiß und Schnitthaar undefinierbarer Herkunft leuchteten mir entgegen. Die Fluchtfährte war gut zu verfolgen. Ich nahm die nassen Zweige, die mir ins Gesicht schlugen, kaum wahr, und da lag der Bock vor mir. Dreißig Gänge hatten ihn seine Läufe noch fortgetragen, bis er tödlich getroffen zusammengebrochen war.

Der Einschuss war nicht zu sehen. Aus dem Ausschuss, eine knappe Hand breit hinter dem Blatt, perlte hellroter Lungenschweiß, durch den ich einen kleinen Fichtenbruch zog und mir an den nassen Hut steckte. Später, viel später, als ich den Bock voller Glück und Dankbarkeit aufbrach, hatte der Regen ihn bereits weggespült.

AUSKLANG IM AUGUST:

Ernte im „Ernting"

Der Monat August wurde „Ernting" genannt, weil die Haupternte des Brotgetreides in diese Zeit des Jahres fällt, gewiss nicht, weil es auch die Zeit ist, in der die Haupternte des Hegers beginnt. Daran dachte ich, als ich auf der Frühpirsch einen Bock treiben sah. Immerhin neigte sich der August seinem Ende zu. Dass Rehwild zu dieser fortgeschrittenen Jahreszeit brunftete, war ungewöhnlich.

Die „Hohe Zeit" des Rehwildes beginnt in einigen Gegenden Mitte Juli und dauert in anderen Landstrichen bis in das erste Drittel des August. Je südlicher man kommt, desto länger zieht sie sich hin. In den Alpenregionen beobachtete ich in der zweiten Hälfte des achten Monats treibende Rehe. Auch in nördlichen Revieren bleiben die Böcke manchmal bis weit in den „Ernting" hinein in Brunftstimmung, ziehen suchend umher, entfernen sich auf ihren Wanderungen kilometerweit von ihren angestammten Einständen und stehen auf verführerische Locktöne temperamentvoll zu, obwohl die meisten Ricken beschlagen sind, daher ist die abklingende Brunftzeit die erfolgreichste Zeit zum Blatten.

Das Treiben der beiden Rehe währte nur kurz, dann tat sich der Bock nieder. Er war „reif". Um das zu erkennen, bedurfte es nicht des vergrößernden Doppelglases. Im hohen Gras waren lediglich sein Kopf und ein kurzes Stück des Trägers zu sehen, aber das genügte. So viel konnte ich ansprechen: es war kein „Fremder", sondern ein „alter Bekannter", der dort im hohen Gras ruhte: ein ungerader Sechser mit knuffigen Stangen, der sich in der Hochbrunft meinen Nachstellungen erfolgreich entzogen hatte.

Während die Ricke unbeteiligt weiterzog, versuchte ich mich unauffällig zu nähern und schlich auf einem schmalen Steig in Deckung bereits Schatten spendender, dünner Erlenstämme am Rande der Wiese auf die zwei zu. Eine Mönchsgrasmücke begleitete mit ihrem abwechslungsreichen Liederrepertoire meine behutsame

Pirsch. Vorsichtig, der Pfad war bedeckt mit trockenen Ästchen und Zweigen, die es geschickt zu umgehen galt, kam ich den beiden langsam näher.

Meine Konzentration galt vorerst dem weiblichen Stück, das unruhig aufwarf und sicherte, während der Bock erschöpft vom vorangegangenen Treiben vor sich hindöste und neue Kraftreserven sammelte. Er war so abgebrunftet, dass er von seiner Umwelt kaum etwas mitbekam.

Die Geiß verhoffte erneut, und plötzlich stand, wie aus dem Erdboden gezaubert, ein Kitz neben ihr. Gebannt beobachtete ich die säugende Ricke mit ihrem Nachwuchs, ein Bild des Friedens und der Harmonie.

Hoch oben, nahe den tief hängenden Wolken, hassten zwei Krähen auf einen Mäusebussard. Die aufgeregten Rufe der Rabenvögel machten mich auf ihre Attacken gegen den sonst schwerfällig wirkenden Greif, der sich mit geschickten Schwingenschlägen gewandt den Angriffen zu entziehen verstand, aufmerksam. Bald waren die Vögel verschwunden, und als die Objektive des Fernglases wieder Richtung Bock wanderten, erhob er sich. Langsam begann er die Geiß zu treiben und beide Stücke entfernten sich vom Kitz und von mir. Es war keine wilde Jagd mehr, so wie es vor wenigen Wochen zu beobachten gewesen war, als die Rehe in großen Kreisen stürmisch über die Wiesen flitzten, eher müde, unkonzentriert wirkte das Paarungsritual.

Nach wenigen Minuten taten sich die Stücke nieder. Die Lauscherspitzen der Ricke spielten noch für einige Momente nervös über dem Halmenmeer, dann waren beide Rehe nicht mehr zu sehen, weggetaucht, die Fläche machte den Eindruck, als sei sie wildleer. Ich ließ mich aber nicht täuschen und nutzte die Gelegenheit, um gebückt näher zu schleichen, bis ich an einen Erlenstamm gelangte, der notdürftig Deckung gab.

Nur wenige Minuten wartete ich.

Den Bock mit den Fieptönen eines weiblichen Stückes von der spätbrunftigen Ricke wegzulocken dürfte kaum glücken, daher erschallte zart – als sich bei den Rehen keine merkbare Reaktion zeigte – lauter und fordernder Kitzfiep über die Wiese. Nichts regte sich, nur die Grasmücke zwitscherte ununterbrochen eine Strophe nach der anderen.

Ich griff zu einer anderen List, ahmte den Sprengruf nach. „Piää, piää“ schallte es plärrend über die Wiese. Und noch einmal „piää, piää“, so, als würde eine Ricke von einem Bock in arge Bedrängnis gebracht, klang es. Das war dem alten Platzbock zu viel. Offensichtlich vermutete er einen Rivalen, der in seinen Einstand eingedrungen war. Abrupt erhob er sich und äugte gebannt in meine Richtung.

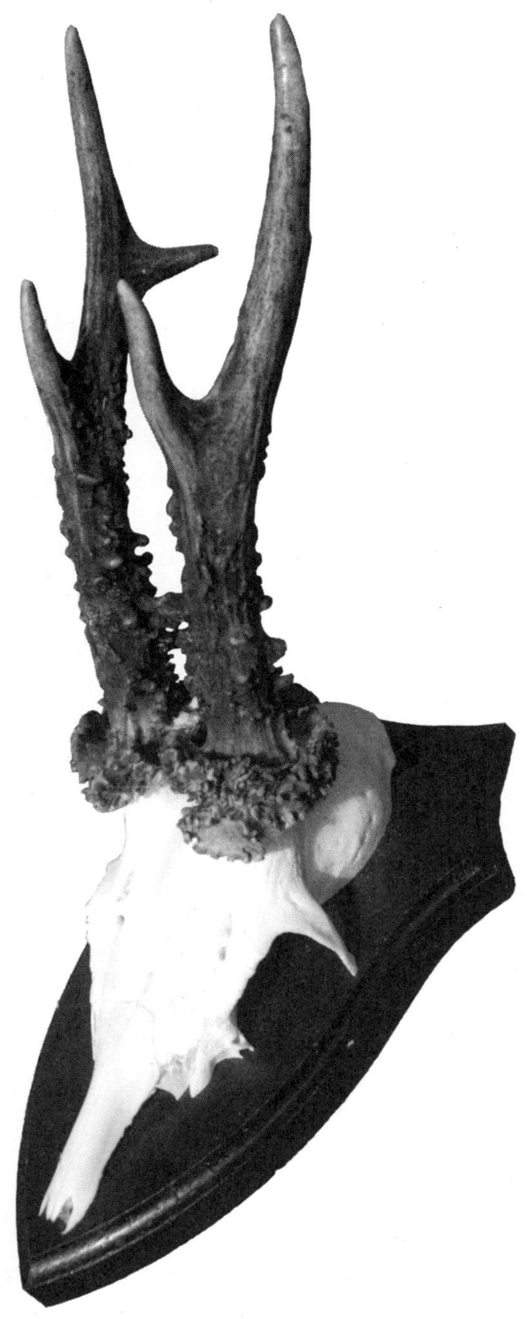

Als ich eine weitere so erregende Arie auf dem Buchenblatt produzierte, preschte der Alte in hohen Fluchten auf mich, den vermeintlichen Gegner, zu und verhoffte zwanzig Gänge vor dem Erlenstamm.

Im selben Moment erhielt er die tödliche Kugel, und ich registrierte den klatschenden Kugelschlag, die akustische Bestätigung, dass es kein Hirngespinst, kein Traum gewesen, dem ich erlegen war. Im Durchrepetieren sah ich, dass es Wirklichkeit war, der Bock nach wenigen Fluchten zusammenbrach.

Das Gräsermeer lag fast ruhig, als sei nichts gewesen, nur der Wind spielte mit den Spitzen einiger zarter Grashalme. Der Wald schwieg, doch war er nicht stumm. Die Grasmücke hatte der Schuss kaum gestört. Unbeirrt zwitscherte sie weiter, als wolle der kleine Vogel seiner Lebensfreude an diesem sonnigen Augustnachmittag besonders Ausdruck verleihen.

Für mich aber waren es aufwühlende, aufregende, unvergessliche Minuten, denen sich eine lange, besinnliche Zeitspanne anschloss, während der ich erfüllt und dankbar Rückschau auf ein spannendes Erlebnis im „Ernting“ während der Spätbrunft hielt.

Buntes Laub und graue Böcke

BEGEGNUNGEN AUF KAHLEM FELD:

Von Rotröcken und Rehböcken

Hat man mehr als 400 Rehböcke in seinem Leben erlegt, erinnert man sich zwar an das Wo, Wann und Wie einzelner Begebenheiten, Zufälle und Überraschungen, wird beim Betrachten der Gehörne an manche schöne Stunde im Revier erinnert, aber vieles, was bis zum Erfolg die Jagd begleitete, verblasst mit der Zeit. Liebenswerte Randerscheinungen, die eine anstrengende, lange Pirsch oder den stimmungsvollen Ansitz würzten, spannend oder langweilig machten, die das Herz höher schlagen ließen oder die Laune verdarben, den Abend oder Morgen aussichtslos erscheinen ließen, die streicht man bald aus der Erinnerung.

Der „Fuchsbock", wie ich ihn getauft hatte, ist so ein Bock. Schaue ich mir sein wenig auffallendes, kümmerliches Gehörn an, zeichnet es sich durch schlichte Unauffälligkeit von anderen an meiner Wand aus. Seine Erbeutung wäre bald von aufregenderen Jagderlebnissen aus meinem Gedächtnis verdrängt worden, hätte es nicht die zeitgleichen Begegnungen mit Füchsen gegeben.

Das Gehölz, in dem der Fuchsbock seinen Einstand hatte, war höchstens 30 Meter lang, 80 Meter breit, und mitten hindurch verlief die Grenze zum Nachbarrevier. Waren die riesigen Getreideschläge abgeerntet, war es eine der wenigen Inseln in der großen Feldjagd, in der Wild noch Deckung fand.

Einige Corpsbrüder hatten schon bei gutem Wind an einem der Chausseebäume auf den Bock gepasst, aber stets wechselte er auf der anderen Seite der mit dichten Schlehenbüschen bewachsenen Parzelle ins Nachbarrevier.

Als ich mich im Spätsommer in der Deckung eines durchsichtigen, schmalen Knicks auf der Feldkante den Bäumen an der Straße näherte, um ebenfalls auf den Bock zu passen, zog ein schwaches Reh aus dem Grenzbusch. „Ein Schmalreh", war mein erster Eindruck. Als ich aber mit dem Fernglas meinen Augen half, wurden sie durch zwei unscheinbare Erhebungen über den Lichtern des Rehs, kleinen hellen Punkten gleich, irritiert, und als das Stück breit stand, erkannte ich durch die starke Optik einen Pinsel.

Unruhig in die Runde sichernd, zog der Knopfbock auf mich zu. Ich machte mich noch kleiner, setzte mich auf den Hosenboden, duckte mich tief auf den Erdboden. Die Büchse war längst im Anschlag. Da erhaschte ich aus den Augenwinkeln eine Bewegung im Gras neben dem Reh. Ein Fuchs schnürte, immer wieder wie ein Vorstehhund mit angehobenem Vorderlauf verhoffend, auf das Böckchen zu, das regungslos zu dem Roten sicherte.

„Das könnte eine ungewöhnliche Doublette werden", kam es mir in den Sinn. Einen Fuchsrüden im August auf den Stoppeln, spielende Welpen vor dem Bau oder eine durchs grüne Gras schnürende Fähe mit Fraß im Fang sind Anblicke, die ich genieße, allerdings ohne Knall. Im Winter, bei Schneelage und Frost, wenn der Balg zu verwerten ist, gehört auch der Schuss dazu, dann ist Jagd auf den roten Freibeuter spannend, lohnend und macht Spaß. Deshalb warte ich, bis der Balg reif ist, schieße im Sommer keine Füchse, nur um sie anschließend zu vergraben.

Die Natur handelt da anders: sie kennt keine „Waidgerechtigkeit", verwertet aber alles, was erbeutet wird, überlegte ich. Für die Hundearbeit könnte ich den erlegten Fuchs verwerten, versuchte ich mein Gewissen mit einer Ausrede zu beruhigen, den Entschluss gegen meine guten Vorsätze zu rechtfertigen, visierte den Rotrock an, aber Reh und Reineke nahmen mir die Entscheidung schneller ab, als ich denken konnte: Schreckend sprang der Bock in hohen Fluchten über die Stoppeln ab, der rote Freibeuter stürmte in panischen Zickzack-Fluchten in den Grenzbusch.

Ich befürchtete, diese Störung war zu viel für den frühen Abend, und pirschte in einen anderen Revierteil, rechnete nicht mehr mit dem Austreten des „Fuchsbockes", der zu diesem Zeitpunkt seinen Namen noch nicht bekommen hatte.

Dabei fiel mir eine Fuchsbegegnung ein, die länger zurücklag.

Die Wiese, an der ich durch hohes Schilf gedeckt unter einer jungen Eiche gehockt hatte, war zum Teil gemäht. Ich hatte mich geärgert, dass man mich nicht vorher darüber informiert hatte, blieb aber sitzen und erwartete den bestätigten Rehbock.

Da kam am Rande des hohen Grases, kaum dass ich es mir bequem gemacht hatte, ein Fuchs herangeschnürt. Im Glas erkannte ich, dass links und rechts aus seinem Fang mehrere Mäuseschwänze hingen.

An Schießen dachte ich zu dieser Jahreszeit, in der die Welpen im Bau auf die Altfüchse angewiesen sind, nicht, aber ich wollte prüfen, ob er genug Beute gemacht hatte oder auf mein Mäuseln zustehen würde. Kurz quietschte es durch meine zusammengepressten Lippen, und der Rotrock verharrte einen guten Schrotschuss von mir entfernt. Durch das Glas sah ich, dass die klapperdürre Fähe gebannt in meine Richtung äugte, behutsam die Mäuse ablegte und eilig auf mich zuschnürte.

Zwanzig Gänge entfernt verhoffte sie, schien das Interesse an weiterem Mäusebraten zu verlieren und trollte zurück.

Gespannt beobachtete ich durchs Fernglas, wie sie ihre Beute aufnahm: Ein kurzer Griff auf den Erdboden, und links und rechts gleichmäßig verteilt, sah ich Teile der grauen Nager wieder schlaff aus dem Fang herunterhängen. Auf der einen Seite zählte ich mindestens fünf nackte Mäuseschwänze.

Schräg an mir vorüber wollte Ermeline nun ihren Pass fortsetzen. Als uns kaum noch 15 Meter trennten, mäuselte ich erneut. Sofort verhielt sie abermals, öffnete den Fang, und links sowie rechts purzelten die Mäuse auf den Erdboden. Wieder kam die Fähe auf mich zu, stutzte, sicherte misstrauisch und schnürte zurück zu ihrer Beute.

Erwartungsvoll starrte ich durch das Glas und erkannte fast hautnah, dass sie die kleinen Nager nicht einzeln, sondern wie gehabt mit einem Griff ins Gras aufnahm. Als handelte es sich um ein einziges Beutestück, trug sie ihren Fang wohl ausbalanciert davon und verschwand.

Am nächsten Morgen hockte ich wieder früh an den Straßenbäumen und hoffte auf das Austreten des Knopfers. Vier Höckerschwäne ruderten mit singenden Schwingenschlägen vorüber. Zutraulich, ja handzahm werden die „Könige der Parkteiche“ in dicht von Menschen besiedelten Enklaven, lassen sich füttern und aus der Nähe bestaunen. Werden sie aber wieder selbstständig, kehren in ihr wildes, freies Leben zurück, haben sie nur das Äußere mit ihren domestizierten Parkvettern gemeinsam, sind vorsichtig, misstrauisch und Raubwild, selbst großen Hunden gegenüber wehrhaft. Freiheit macht stark!

Die schweren Vögel bedeuten für mich die Verkörperung der Anmut. Allein der Name „Schwan“ verströmt Grazie. Elegant ist der Schwung seines Anfangsbuchstabens, gefolgt von einem vollklingenden Vokal bis hin zum federleichten letzten

Buchstaben. Tschaikowsky mag ähnlich gedacht haben, er nannte seine Ballettmusik immerhin Schwanensee und nicht Ententeich.

In der Antike erinnerte das Erscheinen eines Schwans an die Vergänglichkeit des Seins und weckte das Verlangen nach Unsterblichkeit. Sokrates, so erzählt Platon, vernahm am Tag seines Todes einen Schwanengesang, die Walküren der nordischen Mythologie brachten die gefallenen Helden in einem Kleid aus Schwanenfedern nach Walhall, und Pythagoras glaubte, die Seelen von Dichtern gingen in Schwäne über.

„Der Schwan", schreibt die russische Dichterin Anna Achmatowa, „schwebt durch die Jahrhunderte und durch das ewige Rad der Jahreszeiten." Auf ihrem herbstlichen Flug in den Süden rufen Schwäne mit dem silberfarbenen Pfeil ihrer Flugformation eine fast poetische Melancholie wach. Die Tage werden kürzer, ein weiteres Jahr neigt sich dem Ende.

Als es hell wurde, hoppelte ein Hase vorüber. „Lampe, dem Redlichen", wie Goethe ihn in seinem Tierepos nennt, folgte die Namen gebende Figur dieser Geschichte: Reineke Fuchs. Ob es derselbe war, den ich am Abend vorher mit dem Knopfbock zusammen beobachtet hatte, konnte ich nicht erkennen, zu schnell war er wieder verschwunden.

Die Zeit verging ohne weiteren Wildanblick, und ich beschloss, den Heimweg anzutreten. Als ich die Büchse schulterte, registrierte ich, dass die Stoppeln nicht kahl und eintönig waren, wie es auf den flüchtigen Blick den Anschein gehabt hatte. Sie wurden von kleinen, grünen Stauden unterbrochen, hier und dort spross ein Büschel Gras, mitunter blühte eine weiße Blume oder leuchtete eine gelbe auf dem weiten Feld. Und dicht am Boden, vor allem in den ausgefahrenen breiten Reifenspuren, die schwere Erntemaschinen als tiefe Wunden hinterlassen hatten, hatte sich Klee sowie anderes Kraut ausgesamt, bildete im Schutz der abgeschnittenen, harten Strohhalme einen dichten Teppich. Ich hatte berechtigte Hoffnungen, dass der Bock zur Äsung hier austreten würde, und nahm mir vor, am Abend wiederzukommen.

Auf meinem Rückmarsch rüttelte ein Turmfalke über mir und prüfte die Speisekarte unter sich auf dem abgeernteten Weizenschlag. Der kleine Greif hatte in einer Erle am anderen Ende des riesigen Schlages in einem verlassenen Rabenkrähenhorst genistet.

Die Hecke hinter mir, vor einigen Wochen noch dicht und voll belaubt, war in den letzten Tagen lichter, durchsichtiger geworden und offenbarte Geheimnisse des vergehenden Sommers wie ein verlassenes Grasmückennest.

Die Goldammer, die nicht weit entfernt von dem kleinen ehemaligen Kunstwerk sang, blieb allerdings meinen Augen verborgen, eine andere blinkte von einem Leitungsdraht herunter. Am Himmel hatten sich beeindruckende, wunderschöne Wolkenformationen gebildet: hoch und tief, dick und dünn, hell und dunkel, zart und gewaltig nebeneinander.

Am späten Nachmittag pirschte ich aufs Neue zum Knick am Grenzbusch.

Ein Jungfuchs schnürte mir entgegen. Arglos kam er näher, bemerkte mich erst, als er wenige Schritte entfernt war, verhielt, äugte mich, wie es den Anschein hatte, ungläubig an und schlug sich seitwärts in die Büsche.

Ich machte es mir im Gras bequem, bestaunte allerlei Krabbeltiere zwischen den Halmen, freute mich über die Vielseitigkeit des Lebens auf dem Erdboden und bemerkte deshalb den „Fuchsbock" erst, als er sechzig Gänge auf das Feld hinausgezogen war. Im Feuer brach er zusammen.

Nachdem ich mir meine Pfeife angezündet hatte, sinnend dem aufsteigenden Qualm nachträumte, den Abend genoss, erschien Jungreineke wieder und umkreiste im großen Bogen misstrauisch den auf den Stoppeln liegenden Bock. Es wäre ein Leichtes gewesen, ihn zu erlegen. Stattdessen erinnerte ich mich an eine andere Begegnung mit Jungfüchsen:

Nach dem Frühansitz strebte ich auf einem breiten Sandweg an einer Kiefernkultur entlang nach Hause. Es war kühl, doch die Sonne schickte erste wärmende Strahlen vom Himmel. Daher setze ich mich am Rand der Dickung in das wintertrockene Gras am Wegrain.

Vorher war ich über eine am Vortag gemähte Wiese geschlendert. Früher saßen gleich nach der Mahd Füchse, Greif-, Raben- und andere Vögel auf solchen Flächen und fanden einen reich gedeckten Tisch vor: ausgemähte Mäusenester, tote Insekten, Larven, Würmer oder vom Kreiselmäher verstümmelte Heuschrecken. Bei meinem Gang über die braunen Grasstoppeln hatte ich das Gefühl, über eine langweilige tote Fläche zu wandern. Kein Krabbeln oder Davonhuschen, kein Mäusegang oder frischer Maulwurfshügel. „Wovon soll sich ein Fuchs hier ernähren, satt werden und seine Welpen großziehen?", überlegte ich.

Vor einigen Jahren war diese Wiese noch übersät mit bunten Blumen. Saftige Kräuter boten unterschiedlichsten Wildtieren reichlich Äsung und waren eine natürliche Apotheke für alles, was da kreucht und fleucht. Vergangenheit! Einfarbig grün waren die großen Flächen vor der Mahd. Keine unterschiedlichen Farbtöne deuteten auf verschiedene Grassorten hin.

Vor vielen Sommern glich diese Landschaft einem blühenden Garten Eden für das Wild, aber Blumenwiesen und damit die natürliche Blütenflora sind weitgehend verschwunden. Leidtragende sind vor allem Bienen, Hummeln, Schmetterlinge und das Rehwild. Wenn die Insekten emsig von Blüte zu Blüte schwirren und Nektar einsammeln, verfängt sich in ihren behaarten Beinen ein spezieller Hefepilz, der sich ebenfalls im Pansen der Wiederkäuer wie dem Rehwild findet und maßgeblich daran beteiligt ist, dass aus nicht eiweißhaltigen Stickstoffverbindungen der Äsung Eiweiß gebildet wird. Diese Kreuzhefe befindet sich in den Blüten von Hahnenfußgewächsen, Schmetterlingsblütlern, Luzernen, Klee, Wicke, Gänseblümchen. Werden die Blütenkräuter vom Rehwild aufgenommen, wird zellulosehaltige Äsung leichter verdaut. Erfahrene Bauern bestätigen, dass das Heu des nach der Blüte gemähten Grases für Vieh besonders bekömmlich ist.

Vogelgezeter hatte mich aus meinen Gedanken gerissen. Ich hatte das warnende Rufen der Amsel kaum wahrgenommen, da setzte sich der schwarze Vogel aufgeregt schimpfend auf den Weg und strich dann in den Wald zurück. Kaum war er verschwunden, erschienen auf gute Schrotschussentfernung, balgend und spielend drei muntere Jungfüchse. Der Anblick währte nicht lange, nach wenigen Minuten verschwand die übermütige Gesellschaft in der Dickung.

Flink fand ich hinter einer brusthohen Kiefer notdürftige Deckung, prüfte den Wind, der von den roten Schelmen auf mich zustand, und begann zu mäuseln. Wenige Sekunden später „rollte" einer der Jungfüchse wie ein Wollknäuel fast vor meine Füße, bewindete meine Stiefelspitze und äugte interessiert an mir hoch. Ich bildete mir ein, der anfangs naive Gesichtsausdruck des putzigen Kerlchens bekam einen ängstlichen, unsicheren Ausdruck.

Da erschienen die beiden anderen Welpen, saßen bewegungslos auf ihren Keulen und beäugten mich ebenfalls aus einigen Metern Entfernung, aber vorsichtiger als ihr Wurfgenosse.

Das Misstrauen des zuerst Erschienenen hatte inzwischen nachgelassen, seine Neugierde gewann die Oberhand, doch plötzlich raste er in panischem Schrecken davon und überrannte seine Spielgefährten, sodass ein undurchschaubares Knäuel auf dem Weg entstand. Dann stürmten alle drei fort.

Bevor die verwirrte Gesellschaft vom Weg abbog und in der Schonung verschwand, warf ich den aufgeregten Rotröcken meinen Hut hinterher. Die Wirkung war verblüffend: Während sich der fast Getroffene vor Schreck überkugelte, hielt ein anderer inne, schnappte blitzschnell das „unbekannte Flugobjekt" und beutelte

meinen alten Filz mit solcher Inbrunst, als wolle er ihn abtun. Augenblicke später realisierte „Jungreineke" aber seinen Irrtum, ließ die penetrant nach Mensch stinkende Beute fallen, folgte so schnell ihn seine kurzen Läufe trugen den beiden Geschwistern und verschwand ebenfalls im Schutz der Dickung.

Es lag bereits ein Hauch von Wehmut über dem abgeernteten Land.

Wenn die letzten wärmenden Strahlen der tief stehenden Frühherbstsonne die Stoppelfelder goldgelb färben, das rastlose, hektische Treiben auf den Äckern vorüber ist, kaum noch eine Spur lauter Geschäftigkeit der Bauern, ratternden Traktoren und Staub aufwirbelnden Mähdrescher stört, das Land langsam zur Ruhe kommt, dann geht von Feld und Flur ein eigenartiger Zauber aus. Ein Hauch von Wehmut, von Abschiednehmen, liegt über der Herbstlandschaft.

Nicht mehr lange dauert es dann, bis die Brunft des Rotwildes beginnt, ich die Felder vernachlässige und im Walde jage. Dann kommt auch die Zeit, in der die Bälge reif sind, es lohnenswert ist und Freude macht, Füchse zu überlisten, während die reizvolle Jagd auf rote Rehböcke ruht.

DOPPELGÄNGER IM REVIER:

Und ewig grüßt das Murmeltier

Als ich die letzten Male zur Wurfkanzel pirschte, war es sehr heiß gewesen, die Wälder waren zundertrocken, in den Medien wurde vor akuter Waldbrandgefahr gewarnt. Sogar den Mücken war es zu schwül, die wenigen Stiche juckten aber erbärmlich. Seitdem waren drei Monate vergangen, die Brunft des Rotwildes war mittlerweile vorüber.

Nun hatte es mich wieder zu dem Sitz gezogen. Als ich mich der hohen Kanzel näherte, schmatzte der durchnässte sumpfige Boden bei jedem Schritt unter meinen Gummistiefeln. Nach wochenlangem intensivem Regen hatte sich der Weg zur Wurfkanzel in eine einzige große Wasserpfütze verwandelt.

Gesa, die vier, fünf Meter vor mir hertrottete, verhoffte abrupt, und im selben Augenblick erkannte ich über hundert Meter vor uns die auf und ab wippenden Spiegel dreier flüchtender Rehe.

Vor drei Monaten war auf meinem Anmarsch zur Wurfkanzel ebenfalls ein Reh abgesprungen. Ich hätte es in dem hohen grünen Gestrüpp gar nicht bemerkt, wenn es nicht geschreckt hätte, fiel mir ein, als ich weiter schlich.

Nach einer knappen Stunde Wartezeit hatte mich damals eine Bewegung am Waldrand, dort wohin das Stück abgesprungen war, nach der Büchse greifen lassen. Dann erschien ein Bock auf der Blöße, verhoffte hinter einem Erlenbusch und zog schließlich weiter auf mich zu. Als er frei und breit stand, brach der Schuss den Frieden des Abends. Nach einer Zigarettenlänge war ich mit Gesa zum vermeintlichen Anschuss gegangen, hatte den hüfthohen Bewuchs auf der Blöße unterschätzt und hätte den Abschussbock ohne Hilfe meiner Hündin in dem dichten Gestrüpp kaum gefunden. Erst zehn Minuten später kniete ich dann vor dem Gestreckten, den ich noch nie gesehen hatte, und mich ergriff über die Arbeit meiner Hündin, den guten Schuss und das ungewöhnliche Gehörn, immerhin maßen die kümmerlichen Stangen 23 Zentimeter, eine Zufriedenheit, wie sie nur in Gottes freier Natur entstehen kann. Der Waldboden roch nicht, er duftete eigenartig würzig und angenehm herb. In vollen Zügen saugte ich ihn damals in mich hinein, den Atem des Waldes, in dem ich meine Jugend verbracht habe, der mich zum Naturfreund und Jäger gemacht hat. Bis die Dunkelheit alle Geheimnisse um uns herum verborgen hatte, saßen Gesa und ich damals dankbar neben unserer Beute. Die dunklen Kiefern raunten mir längst vergessene Begegnungen und Erlebnisse zu, wir träumten in den anbrechenden Abend und wünschten, die Zeit möge stehen bleiben.

Nun hatte ich es mir wieder auf der Wurfkanzel bequem gemacht. Der Herbst hatte dem Land schon einen leichten Stempel aufgedrückt. Die leuchtenden, kraftstrotzenden Sommerfarben der Blätter und Gräser waren glanzlosen, trüben Farbtönen gewichen, die Stimmen der rivalisierenden Buchfinken und Grasmücken verstummt. Ab und an meldete sich ein Kleiber, warnte ein Häher oder rief ein Specht. Die Bäume hatten ihr Laub großenteils verloren. Dadurch hörte man ganz leise Fahrzeuggeräusche von der drei Kilometer entfernten Landstraße.

Ich platzierte Glas und Büchse griffbereit und lehnte mich zurück.

Jagen ist auch Erinnern an vergangene Zeiten, Erlebnisse, Strecken und Stimmungen, vor allem, wenn man älter wird, bedeutet es Rückbesinnung, Blick zurück, und ich dachte mit Dankbarkeit an die vergangene Blattzeit.

Kaum merkte ich, wie der Tag allmählich zur Nacht wurde, es würde nicht mehr lange dauern, bis man mehr hören als sehen würde.

Da riss mich eine Bewegung aus meinen Gedanken. Bei allem Grübeln und Träumen hätte ich beinahe das Reh übersehen. Unbeweglich verhoffte es fast an derselben Stelle, an der ich im Sommer den Bock beschoss. Ein kurzer Blick durchs Glas: Vor mir stand ein Bock, eher kümmerlich als stark und vorher von mir nie gesehen. Vier Jahre mochte er alt sein, vielleicht auch nur drei, wer vermag das so genau zu sagen, es war schließlich auch nicht ausschlaggebend.

In Erinnerung an die Suche im Sommer prägte ich mir diesmal anhand einer hohen vertrockneten Staude den Standort des Bockes noch genauer ein, bevor ich schoss, aber der dichte grüne Bewuchs war längst ein Opfer des Herbstes geworden, nach dem Schuss sah ich von meiner hohen Warte aus den Verendeten dort liegen, wo er die tödliche Kugel erhalten hatte.

Es war kurz vor sieben und empfindlich kühl, als ich nach knapp drei Stunden meinen Ansitz beendete und von der Kanzel stieg, um in der anbrechenden Nacht meinen Bock zu versorgen.

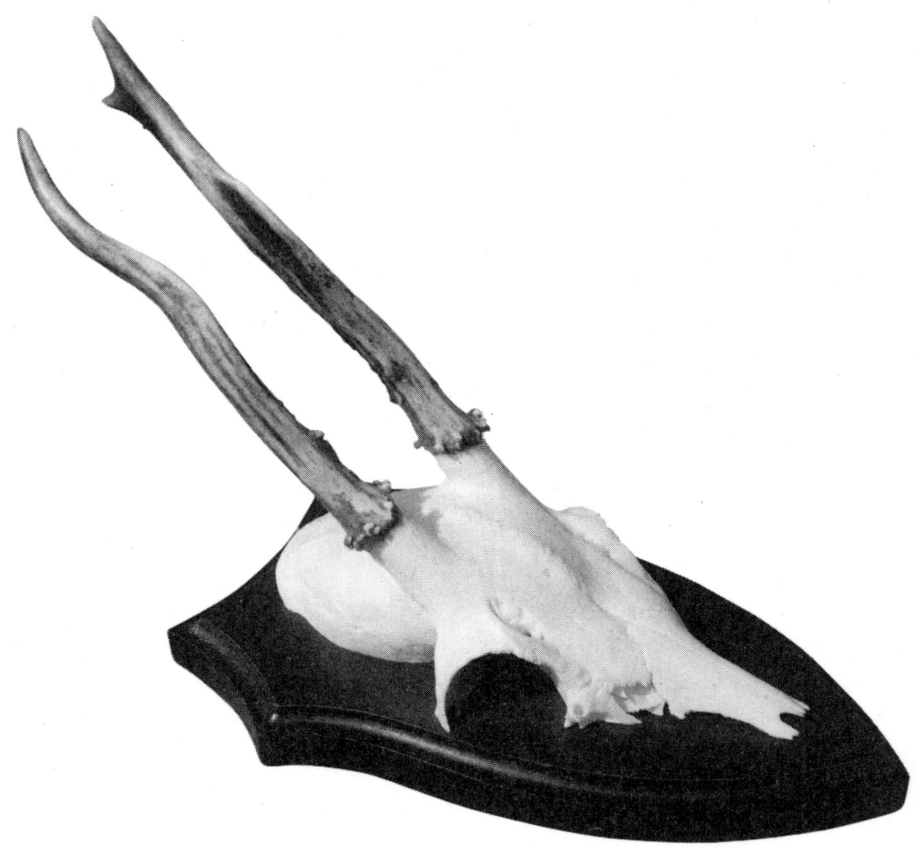

Ein Vierteljahr vorher war ich zu eben dieser Stunde erst die Leiter der Wurfkanzel hinaufgestiegen, um meinen dreistündigen Ansitz zu beginnen.

Als ich das Gehörn in den Händen hielt, meine Handfläche die dünnen, fast kümmerlichen, kaum geperlten Stangen streichelten, bemerkte ich die verblüffende Ähnlichkeit mit der Krone des Bockes, den ich vor drei Monaten an fast genau derselben Stelle geschossen hatte.

Beide Rehböcke hatte ich vorher nie gesehen. Es waren keine „Gagernböcke“, die kümmerlichen Heidestandorte bringen kaum stärkere Gehörne hervor, ihr Altersunterschied mochte ein Jahr betragen, aber sie sahen sich zum Verwechseln ähnlich, so wie sich auch die Erlegungsgeschichten trotz verschiedener Jahreszeiten ähnelten: Ich schoss im Sommer bei glühender Hitze einen kümmerlichen Abschussbock und erlegte im Herbst desselben Jahres bei empfindlicher Kühle von derselben Kanzel zwanzig Schritte vom ersten Erlegungsort entfernt seinen „Doppelgänger“.

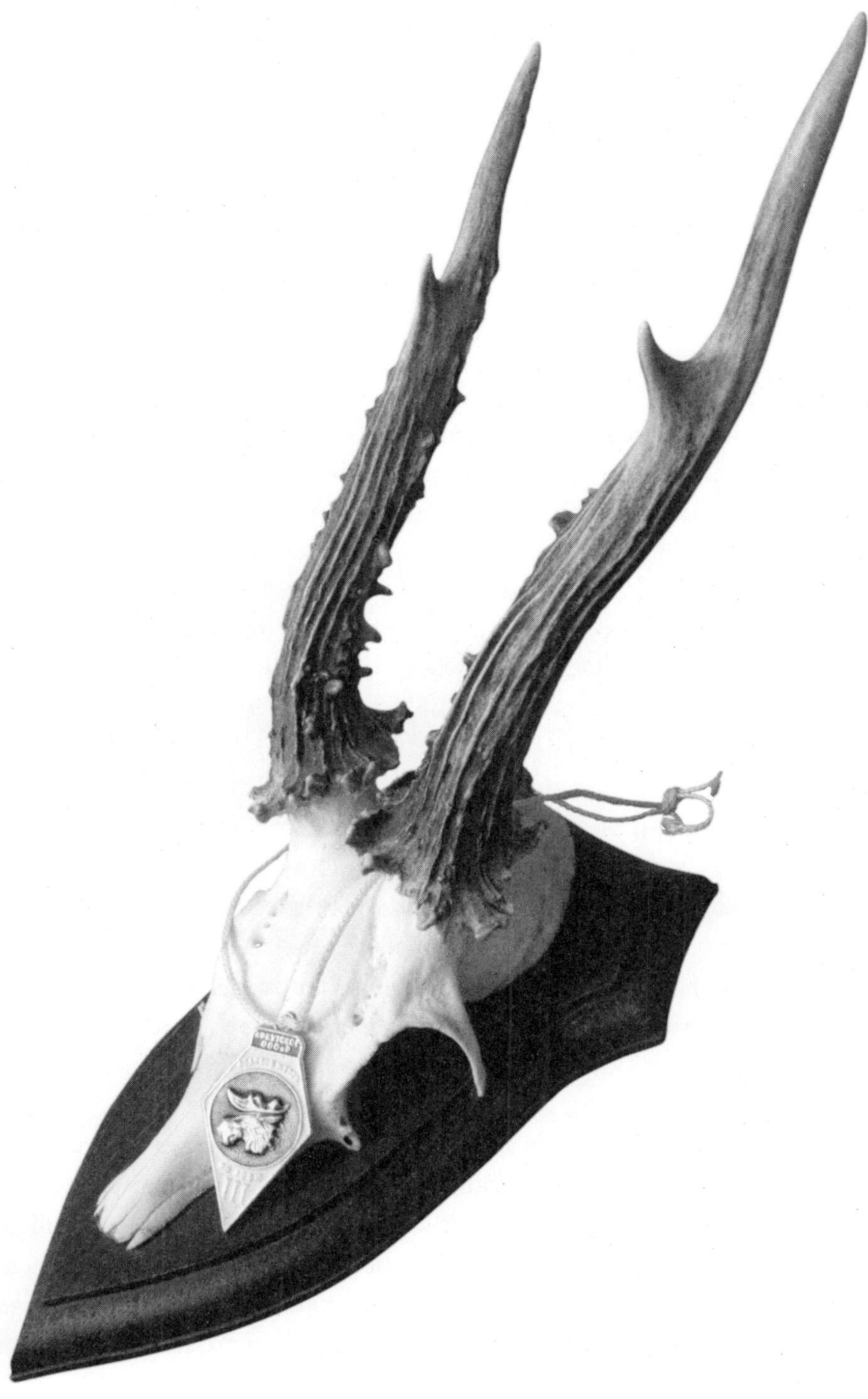

HERBST AM FISCHWASSER:

Barsch und Aal und dann ein Bock

Es war kalt und nebelig, hatte die Nacht hindurch ohne Pause wie aus Kübeln gegossen. Nach wochenlanger Trockenheit war in wenigen Stunden mehr Wasser den Bach hinuntergerauscht als in den letzten Monaten zusammen.

Die Blicke meiner Frau waren bezeichnend. „Bei diesem Sauwetter willst du doch nicht etwa ...!“ Ich wollte, für Angler und Jäger gibt es kein schlechtes Wetter.

Es regnete noch leicht, als ich den Teich erreichte. Die Büchse ließ ich im Auto. Tessa, meine kleine Münsterländerin registrierte das sehr wohl, vielleicht war es aber auch die nasskalte Witterung, die sie nur kurz den Wagen verlassen, nässen und flink zurück auf ihren trockenen Platz springen ließ.

Rasch war mein Angelgeschirr zum Ufer getragen. Als ich einen dicken Tauwurm auf den Haken spießte, lief das Regenwasser von meinem breitkrempigen Hut in einer kleinen Sturzflut herunter, und dann dümpelte die Pose ruhig auf dem Wasser. Dicke Karpfen wollte ich fangen. Wohlgefällig ruhten meine Blicke auf dem roten Kork.

Bevor die nächste Angel einsatzbereit war, zuckte die ausgelegte Rutenspitze, und der Schwimmer verschwand kurz von der Wasseroberfläche. Beim Anschlag spürte ich kaum Widerstand. Ein knapp handtellergroßer Barsch war es, der meinen Puls hat höherschlagen lassen. Ich zog den stachligen Gesellen an Land, und abermals flog der beköderte Haken in hohem Bogen ins Wasser.

Die nächste Angel wurde montiert, und als ich in der durchlöcherten Köderschachtel nach einem geeigneten Wurm suchte, tauchte die Pose der ersten Rute wieder unter. Rasch erfolgte der Anschlag, und ebenso rasch war mir klar, dass es wieder kein schwerer Karpfen war, der den Tauwurm genommen hatte. Wenige Umdrehungen der Rolle offenbarten einen weiteren kleinen Barsch, der auf den Köder hereingefallen war.

Und noch einen Fisch landete ich, eine Rotfeder, bevor ich alle drei Angeln bestückt hatte und voller Spannung erwartete, was der nächste Fang bringen würde.

Der Regen hatte nachgelassen. Es nieselte, im Westen wurde der Himmel heller. Das Licht zauberte aus den an Halmen und Zweigen hängenden Regentropfen Myriaden von Smaragden und Diamanten. Ein kurzer Windhauch brachte Bewegung in dieses tausendfache Glitzern, ließ die feuchten Blätter der hohen Birke am Teichrand wie unzählige kleine Silberperlen leuchten. Ich hatte Muße, all dies und die herrlichen Spiegelungen auf dem Wasser zu bewundern. Immer wieder fiel ein Regentropfen vom verhangenen Himmel, fasziniert beobachtete ich sich wieder und wieder bildende Ringe auf der Wasseroberfläche, ein wunderschönes Bild.

Nicht lange blieb Zeit zum Träumen und Verweilen. Wieder zog ein Schwimmer von dannen, und wieder wusste ich nach dem Anschlag, es war nicht der erhoffte starke Fisch. Zwei kleine Fluchten, und ein Aland gehörte mir.

Für einige Momente lag die Wasserfläche ruhig vor mir. Ab und zu schüttelte der Wind Regentropfen von den Blättern der Birke und brachte Unruhe. Obwohl es nicht aufklarte, blieb der Regen aus. Die Luft war stickig.

Immer mehr Vögel begannen, in das zögernde Konzert einzustimmen, und die Ablenkung war groß. Eine Goldammer sang im Brombeergestrüpp, und zwei Amseln zugleich grenzten lautstark ihre Reviere ab.

Meinen Gedanken nachhängend wanderten meine Blicke immer wieder zu den drei Schwimmern. Fischen kann ebenso spannend wie Jagen sein. Da! Einer der roten Korken wackelte verdächtig, ich nahm die Rute in die Hand, Schnur lief von der Rolle. Anschlag – ich begann die Kurbel zu drehen. Nicht stark, doch stetig zog ein Fisch Richtung Teichmitte, war bald müde und ließ sich in den Kescher führen. Der bisher stärkste Barsch meines Lebens. Rasch war er abgeschlagen, und ich starrte erneut auf meine drei Posen.

Wie aufregend ist doch so ein Fischwasser, wie ein Jagdrevier dem Jäger beschert es dem Angler immer wieder Neues und Unerwartetes. Wie viele Geheimnisse mag es noch für uns bergen und wie viele Überraschungen bereithalten?

Da erfolgte ein gewaltiger Biss. In Sekundenschnelle hatte ich die Rute ergriffen, die sich nach dem Anhieb wie ein Flitzebogen bog, so stark, dass ich befürchtete, sie würde brechen. Endlich konnte ich die Bremse lockern und Schnur geben. Zweimal holte ich Leine auf die Rolle zurück und zweimal straffte sich die Sehne fast zum Zerspringen. Ich musste ziemliche Kraft aufbieten, um den kämpfenden Fisch zu halten. Das Knarren der Rolle wechselte mit hastigem Aufspulen, doch plötzlich, mit hellem Pfiff, mit lautem Hui flog der Haken ohne Köder aus dem Wasser an mir vorbei und landete hinter mir im nassen Gras. Aus – Ende …! Ein Karpfen, der sicher über zehn Pfund auf die Waage gebracht hätte.

Dunstschwaden zogen über den Teich, und eine Schnepfe strich vorüber: „Kworr, kworr", klang es. Meine Augen verfolgten den geheimnisumwitterten Vogel, bis ihn das Grau des regnerischen Himmels verschluckt hatte. Da, ein erneuter Biss! Schnell gab ich Schnur, hielt dennoch Fühlung zum Fisch, spulte auf und musste wieder nachgeben. Kraftvoll zog mein unsichtbarer Gegner Meter um Meter von der Rolle. Mit Daumen und Zeigefinger versuchte ich, ihm die Flucht zu erschweren. Ohne Erfolg. Welches Wild mochte diesmal auf den dicken Wurm hereingefallen sein? Ein guter Aal war es, den ich landen konnte.

Zufrieden schaute ich dem Rauch der „Beruhigungszigarette" nach, der in dicken Schwaden allerlei Mücken vertreibend davonzog.

Noch einmal verschwand ein Floß. In Erwartung eines schweren Fisches und kraftvollen Drills sprang ich auf, setzte den Anschlag, spürte aber nur geringen Widerstand. Ein kleiner Kaulbarsch landete neben mir im Gras.

Während meine Blicke verträumt am gegenüberliegenden Ufer entlangwanderten, schwankten dort Zweige hin und her. Langsam schob sich ein roter Fleck aus dem Gestrüpp. Ein Rehbock. Offenbar führte er hier bis jetzt ein beschauliches, ungestörtes Dasein, ich hatte ihn nie vorher gesehen. Auf ungefähr hundert Gänge sicherte er und spielte nervös mit den Lauschern, zwischen denen eng stehende dünne Stangen blitzten.

Auf dem Bauch kroch ich zum Auto, um die Büchse zu holen. Vorsichtig öffnete ich die Wagentür, und glücklich sprang mir Tessa entgegen. Sie führte einen wahren Freudentanz auf, quietschte und jaulte in allen Tonarten, als ich zum Gewehr griff. Mehrfach umkreiste sie mich in wilden Galoppsprüngen, und mehrmals musste ich zischen, bis sie in „Down-Lage" ging.

Das Reh konnte ich vom Auto aus nicht mehr sehen, musste die Tortur des Kriechens noch einmal auf mich nehmen und robbte durch das pitschnasse Gras zu meinem Angelplatz zurück, während mir die Hündin ohne Verständnis nachschaute.

In dem dichten Gestrüpp sah ich nur die Rückenlinie des Bockes, sodass ich mich vorsichtig aufrichten musste. Völlig frei stand ich nun, hatte die Büchse im Anschlag und den Bock zeitweise im Fadenkreuz, das um den Wildkörper tanzte. Aufregung und körperliche Anstrengung kamen zusammen, an Schießen war nicht zu denken.

Vorsichtig ging ich wieder in die Knie und griff nach der am nächsten liegenden, geschmeidigen Angelrute. Zum Anstreichen gab sie leidlich Halt.

Ich war zwar ruhig, der Bock stellte sich breit, doch kurz bevor ich den Abzug berührte, wehte mir eine Windböe ins Genick und ließ ihn aufwerfen. Im Abspringen fuhr die Kugel aus dem Lauf. Ich konnte sie nicht mehr aufhalten.

Als ich mir mit zitternden Händen eine Zigarette anzündete und mich ins nasse Gras setzte, kam Tessa angeschlichen. Ich merkte ihr an, dass sie ein furchtbar schlechtes Gewissen hatte, zeigte aber Verständnis für ihre Passion und streichelte ihr über den hübschen Kopf, als sie sich neben mich gesetzt hatte.

Nach einer guten Viertelstunde gingen wir zum Anschuss, von wo aus mich die Hündin nach zehn Metern zum verendeten Bock führte, den ich im hohen Gestrüpp erst sah, als ich fast über ihn stolperte.

Eine Trophäe war es wahrhaftig nicht, die eng zusammenstehenden dünnen Stangen, aber das pietätvolle Andenken an ein ungewöhnliches und erfolgreiches Jagderlebnis, dachte ich, als ich mich bückte und das Gehörn aus der Nähe betrachtete.

Da bemerkte ich über dem rechten Licht, unter dem Rosenstock einen dunklen Spieß, der sich als abgekämpftes Ende eines anderen Rehbockes entpuppte und tief in den Schädel des (unterlegenen?) Rivalen gedrungen war.

Später, viel später, als es dämmerte und ich die Barsche, die Rotfeder, den Aland sowie den Aal und mein Angelgeschirr im Auto verstaut hatte und den Bock zum Wagen schleifte, leuchteten die gelben Schwertlilien am Uferrand besonders hell. Eine Grasmücke dankte mit wunderschönem Gesang auf ihre Art für diesen Tag, der mich auf einen dicken Karpfen hoffen ließ, aber in unerwartet spannenden Stunden abwechslungsreichere, ungewöhnlichere Beute beschert hatte.

ZWEI SCHÜSSE:

Zwei Böcke und nur drei Stangen

Ungestört von Menschen, vorerst auch jeglichem Wild, harrte ich auf einer baufälligen Leiter in einer Kiefer und hoffte auf das Austreten eines Rehbockes, den ich mehrmals von dieser Stelle aus gesehen hatte. Vor mir erstreckte sich eine riesige, wohl zwei Kilometer im Quadrat messende tiefbraune Heidefläche, vereinzelt mit jungen Kiefern und Birken bestockt.

Zwei Kolkraben strichen mit melodischem „Klong, Klong“ träge über mich hinweg. Welch grausige Stellung nahmen diese Vögel in den Sagen der Völker Nordeuropas ein. In der germanischen Mythologie, überliefert durch die im 13. Jahrhundert, in ihren Quellen bis ins 9. Jahrhundert reichende isländische Lieder- und Geschichtssammlung „Edda“ waren sie, wie die Wölfe, noch die heiligen Tiere Wodans, zählten zu den bedeutendsten Tieren der germanischen Geisteswelt. Als das Christentum das heidnische Europa erfasste, wurden sie mit Tod und Teufel in Zusammenhang gebracht, weil sie sich auf den vielen Galgenbergen, Schlachtfeldern und Richtstätten an den menschlichen Leichen gütlich taten, wandelte sich die Verehrung der „Todesvögel“ in Abscheu, Hass und Verachtung. Den Wölfen erging es nicht anders. Und heute?

Aus der Ferne klang das Rufen eines Ringeltaubers, ab und zu warnte aus den hohen Kiefern in meinem Rücken ein Eichelhäher, sonst herrschte wohltuende Ruhe.

Ein Schmalreh trat aus den Kiefernkusseln, ließ, bis ich es angesprochen hatte, meinen Pulsschlag schneller gehen und äste einige hundert Meter entfernt von meinem Sitz in dem braunen Heidekraut.

Als der große Zeiger meiner Uhr das dritte Mal seine Runde gemacht hatte, erschienen auf gut 400 Meter eine Ricke und kurz danach ein Bock. Ganz jung war er nicht mehr, und mit dem Kitzfiep versuchte ich, beide heranzulocken. Ohne auf meine „Musik“ zu reagieren, zogen sie aber in eine Senke und waren für 20 bange Minuten verschwunden, bis sie wieder auftauchten – noch weiter entfernt als zuvor.

Links von den beiden erstreckte sich ein schmaler Waldstreifen. Den Namen „Wäldchen" verdiente er kaum, denn er maß lediglich 40, höchstens 50 Meter im Quadrat, war so groß wie ein durchschnittliches Wohnzimmer, doch gab er mir Deckung genug, um mich geduckt im Laufschritt den beiden Rehen ungesehen zu nähern.

Die Sonne stand bereits tief, mein langer Schatten auf dem hellen Gras zeigte genau dorthin, woher der Wind wehte – nach Osten. Als ich den Waldstreifen endlich erreicht hatte, trennten mich vom vermutlichen Standort der Rehe knapp 200 Meter, von völliger Dunkelheit höchstens noch 20 Minuten. Da erschien rechts, kaum 100 Gänge entfernt, ein anderes Reh. Der Figur nach ein Bock. Sicher war es trotz des hellen Grases als Hintergrund nicht mehr anzusprechen.

Nach angestrengtem Spekulieren glaubte ich zwei knapp kleinfingerlange Spieße zwischen den Lauschern entdeckt zu haben, ließ mich aber nicht lange von dem „Jüngling" ablenken, sondern kroch auf den älteren Sechser zu, den ich nach längerem Spekulieren ausmachen konnte. Bienen summten hin und her, und ich musste vorsichtig sein, wohin ich im Heidekraut meine Handflächen setzte, um nicht gestochen zu werden.

Behutsam zog ich den Pürschstock hinter mir her und erreichte endlich eine hüfthohe Kiefer, hinter der ich mich unbemerkt von den Rehen aufrichtete. Der Bock hatte sich niedergetan. Ich beobachtete ihn durch das Zielfernrohr. Er bot im vierfachen Glas ein recht kleines Ziel, und meine Augen begannen zu tränen. Das Licht schwand. Da, ruckartig erhob er sich, und schon verließ die Kugel den Lauf. Vom Mündungsfeuer geblendet, nahm ich kein Zeichnen wahr. Der Bock preschte davon, kippte plötzlich nach hinten, lag auf dem Rücken, und ich sah nur vier steif nach oben gereckte Läufe. Die Ricke zog im Stechschritt auf den Bock zu, bewindete ihn und zog weiter. Ich beobachtete das seltsame Verhalten verunsichert durchs Zielfernrohr, Minutenbruchteile wurden zu Ewigkeiten. Meine Bedenken, das schlechte Gewissen über den weiten Schuss, wurden aber von Zuversicht besiegt, als die Läufe zu Boden sanken. Als ich an den Bock herantrat, es war inzwischen stockfinster, war er verendet.

Fast drei Monate waren seitdem vergangen, die erste Oktoberwoche schon ins Land gezogen, als der befreundete Forstmeister durchrief. „Gern kannst du noch einen Jährling schießen." Augenblicklich fiel mir der junge Spießer von der großen Fläche ein. Gewiss würde es nicht schwierig sein, ihn zu erlegen – und die Zeit bis zum 15.Oktober war nicht mehr lang. Ich plante in Gedanken, wie ich die Jagd angehen wollte, aber zwei Tage musste ich mich in Geduld üben, da sich eine dringende Reise nicht verschieben ließ.

Endlich saß ich wieder auf der alten, wackeligen Leiter, die mit groben Rundhölzern in die Kiefer gebaut worden war. Obwohl die Eicheln massenweise von den Bäumen prasselten und das meiste Wild im Hochwald stand, hatte es mich zu der erinnerungsträchtigen Fläche gezogen. Ich hatte weite Aussicht und auch genügend Deckung, aber der Wind ließ die Ansitzeinrichtung hin und her schwanken. Heinz Geilfus hätte in dieser Leiter ein lohnendes Objekt für seinen Zeichenstift gefunden.

Der Sommer war vorüber, Herbststürme und Nachtfröste hatten das Bild der Heidelandschaft verwandelt. Es kamen schon Gedanken an den Winter auf. Einige Heidesträucher blühten noch, doch die Farben leuchteten nicht mehr so schön, intensiv und weit wie vor zwei Monaten, als ich hier gesessen hatte. Die Birkenbüsche, fast kahl und durchsichtig, trugen noch vereinzelt braune Blätter, gaben nicht nur dem Wild, auch mir kaum noch Deckung. Die Kiefern wirkten dunkel, fast schwarz.

Es war diesig und kalt an diesem Morgen. Schon oft hatte ich die weite Fläche vor mir abgeleuchtet, außer einem Schmalreh aber kein Wild entdeckt. Zähflüssig verrann die Zeit.

Meine Gedanken gingen auf die Reise und zu dem Abend, an dem ich vor zwei Monaten den älteren Sechser, dort, weit draußen angepürscht hatte. Da schob sich ein braunroter Wildkörper hinter dem Kiefernstreifen hervor, verschwand aber sofort wieder hinter einem anderen Busch. Eine Viertelstunde, vielleicht auch länger, ließ ich die Stelle und nähere Umgebung nicht aus den Augen, bis mir vom Starren durch das Fernglas die Tränen kamen. Ich baumte ab und pürschte, nachdem der Wind geprüft war, in der Hoffnung, dass es „mein“ Bock war, im Bogen nach links, um wie vor zwei Monaten den Kiefernstreifen zwischen mich und das Wild zu bringen. Dann konnte ich wieder im Laufschritt geduckt direkt auf das Reh zuhalten. Doch der Wind küselte. Alle Augenblicke feuchtete, wärmte ich meinen Zeigefinger im Mund an, und jedes Mal spürte ich die Kälte, nachdem ich ihn wieder in die Höhe hielt, aus einer anderen Richtung.

Das Schmalreh schien sich um meine Anwesenheit nicht zu kümmern. Es ließ mich auf 50 Gänge passieren, ohne aufzuwerfen.

Als ich den Kiefernstreifen erreichte, war der Bock verschwunden. Noch lange warte ich im Heidekraut, aber nichts rührte sich um mich herum, und am späten Vormittag verließ ich entmutigt das Revier.

Am Abend harrte ich erneut auf der Leiter. Das Schmalreh war schon ausgetreten. Als die Dämmerung hereinbrach, entdeckte ich am Ende der Fläche ein weiteres Reh. Durch das Spektiv ahnte ich mehr, als dass ich es bestätigte: Es war der junge Spießer. Dann war es Nacht, und am nächsten Morgen konnte ich nicht ins Revier gehen.

Aber dann saß ich eine Stunde vor Sonnenuntergang wieder auf der Leiter. Ein Turmfalke rüttelte über der großen Fläche. Bestimmt hatten sich bei der Trockenheit der letzten Wochen, ja Monate, Mäuse so stark vermehrt, dass der kleine Greif einen genauso reich gedeckten Tisch fand wie die beiden Fischreiher, die stocksteif in dem dürren Heidekraut standen. Ihnen war es am nahen Kanal durch Wochenendbesucher zu unruhig geworden. Nicht nur der Name, früher Fisch-, heute Graureiher, auch das Verhalten dieser Vögel hatte sich der Zeit angepasst, Mäuse in der Heide statt Fische am Wasser.

Mitten auf der Fläche erschien das mir schon vertraute Schmalreh und anschließend der junge Bock. Beide hatten den Tag im Heidekraut verdöst.

Im Schutz des kleinen Kiefernwäldchens eilte ich geduckt auf die Stelle zu. Es dämmerte, aber gegen das helle Gras im Hintergrund müsste man noch schießen können. Im Zeitlupentempo erhob ich mich und lugte vorsichtig um die Ecke. Der Bock zog gerade auf knapp 70 Gänge von einer hellen Grasfläche auf eine Stelle, die mit dunklem Moos bewachsen war. Am Pürschstock angestrichen zielte und zirkelte ich, doch der Schuss wäre zu unsicher. Durch das Zielfernrohr erkannte ich den Wildkörper nur schemenhaft, mir blieb nichts übrig, als entmutigt, doch voller Hoffnung auf eine neue Chance zurückzuschleichen. Unter dem spärlichen Licht des zunehmenden Mondes stolperte ich heimwärts.

Wahrscheinlich hatte der Bock die Störung, und dass ihm jemand so dicht auf die Decke gerutscht war, übel genommen, denn am folgenden Tag sah ich ihn nicht. Erst zwei Tage später gab es ein Wiedersehen, und das Spielchen der Vortage wiederholte sich. Der Bock wechselte 400 Meter entfernt, dieses Mal aus einer anderen Richtung, vor mir durch die Heide. Deutlich erkannte ich im Fernglas die beiden Spieße, eilte im Laufschritt hinter dem kleinen Kiefernwäldchen auf ihn zu und bemühte mich, in Deckung einzelner Kiefern und Birken heranzukriechen. Aber er zog von mir fort, ich konnte ihn nicht einholen, schließlich verschwand er im angrenzenden Kiefernaltholz.

Auch unser nächstes Zusammentreffen wurde ein Wettlauf mit der Zeit bzw. dem Büchsenlicht. Diesmal erblickte ich ihn an einer anderen Stelle als erwartet. Wiederum gaben mir einige Birken willkommene Deckung, und anfangs aufrecht und im Laufschritt, dann langsam, tief gebückt kam ich näher. Im Birkengestrüpp fand ich notdürftig Auflage, als der Bock misstrauisch wurde, immer wieder aufwarf und zu mir her sicherte. Auf 120 Meter bot er ein recht kleines Ziel im vierfachen Glas. Außerdem schlug mein Herz durch die Anstrengung des vorangegangenen Laufes und vor Jagdfieber. Zitternde Hände und eine schwankende Auflage sind keine glücklichen Voraussetzungen für einen Schuss, zudem mir die Zeit im Nacken saß, lediglich wenige Minuten, bis das Büchsenlicht vorbei war, und nur noch ein Tag bis zum Ende der Bockjagd.

Als sich meine Nerven endlich beruhigt hatten, schoss ich. Der Bock reagierte überhaupt nicht, ich umso schneller, repetierte, weithin vernehmbar, schoss erneut, und schon war der Spießer in dem Kiefernstreifen, der mir so oft als Deckung gedient hatte, verschwunden.

Nun nahm ich mir Zeit. Nach einer Zigarettenpause begab ich mich verunsichert zum Anschuss, brauchte nur kurz zu suchen und fand, kontrastreich auf grünem Gras, hellroten, blasigen Lungenschweiß. Nachdenklich zündete ich mir noch eine Zigarette an. Dieser schwache Jährling hatte mich besonders gefordert, viele Male überlistet, es waren spannende Stunden, die er mir beschert hatte.

Dankbar folgte ich der gut sichtbaren Schweißspur, die in dem kleinen Kiefernstreifen endete. Als ich vor dem erlegten Bock stand, bemerkte ich, dass er auf der letzten Flucht seine rechte Stange verloren hatte: Eine helle, schweißige, kreisrunde Stelle auf dem Rosenstock leuchtete mir entgegen. Trotz intensiven Suchens mit und ohne Hund habe ich die linke Stange nie gefunden.

Auch wenn das Denken in „Trophäen“ in vielen Jägern steckt, für mich war auch dieser Bock etwas Besonderes. Diezel widmet in seiner „Niederjagd“ ebenso wie Raesfeld in „Das Rehwild“ der Jagd auf den Bock weitaus mehr Raum als der Jagd auf Ricken, obwohl viele Wissenschaftler etwas anderes lehren. Ich habe bisher über 400 Rehböcke erlegt, wie viele Ricken es waren, ich vermag es nicht zu sagen, die doppelte Anzahl? Von vielen sehe ich die Jagd vor mir, als sei es gestern gewesen, so spannend war es. Trotzdem der schwache Bock – ein Hegeabschuss? Was ist Hege? Pflege, Erhalten oder Zucht? Und was ist die so viel gepriesene „Hege mit der Büchse"? Beim Schalenwild bedeutet sie für viele „Waidmänner", durch züchterische Überlegungen zu einer Verbesserung der Geweihe, Gehörne, Schaufeln, Schnecken oder Krucken, der sekundären Geschlechtsmerkmale, zu gelangen. Man konzentriert sich auf eine gewichts-, enden-, ja punktmäßige Steigerung der sogenannten „Trophäe", denkt in Nadler- oder CIC-Punkten und internationalen Bewertungsformeln. Wer eine kapitale „Trophäe" erbeutet, gilt als großer Nimrod. Das „Wie" der Erbeutung, mitunter lediglich eine Frage des Geldbeutels, spielt dabei eine untergeordnete Rolle.

Die Medien und vor allem die Jäger selbst erweisen der Jagd, dem Waidwerk, einen denkbar schlechten Dienst, wenn sie weiter so argumentieren und an die Öffentlichkeit treten.

Jagen darf nicht zum „Trophäensammeln" degradiert werden. Jagen muss man mit dem Herzen – Jagen kann man nicht lernen, jedenfalls nicht aus Büchern. Mit offenen Augen Kleinigkeiten zu sehen und die Bereitschaft Zusammenhänge zu erkennen, lehrt kein noch so gutes Buch. Jagen muss im Blut stecken, dann ist der einzige und wertvollste Lehrmeister die Natur selbst.

Der „erarbeitete" Kümmerling wiegt für mich mehr als ein Kapitaler, dessen Abschuss lediglich gekauft wurde.

Very british: Bockjagd mit Sportgeist

VOM SEGEN DER TOLLWUT:

Rehbockjagd mit Störungen

Drei Tage lang waren wir morgens und abends bei stürmischem, diesigen Wetter und schlechter Sicht durch die englische Parklandschaft geschlichen, lediglich der Anblick zweier schwacher Böcke, die weder verfärbt noch verfegt hatten, war die spärliche Ausbeute unserer sechs Pirschgänge gewesen.

Fünf Jagdtage insgesamt waren geplant, meine Gäste hatten nicht mehr Zeit, und nach anfänglicher, gesprächiger Fröhlichkeit folgte allmählich schweigsame Verbissenheit.

Steve, unser bärtiger, passionierter Begleiter, erfahrener Berufsjäger und Angestellter der staatlichen Forstbehörde, in den ersten Tagen voll zuversichtlicher Albernheiten, bekam einen immer ernsteren Gesichtsausdruck. Auch der Elan des Professors, den ich begleitete, ließ nach. Er hatte von der „Jagd auf starke Böcke", die ich ihm bei seiner Buchung versprochen hatte, mehr erwartet.

Als Jagdreisevermittler fühlte ich mich am meisten betroffen, dachte bereits über Formulierungen nach, mit denen ich der „forestry", der staatlichen Forstbehörde, meine Meinung klar machen könnte.

In den Revieren, knapp zweihundert Kilometer vom Londoner Flughafen Heathrow entfernt, waren Störungen an der Tagesordnung. Fahrradfahrer, Spaziergänger und Hundeführer, wie sie in solcher Zahl in Deutschland nur in stadtnahen Revieren anzutreffen sind, begegneten uns fast minütlich.

Man darf in England keine Wegesperren errichten, Verbotsschilder kennt man ebenso wenig wie Leinenzwang für Hunde. Um sich darüber zu ärgern, brauchte ich meine zahlenden Gäste nicht über den Kanal zu fliegen, erlebnishungrige und naturliebende Jagdstörer hatten sie in ihren eigenen Revieren zur Genüge.

Der Tiefpunkt der Reise war erreicht, als einer der Gäste bei der Rückfahrt aus dem Wald zum Treffpunkt im Scheinwerferlicht des Geländewagens ein überfahrenes Reh am Straßenrand entdeckte. Ein hochkapitaler Sechser, dessen Gehörngewicht über 500 Gramm betrug. Das Reh war noch warm, der Unfall hatte sich wenige Minuten vor dem Eintreffen der Jäger ereignet.

Weder der gesprächige Wirt noch die hübsche neugierige Bedienung der traditionsreichen Kneipe, hinter deren Theke wir den Tag mit mehreren „pints“ englischen Bieres beschlossen, konnte unsere Stimmung aufheitern. Lang wurde der Abend nicht.

Als wir am nächsten Morgen gegen fünf Uhr aus der Hoteltür traten, war der Himmel sternenklar – das erste Mal während unseres „Urlaubs“.

Nach halbstündiger Fahrt im geländegängigen Wagen waren wir „with the crack of dawn“, wie die Engländer sagen, mit dem ersten Licht des Tages, im uns zugewiesenen Revierteil, und eine wunderschöne, stimmungsvolle Pirsch begann. Vorweg Steve, „bewaffnet“ mit seinem Zielstock, ihm folgten Rolf, der Professor, und ich bildete als stiller Beobachter das Schlusslicht des Trios.

Entferntes Motorengebrumm und Menschenlachen; die Zivilisationsgeräusche ließen keine rechte Jagdstimmung aufkommen. Unser Gang unterschied sich kaum von einer Pirsch in einem stadtnahen Revier in Deutschland.

Am Rand eines Schotterweges, der eine knapp einen Kilometer lange Blöße von einem 30-jährigen Kiefernholz trennte, wanderten wir vorsichtig der aufgehenden Sonne entgegen. Kies knirschte unter unseren Schuhsohlen, und meine Leinenstiefel waren nach wenigen Schritten vom taunassen Gras durchgeweicht.

Einzelne tiefgrüne Kiefernspitzen ragten über das braune Bentgras hinaus, und mitunter erkannte ich kürzere Reihen im vergangenen Jahr gepflanzter Bäumchen. Menschenhand hatte versucht, die Spuren des Wirbelsturmes, der vor einigen Jahren Schäden in Millionenhöhe verursacht hatte, zu verwischen. Es würde aber noch viele Jahre dauern, bis die Narben der Naturkatastrophe vollständig verheilt waren.

Menschliches Eingreifen in die Natur bringt manche Probleme, vor allem Spannungen zwischen Forstwirtschaft und Wildbewirtschaftung, die in England traditionsgemäß getrennt sind. Bis auf Ausnahmen haben weder die Jäger Verständnis für die Forstleute noch umgekehrt. Jagende Forstleute, wie sie in Deutschland an der Tagesordnung sind, findet man in Großbritannien selten – sehr zum Schaden des

Wildes. Dabei ist „Wald vor Wild“ genauso unsinnig wie „Wild vor Wald“. Ein gesunder Wildbestand lässt den Wald wachsen, übergroße Waldbestände nützen weder Forst noch Jagd, der Mittelweg ist der gesündeste.

Kaninchen huschten über den Weg und zahllose Ringeltauber begrüßten rucksend den anbrechenden Tag. Ein Kuckuck rief, und aus einem Weidengestrüpp inmitten der großen Blöße klang wunderschön die Strophe einer Gartengrasmücke. Spechte lachten und Fasanenhähne untermalten die Stimmung des jungen Tages eindrucksvoll mit heiseren, krächzenden Balzrufen und rauschenden Schwingenschlägen. Das Konzert der kleinen gefiederten Sänger nahm noch zu.

Als ich aus dem Schatten des Hochwaldes trat, blendete mich die tief stehende Sonne, aber ihre Schatten wurden schon kürzer. Alle zehn oder fünfzehn Schritte blieben wir stehen, leuchteten die weite Fläche ab, und als die Sonnenstrahlen auch den letzten Dunst der kühlen Nacht weggewischt hatten, erschien hie und da der Kopf eines Rehs über dem Bewuchs.

Zwei verfärbte Schmalrehe, ein ruppig grauer Jährling, der noch keine Anstalten machte zu verfärben, sie alle nahmen die vier Menschen auf dem Weg kaum ernst. Wenn wir stehen blieben, warfen die Rehe nicht sonderlich unruhig auf, setzten wir unseren Marsch fort, begannen sie sogleich wieder unbekümmert zu äsen.

Zu meinem Ärger erschienen in regelmäßigen Abständen Menschen, doch störten sie mich mehr, als sie das Wild störten, das unbeeindruckt von den sich unterhaltenden Zweibeinern und ihren Hunden erschien. Der Wildreichtum und die Vertrautheit der Rehe in diesem dicht besiedelten Gebiet Hampshires waren erstaunlich.

Die berauschende Frische des Morgens tief einzuatmen tat nach dem rauchigen Abend wohl. Nach einer Stunde erholsamer Pirsch entdeckte unser „stalker“ durch gerade zu grünen beginnenden Birkenanflug den Körper eines starken Rehs. Wir hatten es alle drei fast zur gleichen Zeit gesehen, und drei Gläser gingen im selben Moment behutsam in die Höhe, sechs Objektive zeigten auf das hellgrüne Gebüsch, hinter dem sich das Objekt unserer Begierde verbarg, und wurden auf eine lange, spannende Probe gestellt.

Meine Armmuskeln begannen bereits zu schmerzen, Steve hatte sein Fernglas auf dem Zielstock aufgelegt, um seine Arme zu entlasten.

Endlich zog das Stück weiter, und sofort ließen wir unserer Gläser sinken. Sie hatten genug offenbart: Ein starker Bock mit blank gefegten, hellen Enden und fast doppelt lauscherhohen, gut vereckten Sechserstangen. Einer von den Kapitalen, wie sie uns von den Engländern angekündigt worden waren, mit einer nach deutschem

Sprachgebrauch begehrenswerten Trophäe! Eine Trophäe aber wird es erst, wenn man sie erbeutet hat.

Kurz schauten wir uns an, unauffälliges Kopfnicken, dann schlichen Steve und der Professor geduckt vorwärts, erreichten einen der Querwege, der die Riesenblöße in kleinere Parzellen unterteilt, und versuchten sich dem Bock von dort zu nähern.

Ich blieb gespannt zurück, um nicht zu stören, und beobachtete in der Deckung einer Douglasie und eines glühenden Ginsterbusches Jäger und Gejagten durch das Fernglas.

Während sich die beiden Jäger vorsichtig entfernten, zog der Bock gemächlich parallel zum Hauptweg schräg auf uns zu. Ab und zu verlor ich ihn aus den Augen, aber immer wieder verrieten wackelnde Zweige oder sich bewegendes, hohes Gras seinen Standort, und er tauchte nach wenigen Momenten wieder in einer Kahlfläche oder hinter allerlei Gestrüpp auf.

Die beiden Jäger näherten sich ihm unbemerkt, und der Bock zog vertraut weiter auf sie zu.

Es war ungeheuer spannend zu beobachten, wie Steve im Zeitlupentempo seinen Schießstock vor sich in den Boden steckte und der Professor behutsam seine Büchse in die Gabel legte. Das Glas des Jagdführers wanderte langsam vor seine Augen, Rolfs Kopf senkte sich, und als ich sah, dass er am Gewehrkolben anlag und der Herr Professor angestrengt durch das Zielfernrohr starrte, wanderte mein Blick durch das Fernglas voller Spannung zu dem Sechser. Ich ertappte mich dabei, dass ich vor Aufregung die Luft anhielt, als sei ich es, der den Starken schießen wollte.

Eine Taube klatschte davon, den Bock ließ es unbeeindruckt.

Doch dann war er nicht mehr zu sehen. Zumindest von meinem Standpunkt aus konnte ich ihn nirgends ausmachen. So sehr ich starrte und suchte, nervös das Glas auf unterschiedliche Entfernungen justierte, um das undurchsichtige Gestrüpp mit der achtfachen Vergrößerung zu durchdringen, der Bock blieb verschwunden. Einen Schritt machte ich vorsichtig nach links, dann zwei nach rechts, um ihn doch noch aus einer anderen Sicht zu erspähen, vergeblich. So sehr ich mich reckte oder in die Knie ging, der Sechser tauchte nicht wieder auf, schien von der Erdoberfläche verschwunden zu sein. Packend reizvolle Augenblicke vergingen.

Die beiden Jäger hatten sich mehr als zweihundert Schritte von mir entfernt. Ein hoffender Blick durch das Glas zu ihnen zeigte, dass Rolf nicht mehr angebackt hatte, aufrecht stand, das Gewehr wieder über seiner Schulter hing und Steve den Schießstock unter dem Arm trug.

Missmutig wendeten sich die zwei zu mir. Unsere Ferngläser ließen die Entfernung zwischen uns auf wenige Meter zusammenschmelzen, und ich meinte, Resignation in den Gesichtern der beiden Jäger zu erkennen, registrierte enttäuschtes Schulterzucken, und dann winkte Steve gequält: „Jagd vorbei." Seinen Armbewegungen entnahm ich, dass die zwei auf einem der Querwege zurück zum Auto gehen wollten, während ich am Waldrand den direkten Weg nehmen sollte.

Niedergeschlagen, als hätte ich einen großen Fehler gemacht, stapfte ich los. Nach wenigen Schritten flüchtete eine Ricke über den Weg, kurz danach ein leuchtend rotes Schmalreh. Beide Stücke verhofften im Stangenholz und äugten vertraut zu mir her. Als ich bewegungslos verharrte, zogen sie gemächlich weiter.

Die zwei Rehe waren von den beiden Jägern hochgemacht worden. Ich schaute wiederholt zu ihnen, winkte, aber sie bemerkten es nicht. Alle paar Meter blieben sie stehen, waren dabei tief ins Gespräch vertieft.

Da erschien in hohen Fluchten ein weiteres von den Freunden beunruhigtes Reh, überfiel 20 Meter vor mir den breiten Weg und verhoffte ebenfalls im Altholz. Ein junger Bock. Vor Kurzem erst hatte er gefegt. Seine Stangen waren fast weiß, erkannte ich noch, bevor er davontrollte.

Kaum war er verschwunden, kam noch ein Reh zügig über die Blöße gezogen, äugte für Augenblicke zu mir her und wechselte, als ich langsam weiter schritt, ebenfalls gemächlich in den Wald.

Es war nicht schwierig, dieses Stück als kapitalen Bock anzusprechen. Die hohen, dunklen, weit ausgelegten Stangen waren kaum zu übersehen. Es hatte noch nicht einmal der achtfachen Optik bedurft. Mit bloßem Auge erkannte ich das massige Gehörn. Schließlich war er höchstens 25 Meter von mir entfernt, als er am Wegrand verhoffte.

Während ich weiterschlenderte, schaute ich fast verzweifelt zu den beiden Jägern, die auch das Reh nicht bemerkt hatten, stattdessen unaufmerksam mitten auf der großen Fläche standen und sich unbekümmert unterhielten.

Diesmal war ich es allein, der im Weitergehen resignierend mit den Schultern zuckte. Das Wild sprang offenbar nur ab, wenn der Mensch stehen blieb, bewegte er sich, ließen sich die Rehe von ihm nicht beeindrucken, sinnierte ich.

Eher aus Routine versuchte ich, an der Stelle, an der der Bock den Weg überfallen hatte, den dunklen Hochwald mit meinen Augen zu durchdringen. Mein Schritttempo hatte ich verlangsamt, da schimmerte es rötlich braun! Reflexmäßig wollte ich stehen bleiben, das Fernglas vor die Augen heben, stiefelte dann aber weiter.

Der Bock war nur zehn Meter in den Bestand gezogen, äste auf dem trockenen Nadelboden, warf kurz auf, als ich langsamer ging, und senkte vertraut wieder den Kopf, als ich mein Tempo beschleunigte, so, als sei ich gar nicht vorhanden.

Wahrscheinlich kannte er die Störungen auf diesem Weg, hatte durch viele Begegnungen mit Menschen erfahren, dass hier keine Gefahr von den Zweibeinern ausging.

Ich beeilte mich weiterzugehen, nahm dabei meinen Hut ab, ließ ihn auf der Mitte des Weges fallen und eilte zum Auto.

Aufgeregt winkte ich die beiden Männer heran, als sie endlich um die Ecke bogen, und konnte kaum erwarten, ihnen von meiner Begegnung zu berichten.

Dann pirschten sie los. Mein Hut auf dem Weg zeigte ihnen, wo der Bock zu erwarten war, und für mich begann noch einmal an diesem Morgen eine spannende, aufregende Zeit voller Hoffnung und voller Zweifel. Doch mehr konnte ich nicht zum Gelingen beitragen, mir blieb nur das Warten – dachte ich.

Kaum hundert Meter waren die beiden gegangen, gespannt ließ ich sie nicht aus den Augen, da kamen zwei ältere Damen mit ihren Hunden hinter mir aus dem Wald. Ihre lauten Stimmen hatten sie bereits angekündigt, als sie noch nicht zu sehen waren, und sie unterbrachen ihre muntere Unterhaltung auch kaum, als sie an mir vorbei dem Weg folgen wollten, auf dem die beiden Jäger sich befanden. Die Neugierde, was die Männer dort mitten auf dem Weg mit dem Gewehr trieben, schien ihre Schritte noch zu beschleunigen, und die Hunde waren bereits ein gutes Stück vorausgelaufen.

„Good morning“, rief ich, um die beiden mit ihren Vierbeinern aufzuhalten. Freundlich wurde mein Gruß erwidert, doch dann wollten alle vier an mir vorübereilen.

„Wenn sie laut erzählend weiterspazieren, den Bock sehen und stehen bleiben, dann gute Nacht“, dachte ich verzweifelt. Er würde abspringen, zumal die Hunde dabei waren.

„Be cautious“ (seien sie vorsichtig), rief ich ihnen nach, „because of the rabies“ (wegen der Tollwut), fügte ich noch geheimnisvoll hinzu. Das wirkte. Das Duo zeichnete sichtlich, kehrte um und kam, mich misstrauisch musternd, zurück. Die Hunde folgten.

Flüsternd erzählte ich, dass ein tollwütiges Reh hier sein Unwesen treiben würde, besonders Hunde seien vor den hinterlistigen Angriffen der bedauernswerten, kranken Kreatur nicht sicher, und es sei im Sinne ihrer vierbeinigen Lieblinge, einen anderen Weg zu wählen. In den Blicken, die die beiden Frauen austauschten, lag Angst, Panik. Entsetzt nahmen sie die Hunde an die Leine und überhäuften mich mit Fragen. Ehe ich alle beantworten konnte, sah ich, dass Rolf im Gehen sein Gewehr von der Schulter genommen hatte und in Anschlag gegangen war. In dem Moment, in dem er stehen geblieben war, fiel ein Schuss.

Die beiden netten alten Damen wendeten sich entsetzt ab und eilten den Weg, den sie gekommen waren, zurück.

Mich hielt nichts mehr, erwartungsvoll lief ich zu den beiden Jägern. Als ich sie erreichte, hob ich meinen Hut auf, den ich für sie als Markierung auf den Weg gelegt hatte, und dann gingen wir acht Schritte in den Kiefernwald.

Dort lag der verendete Bock. Ein wirklich Alter und Kapitaler, und aller Ärger über die vielen Störungen während der Jagd in den vergangenen Tagen war vergessen.

KNÜPPELDICK:

Der Gästebock aus Großbritannien

Wir schrieben den 8. Mai. In Großbritannien zelebrierte man die Wiederkehr des „VE-Day“, des Sieges über Deutschland, und es berührte mich seltsam, als ich, bewaffnet mit meinem Gewehr im Koffer, auf die Insel fuhr, um Angebote britischer Jagdvermittler zu prüfen.

Mit Partner John Ransford ging es von Birmingham nach Sommerset. John ist ein hervorragender Schütze. Im Vorjahr schoss er innerhalb von fünf Stunden an einem Rapsschlag 574 Ringeltauben. „I stopped shooting, because my dogs got tired“ (Ich habe schließlich aufgehört, weil meine Hunde müde wurden), entfuhr es meinem Begleiter, als ich ihn bewundernd anschaute.

In seinem altersschwachen Land Rover, laut John das einzige Auto der Welt, das ohne Probleme vom Großvater auf den Enkel vererbt werden kann, tuckerten wir durch die bezaubernde Parklandschaft Südenglands, ich gewann einen ersten Eindruck über das 2000 Hektar große Revier und versuchte mir die Grenzen einzuprägen. Immer wieder musste das Auto halten, Gattertore geöffnet und geschlossen werden, und ich fühlte mich in meine Jahre als Farmer in Afrika und Neuseeland zurückversetzt.

Über sanfte Hügel, wo goldener Ginster und gelber Raps den Horizont begrenzten, auf satten, grünen Weiden durch blökende Schafherden hindurch fuhren wir, bis John den Wagen so plötzlich bremste, dass ich mit dem Kopf gegen die Windschutzscheibe prallte.

Während ich aus dem Auto geträumt und mich auf die starken Ulmen, die das europaweite Baumsterben überlebt haben, konzentriert hatte, war ein Reh über den Weg geflüchtet und zwischen den violetten Blüten des dichten Rhododendronwaldes verschwunden. John hatte mit den Schultern gezuckt und wollte weiterfahren, ich glaubte aber, es könnte reizvoll sein, in dieser Wildnis zu pirschen.

So rollte das Auto erst an, als ich ausgestiegen war. Johns zweifelnder Blick sprach Bände: „These crazy Germans ...", mochte er gedacht haben.

Unter gewaltigen Eichen, an denen dicke Efeustränge emporrankten, arbeitete ich mich behutsam, immer wieder den Wind prüfend, durch die dicht beieinander stehenden Rhododendronbüsche bis an eine kniehohe Brennnesselinsel. An umgedrehten Blättern und abgeknickten Stängeln erkannte ich, dass dort vor ganz kurzer Zeit ein Tier entlanggezogen war. Gespannt folgte ich der Spur und sah nach dreißig, vierzig Metern ein Reh fortziehen, einen Bock, er hatte bereits verfärbt. Als unter meinen Schuhsohlen ein Zweig brach, äugte er zurück, und ich schaute für Augenblicke in das erschreckte Lausbubengesicht eines Jährlings, der dann in hohen Fluchten absprang.

Wieder zum Auto zurückgekehrt, pürschten wir vorbei an langen Hecken, Wiesen und Weiden über weite Hügel zu einem Maisfeld.

Der Begriff „Pürschen" mochte nicht ganz zutreffen. Es war mehr ein entspannender Spaziergang durch einen großzügig angelegten Park. Drei Hasen jagten sich auf der keimenden Saat. „Tagesstrecken von 500 Mümmelmännern mit 15 bis 20 Flinten waren keine Seltenheit in diesem mit Wild gesegneten Landstrich", so John. Fasanenhähne lockten, ein weißer Hahn fiel besonders ins Auge, und Kaninchen flitzten davon, mit auf und ab wippenden, weiß leuchtenden Blumen winkend.

Mein Wecker am nächsten Morgen waren die Balzrufe der Fasanen und ein beeindruckendes, vom Kuckuck angeführtes Vogelkonzert.

Mein Pürschgang war recht spannend – hinter jedem Hügel oder Wäldchen, am Ende jeder Hecke vermutete ich Wild. Hin und wieder machte ich eine Ricke aus, ruppig grau in der Decke, oder einen verfärbten, aber nicht verfegten Jährlingsbock. Erfolgreiches Pirschen erschien aber unmöglich, denn unzählige Ringeltauben klatschten davon und warnten anderes Wild.

Als die Sonne über dem Horizont erschien, setzte ich mich an den Waldrand, von dem aus ich ein weites Gebiet übersehen konnte.

Vier rote Schrotpatronenhülsen lagen auf dem steinharten, staubtrockenen Boden am Wegesrand. Selbst zur Brutzeit werden in Großbritannien Krähen geschossen, trotzdem hörte und sah ich massenweise Rabenkrähen, Kolkraben, Elstern und Dohlen. Letztere überwintern sogar auf der Insel.

Kalter Wind wehte – ich war lediglich 15 Kilometer vom Meer entfernt –, es war zugig, ich verharrte daher nur kurz und pürschte weiter zu einer geschützten Stelle.

Von dort hatte ich einen herrlichen Ausblick und konnte das Land noch weiter einsehen. In der Ferne lag das Schloss. Drei Alleen führten zu dem gewaltigen Gebäude aus grobem Felsgestein, und der graue Tudorbau passte sich harmonisch in die Landschaft ein.

Einzeln stehende Kastanien, mächtige Eichen, eine blühende Rotdornhecke und kleine Buschgehölze zwischen eintönigen Getreidefeldern, auf denen die Saat so hoch stand, dass sich eine Krähe kaum mehr darin verbergen konnte, breiteten sich vor mir auf den sanften Hügeln aus. Auch die Weiden und Wiesen, auf denen Schafe und schwarzbuntes Vieh friedlich grasten, eingefasst von langen Dornenhecken, vermittelten Ruhe und Frieden. Ab und zu blökte ein Lamm.

Einige 100 Meter entfernt auf einer Brachfläche äste eine hochbeschlagene Ricke. „Fallow land, almost the only advantage the common market gives to Britain" (Brachen sind wohl der einzige Vorteil, den uns die EU beschert hat), äußerte John auf der Fahrt hierher. Die Grünbrachen hatten den Rückgang der Niederwildbesätze aufgehalten.

Selbst als die Sonnenstrahlen zu wärmen begannen, traten keine Rehe aus. Was sollte das Wild auch auf den Feldern mit dem eintönigen Bewuchs? Weite Getreideflächen waren steril gespritzt, in eintönige Monokulturen verwandelt worden, auf denen sich Rehwild nicht wohlfühlt. Auf die großen Schläge – ich konnte sie mancherorts auf Kilometer einsehen – trat kein Reh, sonst hätte ich es während der Autofahrten in der Frühe oder abends auf dem Heimweg sehen müssen. Das Wild mied größere Freiflächen. An den Feldrand auf einen der abenteuerlich zusammengeschlagenen Hochsitze, die die Forderungen deutscher Berufsgenossenschaften geradezu beschämen würden, wollte ich mich deshalb nicht setzen und versuchte mein Glück am Abend in einem Wäldchen, wo mehrfach vom game keeper ein stärkerer Bock gesehen worden war. Auch Jagdgäste hatten dort gesessen oder waren daran entlanggeschlichen, hatten den Kapitalen gesehen, aber nie war er aus dem Schutz des dichten Busches getreten.

Ruprechtskraut und Lichtnelken mit ihren unterschiedlichen Lilatönen leuchteten mir entgegen, und das Rucksen der Ringeltauber begleitete mich auch diesmal auf meiner Pirsch.

Kaum war ich zehn Meter in das dichte Gestrüpp eingedrungen, sprang eine Ricke hoch, verhoffte nach zwei Fluchten und zog fort. Menschliche Störungen waren dem Wild hier in guter Deckung offenbar fremd, wohingegen mich die weiten Fluchtdistanzen auf den Feldern vor dem Auto nachdenklich stimmten.

Nach weiteren 20 Metern vorsichtigen Pürschens machte ich zwischen überdimensionalen Sauerampferstauden einen Bock aus, einen Jährling, noch im Bast, und erkannte über dem Brombeergestrüpp dahinter zwei seltsame, trockene Äste. Gedankenlos wanderten meine Blicke durchs Fernglas weiter, schwangen aber augenblicklich zurück zu dem Dornengerank, denn die Äste entpuppten sich als die starken Stangen eines Rehgehörns, die über das dichte Gestrüpp herausragten. Ich erkannte Lauscherspitzen, die manchmal ruckartig zuckten, und dazwischen hohe, knuffige Sechserstangen.

Behutsam nahm ich die Büchse von der Schulter, strich am Zielstock an und hatte das Gehörn im Zielfernrohr. Der Jüngling zog vertraut fort, während ich vom Alten nur Stangen- und Lauscherenden sah.

Ich mäuselte – keine Reaktion. Schnalzen und ein paar leise Pfiffe beeindruckten den im Bett ruhenden Bock ebenfalls nicht. Er fühlte sich sicher in seinem Reich. Erst als ich ihn leise anrief, sprang er auf und war augenblicklich verschwunden. Der Anblick des ungewöhnlich starken Gehörns hatte meinen Pulsschlag beschleunigt und in die Höhe schnellen lassen, noch minutenlang schlug mein Herz höher, und mir war klar: Diesen Bock wollte ich selber überlisten, erlegen. Obwohl meine Freunde behaupten, Jagdneid sei die einzige schlechte Eigenschaft, die ich nicht besäße, diese Krone wollte ich besitzen, nicht warten, bis einer meiner Gäste kommen würde …

Der Wind zwang mich am nächsten Morgen, das Gehölz von der anderen Seite anzugehen. Das Feld, an dem ich entlangpürschte, roch unangenehm nach Kunstdünger, war am Tag zuvor gespritzt worden. Paarhühner trippelten über den steinigen Acker davon. Ein Fuchs schnürte durch das taunasse Gras am Feldrain. Sein Balg glänzte in der aufgehenden Sonne. Reineke wird in England schonungslos bejagt und wäre ohne den reichlichen Fasanenbesatz längst ausgerottet. Auf den Britischen Inseln leben vor Beginn der offiziellen Jagdzeit mehr (ausgesetzte) Fasanen als im gesamten Rest der Welt, die Jahresstrecke liegt bei über 20 Millionen Vögeln. Nicht nur Füchse, ganze Bevölkerungszweige leben ausschließlich von der „Fasanenindustrie".

Langsam näherte ich mich dem Wäldchen, in dem ich den Bock am Vorabend hautnah vor mir hatte.

Imposante Haselnusssträucher und stachelige Ilexbüsche unter ehrwürdigen, alten Baumveteranen, an deren gewaltigen Stämmen sich starke Efeuranken emporwanden, gaben der Landschaft eine besondere Note, und unterschiedliche Eibenarten unterstrichen den Parkcharakter.

Ein Teppich von „Bluebells“, Traubenhyazinthen, viel größer als auf dem Festland, bedeckte den Waldboden. Daneben leuchteten hellblaue Vergissmeinnicht und gelbe Schlüsselblumen. Die faszinierende Fauna und Flora ließ mich zögern weiterzugehen, weil ich die Pracht zerstören, die wunderhübschen Blumen zertrampeln würde. „Der Mensch schreitet über die Erde – ihm folgt die Wüste.“ An diesen Spruch dachte ich beim Eintauchen in die Buschwildnis.

Am Rand des Wäldchens sprang ein Reh ab. Vorsichtig schlich ich zurück auf das Feld, folgte ihm parallel zur Waldgrenze und erblickte es nach dreißig Metern auf einer kleinen Lichtung, ein Jährling.

Den starken Bock fand ich nicht wieder. Mein Pirschgang war auch nur kurz. Um 5.30 Uhr war ich losgegangen, um 7 Uhr machte ich mich auf den Heimweg. Lediglich zwei Rehe hatte ich gesehen. Eisiger Wind wehte. Das Wild hatte sich früher als sonst und an geschützten Stellen zum Wiederkäuen niedergetan.

Eine weitere Morgen- und Abendpirsch opferte ich dem Starken. Sein Gehörn wurde in den Erzählungen der anderen Jäger von Tag zu Tag kapitaler. Ich sah am Morgen aber nur Jährlinge und ein Schmalreh, am Abend ein graues Reh abspringen, dem Spiegel nach ein Bock. Zu schnell verschluckte ihn das dichte Gestrüpp, als dass ich ihn hätte ansprechen können.

Am dritten oder vierten Tag meines Aufenthaltes schlich ich wieder zu dem kleinen Busch. Es nieselte, war stürmisch und kühl. Keine guten Voraussetzungen für eine erfolgreiche Rehwildpürsch. Ringel- und Hohltauben, vereinzelt Turtel- und Türkentauben, gurrten trotzdem um die Wette. Links erstreckte sich eine große Fläche, mit blühendem Bärlauch. „Wild garlic“ nennen ihn die Engländer wegen seines intensiven Knoblauchgeruchs.

Bei meiner Pürsch musste ich mich durch nasses Gestrüpp quälen. Es brach und krachte dabei, ich bemühte mich auch nicht, sonderlich leise zu gehen, war missmutig über das Wetter. Da rauschte es im hohen Brennnesselwald. Zwei Fluchten, in denen ich auf wenige Meter ein Reh erkannte, dann herrschte wieder Ruhe.

Hände und Gesicht leuchten bei diffusem Licht weit, werden zum Verräter, machen das Wild misstrauisch, ich hatte daher reflexartig meinen Kopf gesenkt, die Hände auf den Rücken gelegt und wartete. Nach einer kleinen Ewigkeit erschienen zwei Lauscherspitzen über dem dichten Grün, dazwischen ein dünnes krummes Bastgehörn, und nach endlosen Minuten trollte ein Jährling davon.

Ich hatte die Büchse von der Schulter genommen und war in Anschlag gegangen, da schallte aus der Richtung, in die der Jährling abgesprungen war, in tiefem, fast ärgerlich klingendem Bass das Schrecken eines Rehbockes – der Alte hatte übel genommen, dass ihn jemand in seinem Reich nachhaltig gestört hatte, denn ich sah ihn vorerst nicht wieder.

Er wurde angeblich eine Woche nach meiner Abreise mitten auf dem großen Acker vor seinem Einstand von einem Jagdgast zweimal vorbeigeschossen, und ein anderer Gast fehlte ihn ebenfalls zweimal.

Bei meinem nächsten Englandaufenthalt zog es mich am ersten Abend wieder in den Einstand des Kapitalen. Kaum war ich losgepirscht, erblickte ich dreißig Gänge vor mir über dem dichten Kraut seine hohen Stangen. Er hatte sich niedergetan, ruhte, döste, hatte mich nicht wahrgenommen. Behutsam strich ich an meinem Schießstock an, starrte gebannt durch das Zielfernrohr und mäuselte, als sich der Bock minutenlang nicht rührte. Langsam wandte sich der Kopf mir zu. Durch das vierfache Glas glaubte ich in den Lichtern plötzlich Panik zu erkennen, der Starke sprang auf, wurde aber nach meinem schnellen Schuss augenblicklich in das dichte, hohe Grün zurückgeworfen.

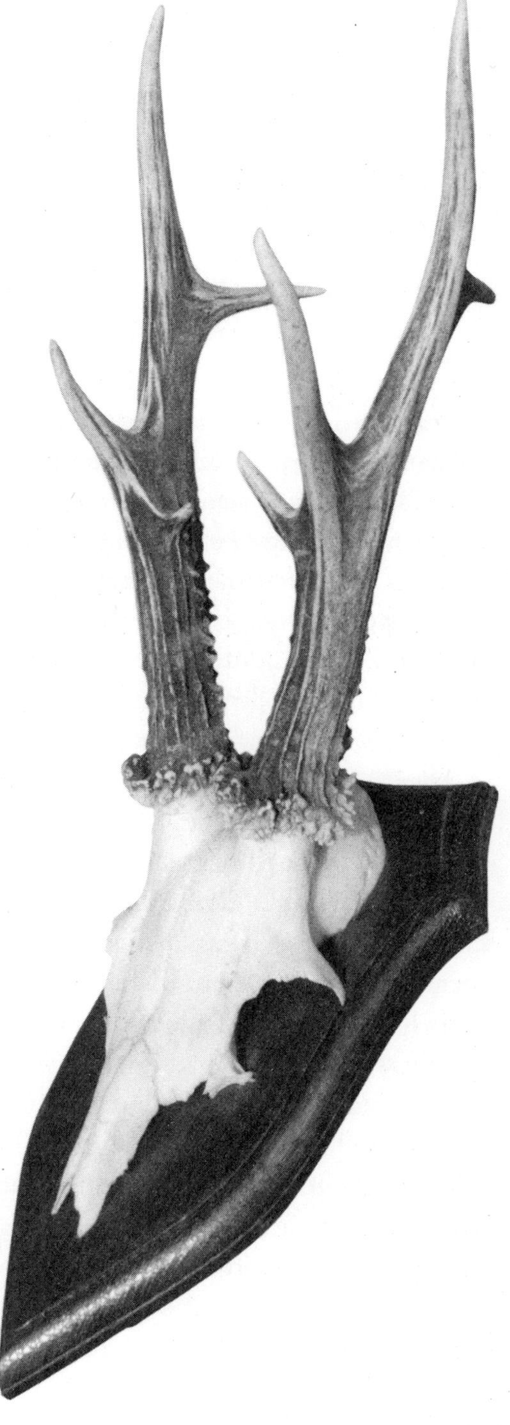

IM GEGENLICHT:

Sonne im Rücken – Pirsch muss glücken

Langsam pirschten wir am Rand einer Wiese, so groß, dass ihr Ende mit dem der Welt am Horizont zu verschmelzen schien, entlang.

Gelb und weiß, blau und lila leuchtete es zu uns herüber. Hier fand das Wild noch abwechslungsreiche Äsung in Hülle und Fülle. Trotzdem stand kein Stück Wild auf der weiten Fläche nur zahlreiche Mehlschwalben schossen darüber hinweg.

Ein Sperber strich in rasend schnellem Flug auf uns zu und nutzte jeden kleinen Vorsprung, jeden größeren Baum geschickt als Deckung aus. Nur wenige Augenblicke konnte ich den gewandten Greif beobachten, dann hatte der Wald seinen heimlichen Bewohner wieder verschluckt.

An einer Kanzel am Waldrand unterbrachen wir unsere Pirsch, um Umschau zu halten, in Muße die weite Umgebung mit dem Fernglas abzusuchen, aber weit und breit war kein Reh auszumachen.

Große, dicht mit „Pusteblumen“ bestandene Parzellen schimmerten silbrig zwischen dem satten Grün. Es roch intensiv nach Brennnesseln. Aus dem vielfältigen Vogelkonzert klangen vom Wald Kuckuck und Pirol und aus der Wiese der schnarrende Ruf des Wachtelkönigs besonders hervor.

Längst war die Sonne untergegangen, es wurde eisig kalt, als wir abbaumen wollten, doch da erhob sich 500 oder gar 600 Meter entfernt ein Reh aus dem Gras.

Schon der britische Naturforscher Charles Darwin sagte: Ohne Spekulation gibt es keine Beobachtung, ich spekulierte angestrengt durch das Glas, bis mir die Augen tränten, konnte das Stück, ob Bock oder Ricke, aber nicht ansprechen. Auch mein englischer Jagdfreund Andrew hatte Schwierigkeiten, doch da stand plötzlich – das Büchsenlicht war fast vorüber – ein zweites, stärkeres Stück neben dem ersten. „Buck“, flüsterte Andrew, und in dieser Gewissheit verließen wir den Hochsitz.

Nachtigallen und Singdrosseln lieferten sich auf unserem Rückweg zum Auto einen wahren Sängerwettstreit, mir wurde bewusst, wie sehr sich die Stimmen der unterschiedlichen Singvögel in manchen Passagen ähneln. Beim oberflächlichen Hinhören war die Verschiedenheit einzelner Strophen der beiden kaum herauszuhören.

Am nächsten Morgen, es war nebelig und kalt, saßen wir auf derselben Kanzel und erwarteten den Aufgang der Sonne. Eisiger Westwind strich über die Wiese, zerfetzte und verjagte die Dunstschleier. Das frische Grün wiegte sich, bog sich tief zu Boden und richtete sich wieder auf wie ein wogendes, silbrig glänzendes Meer aus Stängeln und Halmen, Rispen und Ähren.

Ein Fasanenhahn rief und ein anderer antwortete. Dann erschien einer der beiden am Waldrand. Wunderschön war es zu beobachten, wie der bunte Galan sich aufrichtete, mit den Schwingen schlug, rief, und meine Gedanken verließen für einige Momente die Jagd auf den Rehbock.

Noch markieren die Gockel die großen Herren, doch kommt es zum Ernst des Lebens, gilt es, den Hennen beim Brüten und bei der Aufzucht der Jungvögel zu helfen, machen sie sich rar. Aber kaum ein Jäger würde, auch wenn es Sinn machte, einen Fasanenhahn während der Balz schießen. Genauso wenig einen Stockerpel in der Reihzeit, der ebenfalls beim Brutgeschäft stört, die Enten tyrannisiert, und einem Verbrechen käme es gleich, im Frühjahr einen Rammler zu erlegen, obwohl man biologisch allen drei Wildarten kaum Schaden zufügen würde. Welche Vorrechte genießen sie gegenüber dem Auer- und dem Birkhahn, dem balzenden Tauber, dem treibenden Bock oder dem brunftenden Hirsch?

In unserem Rücken leuchteten die ersten Sonnenstrahlen am Horizont auf, und Andrew wurde immer nervöser. Seine Unruhe steigerte sich mit jedem Augenblick des Hellerwerdens, während ich geduldig die Wiese ableuchtete und schließlich fast an derselben Stelle wie am vorangegangenen Abend ein Reh entdeckte, es aber wieder nicht ansprechen konnte.

„Looks like a doe“ (wahrscheinlich eine Ricke), flüsterte ich meine Vermutung, doch als sich der rote Sonnenball zu zeigen begann, schließlich vom Horizont löste, war Andrew trotz meiner Proteste nicht aufzuhalten, stieg die Leiter hinab und bedeutete mir, ihm zu folgen. Meine Einwände halfen nicht, wir spazierten zügig hintereinander durch das pitschnasse Gras auf das Reh zu, sahen es nur, wenn der Kopf aus dem dichten Grün auftauchte, und es waren immer nur wenige Augenblicke, dann verschwand er wieder im undurchsichtigen Bewuchs, ohne dass wir es ansprechen konnten. Andrew ging mit großen Schritten unbekümmert weiter, auch wenn das Stück aufwarf und in unsere Richtung sicherte.

Langsam näherten wir uns und machten im dichten Gräsergewirr bereits die Rückenlinie des äsenden Stückes aus, je näher wir kamen, desto besser war es zu erkennen. Als es wieder einmal sicherte, bestätigte sich meine Annahme: Es war eine Ricke. Bis auf knapp achtzig Gänge hatten wir uns ihr genähert, sie stand nun fast frei.

Als ich zum Hochsitz zurückschaute und überlegte, was der Jagdfreund mit diesem Manöver bezweckte, musste ich geblendet meine Augen zusammenkneifen und schlagartig wurde mir klar, warum sich Andrew so unbekümmert auf das Reh zubewegte. Gegen das grelle Licht der aufgehenden Sonne konnte es uns nicht eräugen, und da uns der Wind entgegenwehte, auch keine Witterung von uns bekommen.

Nur noch 30 Meter von der Ricke entfernt, bedeutete Andrew mir, das Gewehr von der Schulter zu nehmen. Dann nickte er mir zu, steckte zwei Finger in den Mund, holte tief Luft, und ich durchschaute die List meines Jagdfreundes. Laut gellte sein schriller Pfiff über die Wiesen. Im selben Moment schnellte vor der Ricke etwas Rotes aus dem Gras: ein Bock!

Während die Geiß gebannt zu uns herüber sicherte, uns aber gegen die noch tief stehende Sonne nicht ausmachen konnte, stand er knapp 20 Gänge breit vor uns und äugte in die entgegengesetzte Richtung. Als mein Schuss fiel, sprangen beide Rehe ab. Den Bock trugen seine Läufe nur noch 20 oder 30 Meter, dann brach er im hohen Gras zusammen, während die Ricke in weiten Fluchten davonpreschte.

Über unsere Umgebung breitete sich ein rosaroter Hauch des anbrechenden Morgens, und wir erwarteten den neuen Tag. Die Sonnenstrahlen brachen sich spiegelnd in unzähligen Tropfen an bebenden Gräsern und blitzenden, glitzernden Zweigen. Das Netz einer Spinne spannte sich wie ein schillerndes Diadem zwischen zwei Halmen, alles um uns herum wirkte wie verzaubert in ein grandioses filigranes Kunstwerk, wie es kein Mensch, sondern nur die Natur komponieren kann.

Der in Deutschland bei manchen Jägern zu einem Ritual gewordene Griff in den aufgeschärften Äser, der über Freude oder Ärger entscheidet, war für Andrew und mich auch dieses Mal vollkommen nebensächlich. Ob der Bock zwei, drei oder vier Jahre alt war, war für uns ohne Belang – wir freuten uns einfach über die Jagd, über die erfolgreiche Jagdstrategie, aber auch über die gute, seltsam in sich verbogene Sechserkrone!

Schließlich machten wir uns zufrieden und glücklich auf den Heimweg – wie erbärmlich, wenn man nur Freude empfindet, wenn das erlegte Stück Wild zwei starke Knochen zwischen den Lauschern trägt.

Ostwärts lasst uns ziehen

VERSTÄNDIGUNGSSCHWIERIGKEITEN:

Wildwechsel nach Plan

Bei Brest hatten wir die polnisch-russische Grenze überquert, unsere Dolmetscher getroffen und waren froh, als wir am späten Nachmittag endlich im Jagdrevier angekommen waren und bei glühender Hitze unsere Beine unter dem schweren Eichentisch ausstrecken konnten. Vor uns warteten fünf riesige Gläser und ebenso viele Flaschen Wodka als „Begrüßungsschlückchen".

Wir waren todmüde, doch zum Verschnaufen blieb wenig Muße. Die Flaschen waren in kurzer Zeit leer, unsere russischen Gastgeber hatten eine auffallend gesunde Gesichtsfärbung bekommen, trotzdem ging es hinaus ins Revier.

Ich war als „bedeutende Persönlichkeit aus Germanien" angekündigt, und man hatte mir den besten Jagdführer weit und breit, „der jedes Tier im Wald kennt und genau weiß, wann jedes Stück Wild austritt", zugedacht, übersetzte der Dolmetscher, als ich mit meinem bärtigen Begleiter, einem Hünen von Mensch mit großen, braunen, gutmütig dreinschauenden Augen, in ein klappriges Geländeauto stieg.

Vorbei an dürren Gerstenfeldern rollte der Wagen auf trockenen, steinigen Feldwegen, bis uns schattiger Buschwald aufgenommen hatte. Die Hitze war anstrengend, Schweißtropfen standen uns auf der Stirn, rollten in die Augen, brannten schmerzhaft und flossen als dicke Tränen das Gesicht hinunter. Schwärme von Moskitos umschwirrten uns und machten, nachdem wir den Wagen in einer undurchdringlichen Schilfwildnis abgestellt hatten, unseren Gang zu einem beschwerlichen Marsch, nicht, wie nach der Kräfte zehrenden Anfahrt erhofft, zu einer erholsamen Pürsch. Mein schweigsamer Fahrer hatte nämlich auf sein Gefährt und mich nicht die geringste Rücksicht genommen. Durch tiefe Schlaglöcher und über umgefallene Baumstämme hatte er sein Fahrzeug gequält, ohne Haltegriffe wäre ich während der sausenden Fahrt von einer Ecke des Wagens in die andere geschleudert worden. Ich war nur damit beschäftigt, mein Gewehr und mich vor größerem Schaden zu bewahren.

Als ich ausstieg, war der Mann neben mir plötzlich verschwunden. Ich fand ihn, als ich um das Auto herumging, er war einfach in das hohe Schilf am Wegesrand gefallen und schnarchte. Nachdem ich ihn wachgerüttelt hatte, rappelte er sich mühsam auf. Mit kaltem Schauer dachte ich an die fünf Flaschen Wodka, von denen Willi und ich lediglich zwei Gläser, die anderen auch nicht viel mehr getrunken hatten. Der größere Rest war in Windeseile in der riesigen Kehle meines Führers verschwunden und zeigte Wirkung. Der Mann hatte – gelinde ausgedrückt – einen gewaltigen Schwips. Mühsam Kurs haltend torkelte er neben mir her. Sein dunkelrotes feuchtes Gesicht war mit dicken schwarzen Bremsen bedeckt, sie störten ihn nicht, er schien sie nicht einmal zu bemerken.

Nach halbstündigem, schweigsamem Marsch erreichten wir eine abgemähte Luzernefläche, und mein bis dahin stummer Begleiter wurde gesprächig. Aufgeregt gestikulierend zeigte er auf seine zerbeulte Taschenuhr und versuchte mir etwas zu erklären, wobei er immer wieder – so viel verstand ich – auf 21 Uhr zeigte. Schulterzucken meinerseits, um mein Nichtverstehen zu dokumentieren, quittierte er mit Gesten und wortreichen, aber unverständlichen Bewegungen, zeigte noch einmal auf neun Uhr und empfahl sich. Ich war allein mit Tausenden von Gelsen.

Es war gerade halb sechs, mühsam quälte sich die Zeit dahin. Statt eines Rehbocks erschien gegen halb sieben ein Pferdefuhrwerk. Mein Gruß in deutscher Sprache wurde von dem Kutscher fröhlich, aber unverständlich erwidert.

Ob das Wild Störungen dieser Art gewohnt war? Eine Viertelstunde später, als ein zweites Fuhrwerk auf dem gleichen Weg erschien und nach kurzem, freundlichen Gruß des Führers auf dem steinharten Lössboden davonrumpelte, gab ich missmutig auf und pürschte enttäuscht zum Auto zurück.

Nach knapp halbstündigem Marsch erreichte ich den Platz, an dem wir es zurückgelassen hatten, in seinem Schatten schnarchte mit hochrotem Kopf, von Mücken übersät, der beste Jagdführer Russlands, der seine Wildbestände besser kannte als jeder andere und genau wusste, wann jedes Stück austreten würde.

Nach kurzem Überlegen stieß ich den Mann zaghaft an, und als er keine Reaktion zeigte, zerrte ich an seinem starken Arm, bis er die Augen aufschlug und erstaunt in die Runde schaute. Dann sprang er wieselflink auf und kramte seine Uhr hervor. Ein Blick darauf, und nun war er es, der unsanft meinen Arm ergriff und mich unter unverständlichem Gemurmel und Kopfschütteln gewaltsam wieder zu der Stelle führte, an der ich bereits über zwei Stunden ausgeharrt hatte.

Hier begannen die Gesten, wortreichen Erklärungen sowie das Zeigen auf die Uhr von Neuem. Zur neunten Stunde war alles, was ich begriff. Mehr konnte ich nicht ergründen. Ob er mich dann abholen wollte? Ich wusste es nicht.

Jedenfalls saß ich wieder allein mit unzähligen Mücken am Feldrand im Schatten einer Akazie und begann mit meinem Schicksal zu hadern. Die Zeit schlich nur zäh dahin. Zu allem Überfluss erschien erneut ein mit Luzernenstroh beladenes Fuhrwerk. Als Pferd und Wagen fort waren, war es 20.45 Uhr. Eine Viertelstunde noch, hoffte ich, dann würde dieses nutzlose Unternehmen endlich ein Ende haben.

Plötzlich brach es im dichten Unterholz. Anwechselndes Wild! Am Waldrand erschien ein Bock mit einem abnormen, kapitalen Gehörn, das heißt, eher umgekehrt, es erschien ein kapitales Gehörn mit einem Bock daran. Langsam bewegte sich der Schaft des Stutzens vor meine Schulter, und als das Fadenkreuz des vierfachen Glases auf das Blatt zeigte, fiel der Schuss. Im Feuer brach der Hochkapitale zusammen, mich hielt nichts mehr auf meinem Stand.

Als ich vor dem verendeten Bock niederkniete, erschien mein Begleiter, er strahlte wie ich über beide Ohren.

Bevor er mir mit seinen Riesenpranken die Hände fast zerquetschte, kramte er umständlich wieder seine Uhr aus der Tasche, und das Palaver, das ich bereits zweimal überstanden hatte, begann von Neuem. Es war 21.10 Uhr. Mit dem gekrümmten Zeigefinger bedeutete mir Iwan, auf die alte Uhr zeigend – und diesmal verstand ich ihn: „Wie ich gesagt habe, um neun ist der Bock gekommen und du hast geschossen."

WENIG WORTE:

Wölfe, Mücken, Tabakqualm

Am 16. Mai überquerten Hubertus Moll und ich in Kystrin im Oderbruch die deutsch-polnische Grenze. Die Grenzposten waren verwaist, keine umständlichen langwierigen Formalitäten wegen der Waffeneinfuhr, keine Autoschlangen wie früher, als Polen noch nicht Mitglied der EU war.

Ich freute mich wieder an der nachhaltigen Forstwirtschaft, die hier noch betrieben wird, planvolle Vorratshaltung und überlegte Aufforstungen statt Raubbau am Wald nur des Geldes wegen wie in manchen Gegenden Deutschlands, wo augenblickliche Wirtschaftlichkeit die Maxime bestimmt, sich kaum jemand der verantwortlichen Forstleute Gedanken darüber macht, wovon die nächste Generation Kapital aus dem Wald gewinnen soll.

Auch bei der „Bewirtschaftung" des Wildes können manche Länder von Polen lernen.

Vieles hatte sich seit unserem letzten Besuch in der Johannesburger Heide geändert. In die Oberförsterei Piesz, in der wir seit vielen Jahren jagten, war ein neuer Leiter eingezogen und mit ihm neue Bestimmungen für ausländische Jagdgäste, die nur noch in Begleitung eines einheimischen Führers jagen durften. Trotz inständiger Bitten wurde auch bei mir keine Ausnahme gemacht.

Deswegen traf ich mich am Abend mit Marek, einem unscheinbaren, freundlichen Mann, der kaum deutsch sprach, zur ersten Revierfahrt. Marek war Kettenraucher. Das Auffälligste an ihm waren seine vom Tabakrauch dunkelbraun, fast schwarz gefärbten Zeige-, Mittel- und Ringfinger, sie standen in krassem Kontrast zu den hellen Handrücken und seiner sonstigen Hautfärbung. Die Aschenbecher des Autos quollen über. Zahllose Kippen lagen auf dem Boden, einige schmückten die Polster der von Brandflecken und -löchern übersäten Sitze. Stanniolpapier von leeren Zigarettenschachteln knisterte unter meinen Schuhsohlen auf dem Beifahrersitz. Obwohl die Fenster sperrangelweit geöffnet waren, stank das Auto schlimmer als eine Kneipe kurz vor der Sperrstunde.

Wir parkten den Wagen am Wegesrand, pürschten durch hohes Kiefernaltholz, vorbei an einer einsamen Waldwiese und bestiegen eine Kanzel an einer Brachfläche. Wahrscheinlich war es Mareks Lieblingssitz. Der Fußboden war übersät mit Zigarettenstummeln, in der Ecke lagen zwei leere Päckchen.

Vor uns summte und tanzte eine kleine dunkle Wolke in der Luft, eine lebendige Woge aus unzähligen Insektenleibern. Mücken! Myriaden von ihnen warteten auf Frischblut.

Während ich versuchte mich geräuscharm und unauffällig der summenden und stechenden Plagegeister zu erwehren, trotz Mückenschleier und Handschuhen fanden sie immer wieder einen Weg zu einer nackten Hautstelle, qualmte Marek eine Zigarette nach der anderen, pausenlos. Ihn schienen die Quälgeister kaum zu interessieren, geschweige denn zu belästigen. In der nächsten Viertelstunde verglühten sechs Stummel auf dem Boden der Kanzel.

Frösche untermalten mit ihrem Quaak-Konzert den lauen Frühlingsabend, ein hochbeschlagenes Rottier trat aus, ihm folgten Schmaltier und Spießer, wahrscheinlich die Kälber vom letzten Jahr. Vertraut ästen die drei zwanzig Gänge von der Kanzel entfernt und zogen dann gemächlich weiter auf die große Freifläche hinaus. Da warfen sie gleichzeitig auf, sicherten zu uns her und sprangen ab.

Es war nicht der Wind, der gedreht hatte und das kleine Rudel vertrieb, ein Wolf trollte von der anderen Seite der Wiese auf uns zu und verschwand dort, wo das Rotwild sich in den Wald verzogen hatte. Unerwartetes markerschütterndes Klagen drang plötzlich zu uns herüber, wenige Sekunden später preschten zwei Tiere über die Wiese, dann folgte in panischer Flucht der Spießer. Das Klagen erstarb im jämmerlichen Röcheln, schließlich herrschte wieder Ruhe und Frieden um uns herum. Marek fluchte wütend vor sich hin. Was ich verstehen konnte, klang wenig schmeichelhaft. Auch mir wurde klar, der Grauhund hatte ein Stück Rotwild gerissen.

Der Wind hatte gedreht. Zwei Amseln warnten und sorgten für Spannung, aber bis es dunkel war, ließ sich kein Wild mehr blicken.

Am nächsten Morgen begrüßte ich nicht wie in der Vergangenheit alleine, sondern mit Marek den anbrechenden Tag. Voller Erwartung pürschten wir los, nachdem wir abermals den stinkenden Wagen am Wegesrand geparkt hatten.

Unerwartet fiepte ein Reh. Die hochsommerlichen Tagestemperaturen erinnerten zwar an die Blattzeit, aber wir schrieben erst den 18. Mai, die meisten Rehe hatten noch nicht einmal verfärbt. Abrupt blieben wir stehen. Da preschte rechts von uns ein fast roter Bock durch das lichte Kiefernholz. Er war es, der die ängstlichen Fieplaute ausstieß, ihm folgte ein grauer, an Wildbret stärkerer Bock mit kaum länger als zwei Handbreit hohen Spießen. Im Nu war die wilde Jagd zwischen den Kiefernstämmen verschwunden.

Mein Führer schob sich einen Glimmstängel zwischen die Lippen, zuckte mit den Schultern, wir schlichen weiter zu unserem Sitz vom Vorabend und fanden unsere Vermutung bestätigt. Der Wolf hatte ein Rottier gegen einen Gatterzaun gehetzt und gegriffen. Am Schädel des Stückes erkannten wir Hautabschürfungen, die es sich wohl zugezogen hatte, als es das Drahtgeflecht angeflohen hatte. Gras und Blaubeerkraut waren niedergetreten, Schweiß, Knochen, Deckenreste lagen verstreut auf einer Fläche in der Größe eines Wohnzimmers herum. Gescheideteile, Pansen und Därme waren, wie für Wolfsrisse typisch, nicht angerührt, das linke Blatt und die linke Keule fehlten zum größten Teil.

Wir waren gerade schweigend und rauchend einige hundert Meter weiter gepürscht, da entdeckten wir, die Ferngläser vor unseren Augen, auf der gegenüberliegenden Seite der großen Wildwiese, wohl 300, eher 350 Meter entfernt, einen Bock. Starr äugte er in unsere Richtung. Gast und Pirschführer verharrten bewegungslos.

An meinem Handrücken zwischen Manschette und Handschuh nahmen die Mücken eine ausgiebige Morgenmahlzeit ein, zwei hatten den Weg unter dem Mückenschleier zu meiner Backe gefunden. Ich wagte nicht, mich zu bewegen und sie zu vertreiben. Der Bock äugte unverwandt zu uns.

Am Glas vorbei schielte ich zu Marek und erkannte, dass die frisch angezündete Zigarette, die in seinem Mundwinkel hing, zu drei Vierteln verglüht war und die Glut seinen Lippen bedenklich nahe kam. Der Rauch musste ihm in die Augen steigen, aber er hielt eisern aus, ohne eine Miene zu verziehen. Den Bock beachtete ich kaum noch, auch die Mücken waren vergessen. Ich starrte gebannt zu der kürzer werdenden Kippe. Als die Glut die Lippen erreicht hatte, erfolgte eine kaum merkliche Bewegung des Kopfes, und der Stummel fiel zu Boden.

Endlich, wie eine Erlösung für mich, wandte ich mich wieder dem Bock zu. Er äste. Vorsichtig schlichen wir hinter eine Fichte. In guter Deckung nahm Marek einen tiefen Zug aus seiner frisch angezündeten Zigarette und dann hielten wir Kriegsrat. Weil der Wind, wie die nächste Zigarette offenbarte, für uns günstig stand, schlichen wir im Schutz des Waldes näher an den Bock heran.

Der Waldboden war bedeckt mit trockener Nadelspreu und zahlreichen Zapfen. Es knackte und knirschte unter unseren Stiefelsohlen, und wir zogen unsere Schuhe aus, um geräuschloser zu pürschen. Ab und an sahen wir den Sechser durch den lichten Bestand, doch als wir durch eine Lücke im Hochholz die Stelle, an der wir ihn vermuteten, wieder einmal einsehen konnten, war er nicht mehr da. So intensiv wir auch die große Fläche und den Waldrand durch unsere Gläser ableuchteten, er blieb verschwunden. Ratlos schauten wir uns an. Während Marek umständlich in seinen Jackentaschen nach Zigaretten und Feuerzeug kramte, musterte ich noch einmal angestrengt unsere Umgebung. Als neben mir das Feuerzeug metallisch klickte, erschienen höchstens fünfzig Gänge entfernt, dort, wo wir den Bock zuletzt gesehen hatten, über gelb leuchtendem Hahnenfuß zwei Lauscherspitzen, dazwischen zwei hohe knuffige Stangen. Mein Führer stellte behutsam seinen Schießstock vor mir auf, ich legte meine Büchse in die Gabel, dann murmelte er etwas für mich Unverständliches und pfiff. Im selben Moment erhob sich der Bock. Offenbar hatte er nicht wahrgenommen, von wo genau der laute Pfiff kam, oder wurde durch den Widerhall getäuscht, auf jeden Fall verhoffte er. Doch bevor sich der Wildkörper klar im Absehen des Zielfernrohres abzeichnete, sprang er ab.

Als wir am Morgen wieder an der großen Wiese standen, es war noch kühl, das Gras taudurchnässt, erspähte Marek am anderen Ende der Fläche, wohl dreihundert Meter entfernt, einen Rehbock. Er hatte sich niedergetan. Durchs Glas erkannte ich, dass er uns ebenfalls wahrgenommen hatte, denn er äugte bewegungslos zu uns her. Und noch etwas sprach ich deutlich an: Der Bock hatte ungewöhnlich hohe Stangen, unser Bekannter vom Vortag.

Gerade wollten wir zurückschleichen, um den Bock wiederum im Hochwald anzugehen, da erhob er sich und wir erstarrten zu sprichwörtlichen Salzsäulen. Über eine Minute verging, in der wir uns gegenseitig regungslos betrachteten, dann begann unser Gegenüber zu schrecken, ohne uns aus den Lichtern zu lassen. Das Echo wurde laut vom gegenüberliegenden Hochwald zurückgeworfen.

Meine Arme wurden schwer, aber ich wagte nicht, das Glas sinken zu lassen. Da senkte der Bock den Kopf, warf sofort wieder auf, sicherte unverwandt zu uns her, zog 15, 20 Gänge auf uns zu, verhoffte, schreckte, trollte weiter in unsere Richtung und begann zu äsen.

Offenbar war es nur ein „Scheinäsen", denn als ich im Zeitlupentempo meine schmerzenden Arme entlasten wollte, warf er sofort wieder auf, schreckte erneut und zog noch näher. Bange Sekunden wurden zu Minuten. Als er schließlich wieder äste, wir annahmen, er hätte sich beruhigt, stellte Marek die Schießgabel vor mir auf, ich ging in Anschlag, doch bei unseren wenigen, vorsichtigen Bewegungen riss der Bock sofort den Kopf hoch, stampfte mit dem Vorderlauf, schreckte und kam weiter auf uns zu. Inzwischen hatte er sich auf gut zweihundert Meter genähert, war damit aber immer noch viel zu weit für einen sicheren Schuss von einem niedrigen, wackeligen Schießstock aus entfernt. Im Zielfernrohr füllte der Wildkörper nicht einmal die Hälfte des Absehens aus.

Stetig zog er näher, machte einige Fluchten nach links und stand breit. „Schieß!", raunte Marek, da setzte sich der Bock wieder in Bewegung, zog schreckend näher, und wieder flüsterte es neben mir: „Schießen!" Mithilfe des Zielfernrohres schätzte ich die Entfernung auf 160, 170 Gänge. Der Wildkörper erschien zwischen den Balken des Zielfernrohres immer noch recht klein, doch Marek drängelte fortwährend im Flüsterton: „Schießen!"

Der Bock verhoffte abermals spitz zu uns her, stampfte, schreckte, zog noch näher, stellte sich erneut breit und obwohl die Distanz immer noch knapp 120 Meter betrug, ließ ich mich von dem ungeduldigen Drängen meines Jagdführers verleiten und schoss.

Der Knall des Schusses war noch nicht verhallt, da bereute ich es schon. Der Bock hatte die Kugel bekommen, stürmte hinaus auf die Wiese und verschwand in einem großen Bogen im Wald.

Marek murmelte etwas, was wie „Bock kaputt" klang, zündete sich eine Zigarette an und stapfte zum Anschuss. Ich folgte und zählte dabei meine Schritte. Bei 148 stießen wir auf die frische Spur im taunassen Gras, gleich darauf bückte sich Marek nach einem Knochensplitter. Entsetzt realisierte ich, dass ich den Bock hoch am Vorderlauf getroffen hatte. In der Fluchtfährte hinaus auf die Wiese lag viel Schweiß, aber die Hoffnung, lebenswichtige Organe getroffen zu haben, erfüllte sich nicht. Während ich der gut sichtbaren Schweißfährte folgte, ging Marek zu der Stelle, an der der Bock in den Wald geflüchtet war, und verschwand ebenfalls im Hochholz.

Bis zum Einwechsel war die Wundfährte problemlos zu halten, doch in dem dichten Bestand auf der Nadelspreu war kaum noch ein Tropfen Schweiß zu erkennen. Ich wartete.

Länger als fünf Minuten blieb mein Führer fort, dann endlich kam er zurück, schüttelte mit dem Kopf, zündete sich an der letzten Glut eines kurzen Stummels eine neue Zigarette an, und wir waren uns einig, dass hier nur noch ein Hund helfen konnte.

Im Laufschritt ging es zurück zum Auto, und dann rasten wir die wenigen Kilometer zum Jagdhaus, wo uns Ali freudig begrüßte. Mit ihm, einer Mischung aus Hannoveraner und Bayerischem Gebirgsschweißhund sowie einigen Vorfahren undefinierbarer Rasse, verband mich seit vielen Jahren eine innige Freundschaft. Ali bekam eine breite Stoffhalsung mit einer großen, silbern glänzenden Messingglocke angelegt und machte es sich wie selbstverständlich auf dem Beifahrersitz gemütlich. Ich zwängte mich auf die Rückbank, dann brausten wir zurück zur Wildwiese, wo ich den Bock beschossen hatte.

Der Hund sprang ohne Befehl aus dem Auto und trabte mit hoher Nase quer über die Wiese von uns fort. Während ich noch über die für einen deutschen Schweißhundführer etwas unorthodoxe Nachsuchenpraxis nachdachte, stieß Ali auf die Wundfährte, folgte ihr und verschwand im Wald.

Nun kam Leben in Marek. Seine halb aufgerauchte Zigarette flog in hohem Bogen ins Gras, und im Laufschritt folgten wir dem Hund.

Einige Minuten lang hörten wir noch das Klingeln, doch nach 100, 200 Metern vernahmen wir die Glocke nicht mehr, standen ratlos bis zu den Knöcheln im Sumpf, lauschten angestrengt, rauchten und arbeiteten uns schließlich durch tiefen Morast zurück Richtung Anschuss. Ali blieb verschwunden. Gewissensbisse, dann Zorn und Wut machten sich bei mir breit. Ich glaubte nicht mehr an einen Erfolg der Nachsuche, machte mir Vorwürfe wegen meines leichtsinnigen Schusses, ärgerte mich, dass ich aus Gier nach einer guten Trophäe dem Drängen meines Führers nachgegeben und einem Stück Wild unnötige Qualen zugefügt hatte.

Als wir geduckt einem ausgetretenen Wechsel folgten, bückte sich Marek plötzlich. „Farbe“ murmelte er und zündete sich erfreut eine Zigarette an. Nun erkannte auch ich eine handtellergroße Schweißlache. Zufällig waren wir auf eine Stelle gestoßen, an der der kranke Bock auf seiner Flucht verhofft hatte. Kurz darauf hörten wir Ali. Das Klingeln kam schnell näher. Als sei es die selbstverständlichste Sache der Welt, windete der Hund an dem Schweiß und raste wieder davon. Erneut folgten wir den Glockentönen, die aber nach wenigen Minuten verstummten. Stattdessen erklang Musik in meinen Ohren: Ali gab Standlaut, er hatte zu dem verendeten Bock gefunden. Kurz darauf waren wir völlig außer Atem bei ihm.

Während wir uns genüsslich eine Zigarette anzündeten, wurde mir wieder klar: Ein Leben ohne Hund ist zwar grundsätzlich möglich, aber nicht sinnvoll.

REVIERERKUNDUNG IN RUSSLAND:

Am Ende gab es Prügel

Unsere Reise ging in die Nordwest-Ukraine, an die Grenze zu Weißrussland, wo ich Jagdreviere begutachten und Abschüsse an deutsche Jäger vermitteln wollte.

Die Gerstenfelder leuchteten goldgelb, waren an einzelnen Stellen bereits gemäht, aber dann war nach heißen Wochen eine Regenperiode aufgezogen, und die Landwirte mussten die Ernte unterbrechen. Je weiter wir nach Osten kamen, desto mehr Stoppeläcker standen links und rechts der Straßen.

Riesige, steril gespritzte Getreideschläge, auf denen kein Kräutchen, keine Blume stand, wechselten ab mit sumpfigen, saftgrünen Weiden und feuchten Wiesen, in denen zahllose Störche Nahrung fanden. Besonders fielen blau leuchtende Hanffelder und Stoppeläcker, auf denen Garben in Hocken aufgestellt worden waren, ins Auge.

Schließlich erreichten wir das erste Revier, Radnow. Freundliche russische Jäger und Dolmetscherinnen begrüßten uns herzlich, und kurz darauf ging es in einem russischen Armeegeländewagen hinaus. An einem Waldstück wurde mir bedeutet, einen mit hohem Gras und Schilf zugewucherten Weg entlangzupürschen. Ich verstand, dass der Weg nach drei Kilometern in der Feldmark endete, wo man mich wieder abholen würde.

Als ich das Auto verlassen hatte, fielen Schwärme von Bremsen über mich her. Vorsichtig schlich ich über weichen, schwarzen Torfuntergrund vorwärts. Auf dem von undurchsichtigem Bewuchs aus Himbeeren und Erlen gesäumten Weg standen zahlreiche Fährten und Spuren. Ein Bläuling gaukelte davon, und über mir schoss ein Turmfalke durch den blauen Himmel.

In dieser ursprünglichen Landschaft zu pürschen war interessant, aber ein Reh allenfalls auf kurze Entfernung auf dem Weg zu sehen, links und rechts war es unmöglich, in dem undurchdringlichen Gestrüpp Wild auszumachen. Diese Jagdart weiterzuempfehlen war also nicht ratsam.

Aus der gemütlichen Pürsch wurde ein schweißtreibender Marsch durch einen von einer dichten, grünen Mauer begrenzten schmalen Gang, auf dem Mücken und Bremsen fast unerträglich wurden.

Als ich das Auto verlassen hatte, hatten wir unsere Uhren verglichen, ich musste meine eine Stunde vorstellen, so weit waren wir nach Osten vorgedrungen.

Der halbe Mond spiegelte sich in den zugewachsenen Abflusskanälen, und an der Böschung eines dieser künstlichen Gräben bemerkte ich einen Fuchs. An einer anderen flüchtete ein Hase davon. Nur für Sekundenbruchteile war er zu sehen.

Längst war ich weiter als drei oder vier Kilometer geschlichen, erst nach über dreieinhalb Stunden Marsch lag eine riesige Feldmark vor mir, durchzogen von schilfbewachsenen Entwässerungskanälen und einigen Bauminseln. Ich setzte mich an den Rand des Schilfs, rauchte, träumte und machte Pläne. Als es dunkel wurde, kam das Auto und holte mich ab.

Am nächsten Morgen ging es mit einem russischen Führer direkt in die „grüne Hölle". Ich trug bis zu den Hüften reichende Watstiefel, und mir schien, wir wanderten planlos durch das Dickicht, die Sicht betrug selten mehr als zehn Meter.

Im grünen Gewirr machte ich eine Ricke aus. Starr äugte sie uns minutenlang an, dann äste sie weiter. Ein Bock stand offenbar nicht bei ihr. Die Moskitos wurden immer blutgieriger, als wir durch das dichte Gestrüpp, oft bis zu den Knien im Wasser, weiterstapften. Die Sicht wurde nicht besser. Ab und zu hörte ich ein Reh abspringen. Spannend war auch dieser Gang durch die ukrainischen Sümpfe, aber ebenfalls nicht von Erfolg gekrönt und für eine aussichtsreiche Jagd nicht zu empfehlen.

Mittags rollten wir Richtung Süden, Richtung Lemberg, dem heutigen Lwiw im Ukrainischen, Lwow im Polnischen (gesprochen Lwuw), um ein weiteres Revier zu begutachten.

Uns erwartete ein leichter Pferdewagen, denn es ging durch Gelände, das mit einem Jeep nicht zu bewältigen war. Untergrund und Bewuchs verlangten unserem russischen Kutscher und seinen kleinen zähen Pferden, die mitunter bis zum Bauch im Wasser standen, alles ab. Dazu kamen die unzähligen Mücken als schlimme Quälgeister.

Als wir eine Lichtung anfuhren, erblickten wir 30 Wisente. Minutenlang konnten wir sie beobachten, dann drehte der Wind, fast lautlos verschwanden die braunen Riesen im angrenzenden Sumpf.

Wieder kamen wir an einen Kahlschlag, wo uns aus hohem Schmielengras ein Bock mit schneeweißem Grind anäugte. Wir sprangen links und rechts vom Wagen, und ich ging in Anschlag, aber das Reh stand zu verdeckt, als dass ich einen sicheren

Schuss hätte abgeben können. Ich sah aus den Augenwinkeln, wie auch mein Begleiter in Anschlag gegangen war, aber es fiel kein Schuss, der Bock sprang unbeschossen ab.

Weiter ging es, bis wir wieder eine Lichtung erreichten und einen Bock im hohen Gras verschwinden sahen. Mein Begleiter blieb stehen, während ich die Grasinsel umschlug, um ihm den Bock zuzudrücken. Aber im Gewirr von Halmen und Zweigen war er nur als roter Wischer zu sehen, und keiner von uns beiden konnte schießen.

Dann ging es mit dem Pferdefuhrwerk wieder in die Sümpfe. Ausgetretene Wechsel von Rot- und Schwarzwild sowie Wisenten zeugten von dem Wildreichtum in dieser Urwaldwildnis.

Bis es dunkel und empfindlich kühl wurde, erfreute ich mich an dem Horst eines Habichts, an trompetenden Kranichen, zwei Alt- sowie zwei Jungvögel strichen vor uns ab, und einer reichen Singvogelwelt, aber Rehe sahen wir kaum. Schließlich hörten die Mücken auf zu stechen, es war zu kalt geworden, nur die Pferde hatten nach wie vor mit riesigen Bremsen zu kämpfen, die unser Führer mit einem Busch fortwedelte. Der kleine drahtige Mann hatte seine Augen scheinbar überall, und ich hatte das Gefühl, auch den Pferden machte diese Tortur Spaß, da sie genüsslich schnaubten.

Am nächsten Morgen ging es noch einmal in die Sümpfe. Hoch spritzte das stinkende Brackwasser empor. Äste brachen krachend unter den gummibereiften Rädern. Zweimal mussten wir die Pferde ausspannen, da sie bis zum Bauch im Morast verschwanden, während wir bis zu den Hüften in den tiefen Schlamm einsanken. Manchmal drohte auch der Wagen umzukippen, oder wir mussten abspringen, wenn im mannshohen Brennnesselwald ein großer vermoderter Baumstamm, den unser Kutscher nicht rechtzeitig gesehen hatte, den Weg versperrte.

Dichte Erlenbestände wechselten ab mit Schilfsümpfen, hochschäftige Eichen mit Kiefernwäldern oder dichtem grünem Unterwuchs, und die Pferde mussten wiederholt durch tiefes, stinkiges Wasser, das mit Entengrütze bedeckt war.

Mehrfach sahen wir flüchtiges Wild, aber nie schussgerecht: starke Rehe, auch Böcke mit hohen Gehörnen – die Auslese im Urwald durch Winter, Wölfe und Wilderer ist hart. Unsere Strategie auf dieser Jagd schien mir nicht ideal, aber es unserem Führer klarzumachen war unmöglich.

Einmal fuhren wir am Waldrand zwischen weiten Feldern entlang, so wie ich mir die Ukraine vorgestellt hatte, aber dann ging es zurück in den dichten Busch, wo der Fahrer mit Pferd und Wagen wieder Millimeterarbeit leistete. Auf jedem Geländewettbewerb würde er in Deutschland den ersten Preis erhalten.

Die Vogelbeeren röteten sich schon, erinnerten an zu Hause, wo die Hirsche in die Feiste zogen, als wir am nächsten Tag – während die Sonne aufging – nach längerem Palaver mit dem Pferdefuhrwerk Richtung Feldmark fuhren.

Dunst lag über dem Land und legte sich als weißer Nebel in die endlos erscheinenden Abflusskanäle. Wachteln schlugen zaghaft, Lerchen stiegen in den Himmel und sangen, als wir die Felder erreichten. Das Getreide stand lückig, der Hafer war noch grün, der Roggen kniehoch, zwischendurch immer wieder brachliegende Äcker.

Eine Weihe gaukelte über ein riesiges lila blühendes Distelfeld. Am Rande leuchtete weiße Schafgarbe und Kamille und in der Ferne ein olivgrünes Flachsfeld, unterbrochen von roten Mohnblumen. Am Horizont trieben Rehe. Die Blattzeit hatte also begonnen. Immer wieder Zickzack fahrend, näherten wir uns dem Wild.

Im Schutz eines wohl sieben Meter hohen Strohhaufens aus dem letzten Jahr sprang ich vom Wagen. Der rollte langsam weiter. Auf der Rückseite versuchte ich den Haufen zu erklimmen, rutschte aber immer wieder an den verrotteten, glitschigen, stinkenden Getreidehalmen ab. Endlich war ich oben.

Auf 100 Gänge äste im Roggen eine Ricke mit zwei Kitzen. Sie hatte mich nicht bemerkt, äugte zum Pferdegespann, das gut 200 Meter entfernt stehen geblieben war. Da erhob sich in einem kümmerlichen gelben Gerstenschlag ein Bock. Er war kaum auszumachen, nur sein weißes Haupt leuchtete, und flüchtete auf mich zu. Durch das Zielfernrohr erkannte ich hohe, fast schwarze Stangen, pfiff, um ihn zum Verhoffen zu veranlassen, und berührte, als er in leichten Troll fiel, den Stecher. Im selben Augenblick registrierte ich, dass ein weiteres Reh folgte, er von einem noch stärkeren Bock getrieben wurde.

Nach 40 Todesfluchten brach der Beschossene verendet in der schütteren Gerste zusammen, und als ich zu ihm trat, war der Verfolger vergessen. Vor mir lag ein kapitaler Achter. Mein erster Rehbock aus der Ukraine! Ich freute mich wahnsinnig über den guten Schuss, den Jagderfolg und die einmalige Trophäe.

Lange saßen wir noch bei unserer Beute, während hunderte von Schmetterlingen um uns herum schwebten, Rebhähne lockten und gewaltige Wolkenformationen einen Wetterwechsel ankündigten.

Als wir Richtung Jagdhaus rollten, äugte 30 Gänge entfernt aus dem gelb blühenden wilden Senf ein Jährlingsbock vertraut nach dem Pferdewagen. Aufgeregt gestikulierte mein Führer: „schießen“, doch ich reagierte nicht. Was mochte in so einem Naturburschen vorgehen, der in dem Bock Wildbret, einen vollen Kochtopf und eine reichhaltige Mahlzeit für seine Familie sah und uns Trophäenjäger nicht verstehen konnte?

Die Sonne brannte immer heißer, dicke Stechfliegen quälten unsere Pferde, besonders – wie uns unser Führer bedeutete – saugten sie sich an dunkel gefärbten Pferden fest, während die weißen verschont wurden.

Auf einer dunkelgrünen Wiese vor hellerem Erlenwald zählte ich 29 Störche, aus einem Roggenschlag flüchtete eine fahlgelbe Ricke, zwei braune Kitze im Kielwasser, am Himmel kreiste eine Steppenweihe, und ein Wachtelkönig meldete sich, als wolle er uns aus diesem fruchtbaren Landstrich verabschieden.

Es waren schöne, erfolgreiche Tage in Somen gewesen, wir trennten uns nur ungern, aber es galt ein weiteres Revier zu begutachten. Frohgemut fuhren wir daher Richtung Süden, Richtung Karpaten. Links der Straße verheißungsvoll das Schild „Achtung Wildwechsel", auf dem ein springender Rothirsch abgebildet war.

An einer einsamen Tankstelle wartete eine mehrere Kilometer lange Schlange stinkender, qualmender Autos. Wir wurden von einer Polizeikontrolle gestoppt, aber nach kurzem Palaver mit unserem Dolmetscher und dem Überreichen einer Stange Zigaretten durften wir weiterfahren.

Auf einem riesigen tiefbraunen Gerstenfeld stampften in dichten Staubwolken neun gewaltige Mähdrescher hintereinander dahin, und doppelt so viele Störche folgten den großen Maschinen. Der Mais auf dem angrenzenden Acker stand nur knapp über knöchelhoch. Gänseblümchen und blaue Glockenblumen leuchteten am Rande, Pflanzengifte und Dünger waren in diesem Landstrich noch unbekannt.

Wir passierten Denkmäler und Plakate mit Aufschriften wie „Es lebe der Sozialismus!". Ob es wirklich die beste Regierungsform für dieses fruchtbare und früher reiche Land war, wie heute noch manche behaupten?

Ich fragte meinen Fahrer nach dem 30 Kilometer entfernten Tschernobyl. „Tschernobyl, was ist das? Ach so, ja, da stand vor langer Zeit mal was in der Presse, habe ich gehört", war die Antwort.

Die Getreideschläge wurden größer, so, wie ich mir die „Kornkammer Ukraine" vorgestellt hatte, aber wir fuhren auch durch große Wälder, hochschäftige Kiefernbestände und ausgedehnte Laubwaldungen. Es folgten Kleeschläge, die sich bis zum Horizont streckten. So weit das Auge reicht, wurde der Blick nur von Hochspannungsmasten unterbrochen. Knatternde, qualmende Motorräder mit Beiwagen versuchten uns zu überholen, während wir durch dichten Weidenwald und einen wahren Hopfendschungel rollten.

Wir waren in der Westukraine. Die Dörfer wirkten gepflegter, sauberer als weiter im Osten. Ob es noch der Einfluss von früher war, als dieses Gebiet zu Österreich-Ungarn gehörte?

Schließlich erreichten wir unser Ziel, ein herrschaftliches Jagdhaus, das Parteifunktionären der ehemaligen UdSSR als Jagddomizil gedient hatte. Beim Begrüßungsschluck, einem riesigen bis zum Rand mit Wodka gefüllten Wasserglas, der von einem Kellner in Livree kredenzt wurde, bedankte sich der Direktor der Forstwirtschaft und hoffte auf gute Zusammenarbeit, der dank der politischen Entwicklung in diesem Revier, in dem früher zweifelhafte Politspitzen auf angefütterte Keiler gejagt hatten, nichts mehr im Wege stehen sollte. Glasnost, Perestroika und Devisenhunger hatten auch Touristen aus dem Westen die Jagd im Osten ermöglicht.

Mit einem Jagdführer saß ich in einer Kiefer auf einer grob zusammengeschlagenen, klapprigen Leiter, die westlichen Sicherheitsbestimmungen kaum entsprochen hätte. Die Wiese vor uns war vor wenigen Tagen gemäht worden. Drückend heiß war es, meinem Begleiter standen Schweißperlen auf der braun gebrannten Stirn. Ab und zu vertrieb eine kühle Brise für Augenblicke die riesigen Mückenschwärme.

Es mochte eine halbe Stunde vergangen sein, da warnte hinter uns im dichten Schilfgewirr eine Grasmücke, fast unter uns brach eine Ricke schreckend aus dem Wald, flüchtete in wilden Bock-Sprüngen kreuz und quer auf die Wiese und verschwand wieder im dichten Schilf. Die Insekten machten dem Wild schwer zu schaffen.

Dann tat sich über eine Stunde nichts Besonderes. Ich erfreute mich an der friedlichen Stimmung, dem Spiel der Birkenblätter sowie dem Rascheln im Wind und beobachtete die langsam länger werdenden Schatten, die sich immer weiter auf die Wiese vortasteten. Ein fast schwarz gefärbter Fuchs schnürte vorüber. Als er sich einer Schilfinsel inmitten der Wiese näherte, stürmte wie ein Blitz aus heiterem Himmel eine Ricke aus dem Dickicht und war über ihm. Im Glas beobachtete ich, wie Reineke auf dem Rücken lag, sich aufrappelte und im Zickzack über die Wiese flüchtete. Zweimal musste er noch Hiebe von der offenbar ihre abgelegten Kitze in Gefahr wähnenden Ricke einstecken, bevor er seine Verfolgerin abschütteln konnte.

Ein Wiedehopf schwirrte vorbei. Dann erschien ein abgemagertes, hustendes Schmalreh mit schmutzigem Spiegel. Gerne hätte ich geschossen, doch mein Führer lehnte ab. Ein krankes Reh, eine Ricke zu schießen, würde schließlich keine Devisen bringen. Obwohl ich Gast war, hatte ich mich nach den Wünschen meines Führers zu richten, eine der Kehrseiten des „Jagdtourismus“. Schließlich schwand das Büchsenlicht. Begleitet von dichten Moskitoschwärmen wanderten wir zum wartenden Jeep.

Nach erfolgloser „Morgenpürsch“ in einem ausgedienten Armeefahrzeug, bei dem ich das Gefühl hatte, die Auspuffdämpfe wurden ins Innere des Autos geleitet, saß ich am Abend des nächsten Tages mit meinem Führer an einer mehrere Quadratkilometer großen Wiese auf einer einfachen Leiter. Am Fuße hockte ein weiterer Jagdhelfer, der sich durch Schweigsamkeit auszeichnete. So lange wir zusammen waren, hatte er kein einziges Wort gesagt.

Weit entfernt arbeiteten Menschen im Heu. Das Motorengeräusch eines Treckers störte zwei Stunden lang die Ruhe und friedliche Stimmung, die über dem Panorama lag, dann wurde es still.

In der Ferne machte ich einen suchenden Bock aus und fiepte mit einem Buttoloblatter, den ich als Gastgeschenk für meinen Jagdführer in der Tasche trug. Keine Reaktion. Dann pflückte ich ein Birkenblatt als Notbehelf, und der Bock stand wie der Wind zu, wurde aber, als er fast unter der Leiter verhoffte, von einem Starken, der sich unbemerkt ebenfalls genähert hatte, vertrieben. Bis fast zum Horizont ging die wilde Jagd. Schließlich verschwanden beide in einem zugewachsenen Abflusskanal.

Mein Führer gestikulierte aufgeregt mit dem anderen Mann, und der trabte in die Richtung des Kanals. Er sollte uns den Bock zutreiben, entnahm ich den Gesten, obwohl ich kein Wort verstanden hatte. Wir schlichen gebückt, durch dichtes Schilf gedeckt, auf Umwegen ebenfalls in die Richtung, in der die beiden Rehe verschwunden waren. Ich war skeptisch, denn in dem trockenen Schilfgras war lautloses Vorwärtskommen unmöglich.

Der Kopf meines Führers war schwarz von Bremsen und Mücken, bedurfte keiner besonderen Tarnung, mein Gesicht war durch einen dünnen Gazeschleier geschützt.

Unzählige Schmetterlinge, blaue, braune, gelbe gaukelten über die Wiese und ein Pirol flötete im Schilfwald. Hätte er seinen charakteristischen Ruf nicht immer wiederholt, hätte ich gezweifelt, dass der „Vogel Bülow“ hier geeigneten Lebensraum findet, weit und breit standen nur ganz vereinzelt höherer Bäume.

Zwei Eichelhäher schimpften, und ich fühlte mich plötzlich wie zu Hause.

Vorsichtig arbeiteten wir uns in dem Gewirr weiter vor, da erschien dreißig Meter vor uns das Haupt des starken Bockes, der in die uns abgewandte Richtung äugte. Mein Begleiter nickte – eine stumme Botschaft von Jäger zu Jäger. Behutsam glitt meine Büchse von der Schulter, und stehend freihändig visierte ich das Blatt des Stückes an, bis ich eine kleine freie Stelle fand, und der Schuss brach.

Wenige Minuten später stand ich vor einem hochkapitalen, uralten Bock mit mächtigen Rosen, besser einer Rose und Perlen, die wie eigene Enden wirkten. Das ganz Besondere war, dass es nur eine Stange gab, die aus der „Rosenwucherung“ geschoben worden war, nicht zu sagen, ob sie zum rechten oder linken Rosenstock gehörte.

Eine doch noch erfolgreiche Pürsch, die mich nach inneren Zweifeln sehr befriedigte.

Während des Aufbrechens erschien unser „Helfer". Aufgeregt schrie ihn mein Führer an, sprang zornig ins Gebüsch, schnitt in Windeseile eine armdicke Birke ab und prügelte damit auf seinen Landsmann ein. Zwar hatte ich den Grund des vorangegangenen Disputes nicht verstanden, aber entsetzt riss ich meinen Führer an der Schulter und versuchte ihn zu beruhigen, woraufhin auch ich fast noch Schläge bezogen hät-

te. Wütend schrie er mich an, drückte mich zur Seite und erst nach mehreren gewaltigen Schlägen auf das am Boden liegende Opfer hatten meine Bemühungen Erfolg.

Den Grund dieser Szene werde ich nie erfahren, aber mir ist klar geworden, wie weit entfernt dieses Land mit seiner wechselvollen Geschichte, Galizien hieß es früher, bis 1914 österreichisch-ungarisch, dann polnisch, nun russisch, von Europa entfernt ist. Verschüchtert erhob sich der Geprügelte und trottete schweigend, den schweren Bock auf den Schultern, hinter uns her. Meine Einwände und handgreiflichen Gestikulationen beeindruckten meinen Jagdführer nicht, als ich ihm begreiflich zu machen versuchte, ich wollte bei der Bringung des Wildes behilflich sein.

So wanderten wir schweigend durch den Wald, der überall sichtbar große Wunden der Harz- und Birkensaftgewinnung wie als Anklage menschlicher Unvernunft trug.

Am Vormittag des nächsten Tages hieß es Abschied nehmen von einem so reichen und doch so armen Land. Schließlich lag die Grenze hinter uns, und wir rollten auf glatter Asphaltstraße Richtung Westen, jetzt begann nämlich die Blattzeit zu Hause.

RENDEZVOUS MIT DEM RIESEN:

Der Geist im Farnkraut

Nach stundenlangen Verspätungen saßen wir endlich in der bis auf den letzten Platz gefüllten Iljuschin, die uns zum Ziel unserer Jagdreise fliegen sollte, in das Gebiet um Samara, der früher für Ausländer gesperrten Stadt an der Wolga. Das Fehlen meines Anschnallgurtes registrierte die dunkelhaarige Stewardess mit einem freundlichen Lächeln, als ich sie darauf aufmerksam machte, und legte die zerfetzten Enden des Gurtes in meinen Schoß. Russland ist groß, die Aufsichtsbehörden, so es welche gab, waren immer noch weit.

Durch den Lautsprecher klangen Anweisungen in fremden Sprachen. Nicht ein Wort verstand ich. Ja, Russland ist riesig, wer zählt die Völker, kennt die Namen, Stämme, Rassen, Provinzen, Staaten? Für Mitteleuropäer hat das Land unvorstellbare Dimensionen.

Als wir aus dem Flugzeug stiegen, begrüßte uns Ivan, ein kleiner, drahtiger Kosake, dessen strahlendes Lächeln vermuten ließ, dass sein letzter Zahnarztbesuch schon länger zurücklag. Dazu strömte er einen intensiven, körpereigenen Geruch aus.

Unser Quartier bestand aus einem notdürftig zum Wohnraum umfunktionierten Container in einem ehemaligen Arbeitslager. Auf dem Fußboden stand das Wasser zentimeterhoch, an zwei Stellen des Daches tropfte es. Auch eine wenig sensible Person hätte gewisse Zeit benötigt, um sich an den Gestank und Dreck in unserer Behausung zu gewöhnen. Die Zigarettenkippen meines Vormieters neben dem wackeligen Nachttisch und unter dem Bettgestell rochen nicht sehr angenehm. Aus dem winzigen Fenster konnte man selbst bei Tageslicht nicht sehen, die Scheibe war zu verschmutzt.

Westeuropäer haben Schwierigkeiten, die Mentalität der Menschen in diesem Land zu verstehen. Ist kein Geld für Farbe und Baumaterialien vorhanden, so könnte man gewiss Eimer und Feudel auftreiben …, überlegte ich.

Es folgte im Programm das übliche Beschnuppern, Radebrechen und neugierige Fragen, dann ging es zum Einschießen der Büchsen in den Wald. Während ich mir eine Handvoll süßer Himbeeren pflückte, stellte Ivan zwischen blauen Distelblüten und weißer Schafgarbe einen Karton auf. Meine Schüsse saßen gut, und achtlos flog die durchlöcherte Pappe ins Gebüsch.

Weiter fuhren wir und hielten an der Kreuzung zweier Sandwege, die nicht befahrbar gewesen waren, bis es vor zwei Tagen aufgehört hatte zu regnen.

Auf dem Weg, der von einem dichten Kleeteppich bedeckt war, fand ich starke Rehfährten und bestaunte morgengroße, in Mannshöhe vom Elchwild verbissene Jungwuchsflächen, die aussahen, als hätte eine Mähmaschine darin gewütet.

Dann ging die Fahrt unter fröhlichem Geplapper zwischen den Gastjägern, Fahrer und Dolmetscherin weiter in die unermesslichen Wälder, vorbei an gelb blühenden, stacheligen Ginsterbüschen, hohen Zitterpappeln, Freiflächen, bestanden mit Espen- und Weidengebüsch, dazwischen Disteln, Ahorn und Weidenröschen. Erstaunlich, welch abwechslungsreiche Flora diese Wolgamuränenlandschaft gedeihen ließ.

Nachdem wir von dem breiten Weg abbogen, sahen wir aus dem wild schaukelnden Geländewagen kaum noch fünf Meter in den Bestand hinein. Äsung in Hülle und Fülle. Erlen, Eichen und Birken, dazwischen Flächen mit hoher Schafgarbe wechselten einander ab.

Wieder hielt der Wagen, und die russischen Jäger verhörten, als lauschten sie auf den Brunftruf eines Rothirsches, tauschten flüsternd Informationen, rauchten, alberten und warteten. Da ich nicht wusste, worauf, kam mir die Zeit lang vor. Ein Blick auf die Uhr offenbarte, die Abenddämmerung war nicht mehr weit. Es duftete nach Pilzen, dazu zirpten Grillen. Eine Grasmücke warnte, eine andere antwortete, sonst geschah nichts, außer Mücken und Fliegen, die uns ärgerten, kein Zeichen anderer Lebewesen. Ein Specht klopfte an einen trockenen Ast, dann war wieder Ruhe um uns herum.

Unvermittelt schreckte in der Ferne Rehwild. Unsere Begleiter tauschten bedeutende Blicke aus, dann zogen wir wie eine Karawane in die Richtung, aus der die Laute gekommen waren. Als Erstes Ivan, unser Berufsjäger, dann der Fahrer des Geländewagens, ihm folgte ein weiterer Russe, sodann kam Alfred, mein deutscher Jagdgast, schließlich die Dolmetscherin Olga und am Ende ich. Die Hauptbrunft des sibirischen Rehwildes spielt sich an der Wolga Ende August ab, außerhalb dieser Zeit hört man es nur selten schrecken.

Ich war skeptisch, einer der Leute hatte immer etwas zu erzählen, doch dann wurde die Gruppe kleiner, der Russe blieb zurück, dann die Dolmetscherin, schließlich auch der Fahrer. Mit jeder Person, die unsere Gesellschaft verließ, wurde es leiser, doch nach einer halben Stunde brach die Dämmerung endgültig herein und setzte unserer Pirsch ein Ende. Der Mond erschien am klaren Himmel, es wurde kühl, und wir wanderten zurück zum Auto.

Am nächsten, am ersten Morgen, vier Uhr Ortszeit, schaukelte der Geländewagen vorbei an verwilderten Obstplantagen, wo wir uns wilde Äpfel schmecken ließen, wie es auch das Wild getan hatte, die Spuren bewiesen es. Dann wurde wieder verhört. Als Rehe schreckten, verließ ich das Auto und pürschte auf einem feuchten Abfuhrweg, links und rechts mit hohem, dichten Bewuchs bestanden, den das Auge nicht durchdringen konnte, in die Richtung, aus der die bellenden Laute kamen.

Riesige Farnwälder, über die sich dicht bei dicht schlanke Birkenstämme erhoben, erstreckten sich um mich herum, ich schaute gegen eine weiße Wand, ein wunderschönes, unvergessliches Bild.

Manches war ähnlich wie in unseren Wäldern in Deutschland, aber alles urtümlicher, wilder, natürlicher und gewaltiger. Der Mensch hatte der Natur noch nicht seinen Stempel, den Stadtmenschen Kultur nennen, aufgedrückt.

Dann erblickte ich die Wolga. Man muss sie einmal gesehen haben, um einen Begriff zu haben, was ein Strom ist. Bei uns nennt man fast jeden größeren Fluss Strom. Die Wolga aber ist wirklich einer. Groß, breit, majestätisch, ruhig und würdevoll bewegt sie sich in ihrem Bett. Nicht umsonst nennen die Russen ihr Heiligtum „Matuschka Wolga“, „Mütterchen Wolga“, auch wenn sie ein Zwerg gegen andere Flüsse Sibiriens ist.

Auf Wild traf ich nicht. Um in dieser Wildnis erfolgreich zu sein, musste ich mir etwas anderes ausdenken, mir war aber klar, dass ich hauptsächlich nach dem Gehör jagen müsste, zumal die Landschaft nicht mit jagdlichen Einrichtungen verdorben war. Wildäcker, Kanzeln, Pürschpfade waren fremd, man musste die Kunst des Jagens beherrschen.

Nach einer Stunde Marsch kam der stinkende, laute Geländewagen angetuckert und wirkte in dieser fast intakten Landschaft wie ein unerwünschter, hässlicher Eindringling. Bis über die Achsen versank er im Schlamm, als wir zum Lager zurückfuhren.

Während wir am zweiten Abend wieder in den Wald zogen, war der Himmel bedeckt, trübe, dunkle Wolken trieb der Wind vor sich her. Die Scheibenwischer des Autos verteilten den Dreck regelmäßig über die Windschutzscheibe, sodass man nach vorne keine Sicht mehr hatte.

Dann saßen wir unter einer malerischen Gruppe von Birken und warteten.

Der Sommer war heiß und trocken gewesen. Erste Anzeichen eines frühen Herbstes waren zu ahnen, Blätter verfärbten sich bereits, ab und zu taumelte eines müde zu Boden. Die einheimischen Jäger alberten, erzählten, und Olga, unsere Dolmetscherin, übersetzte die Jagdgeschichten. Alles glaubte ich nicht, wenn es um die vielen kapitalen Keiler ging, die Jäger angenommen und veranlasst hatten, nächtelang auf Bäumen auszuharren. Münchhausen hätte gut in unsere Gesellschaft gepasst.

Schließlich zogen Ivan, Alfred und ich wieder los.

Zahlreiche Fährten von Elchen, Rotwild, Sauen und Rehen standen auf den feuchten, bewachsenen Waldwegen, die Sicht links und rechts war durch eine grüne Wand begrenzt.

Eine Stunde wanderten wir bereits, ich nicht sehr hoffnungsvoll, durch die urwüchsige Natur, sahen kein Lebewesen, da ließ uns nahes Schrecken zusammenfahren. Zweimal, dreimal, dann herrschte wieder Ruhe, und Alfred pürschte auf Geheiß Ivans los in der Hoffnung, das Stück in dem dichten Gestrüpp zu finden.

Schon nach wenigen Augenblicken sah ich ihn nicht mehr und dann, meine Zigarette war noch nicht zu Ende geraucht, fiel ein Schuss. Vielsagende Blicke zwischen Ivan und mir, einige unverständliche Sätze des einheimischen Jägers, wir pürschten hinter Alfred her, fanden ihn an einer Lichtung sitzend und hörten uns enttäuscht seine Geschichte an: Erst zog ein junger Bock auf die Blöße, ihm folgte ein starker, den er stehend freihändig auf knapp 40 Gänge beschossen hatte. Ohne zu zeichnen, war der Starke verschwunden.

Sofort machte ich mich an die Nachsuche. Kein Schweiß, keine Pürschzeichen am vermeintlichen Anschuss, aber im nassen Bewuchs konnte ich der Fluchtfährte gut folgen. Nach hundert Metern hatte ich immer noch keine Bestätigung für einen Treffer gefunden, wollte die Folge abbrechen, da wurde der Bock vor mir im Wundbett hoch und verschwand, ehe ich das Gewehr entsichert hatte.

Weitere zweihundert Meter arbeitete ich mich durch den dschungelähnlichen Bewuchs und sah das Reh noch einmal, aber an einen Schuss war wiederum nicht zu denken.

Da kam ich an eine Lichtung an einem Hang, vermutete, dass der Bock bergab geflüchtet war und nach hundert Metern aufmerksamer Pürsch sah ich ihn auch mit tiefem Kopf fortziehen. Als ich schoss, fiel er, kam wieder hoch, doch mit einem zweiten Schuss brach der Kranke verendet zusammen. Ein guter Bock mit enormer Auslage und, wie sich später herausstellte, 950 Gramm Gehörngewicht.

Es hatte die Nacht über geregnet, als wir am nächsten Morgen bei Dunkelheit wieder ins Revier fuhren. Unser Chauffeur erwies sich als wahrer Künstler; ohne Rücksicht auf Bäume und Büsche rutschten wir durch tiefe Schlammlöcher, dass das Wasser über dem Dach zusammenschlug und das Auto eine perfekte Tarnfarbe annahm.

Während unserer anschließenden Pürsch streifte ich einige Minzeblätter ab, zerrieb sie zwischen Finger und Daumen und genoss den strengen angenehmen Geruch. Ivan ging vorweg. Immer wieder wies mich der Naturbursche auf Spuren, Fährten, Zeichen, auf Pflanzen und weiteres hin. Leider verstand ich seine Worte nicht, wie gerne hätte ich von diesem Waldläufer gelernt.

Gewaltige, überkniehohe Parasolpilze, eine Fette Henne, größer als ein Fußball, und so viele Maronen, wie ich sie nie vorher in meinem Leben gesehen hatte, entdeckte ich. Hier ist alles größer als in Deutschland, 1000 Kilometer sind in Russland keine Entfernung, 1000 Rubel kein Geld und 1000 Gramm Wodka kein Alkohol, hatte mir Ivan grinsend anvertraut.

Wohl fünfhundert Meter entfernt bemerkte Alfred im überdimensionalen Farnkraut, eher Farnwald, ein abspringendes Reh. Zielstrebig folgte Ivan, und in großen Kreisen durchkämmten wir den Farndschungel.

Plötzlich sprang schreckend ein Bock auf, der gewaltige Wildkörper, fast von der Stärke eines Stück Damwildes, tauchte aber sofort wieder in den hohen Farnwedeln unter.

Ich schlich den Schrecklauten hinterher, war mitunter kaum fünfzig Meter vom Ziel meiner Begierde entfernt, sah aber nichts mehr zwischen Kiefernstämmen und Adlerfarn. Eine halbe Stunde bemühte ich mich, wusste oft auf wenige Meter genau, wo der Bock stand, denn er verriet durch ständiges Schrecken seinen Standort, doch dann herrschte Stille. Ich brach die Verfolgung ab.

Die letzten Strahlen der untergehenden Sonne warfen meinen langen dunklen Schatten in das hell leuchtende frische Grün, meine Hosenbeine waren übersät mit kleinen Kletten, genüsslich pflückte ich mir eine Handvoll Walderdbeeren und ließ sie auf meiner Zunge zergehen. Dann erreichte ich eine einsame Waldwiese, wo Heu, von Menschenhand mühsam auf Reuter gehängt, vor sich hin gammelte.

Noch einmal folgte ich dem Schrecken eines Bockes. Über eine Stunde lang quälte ich mich durch braunes Farnkraut, bekam ihn zweimal zu Gesicht, und was ich zwischen den Lauschern erblickte, spornte mich zu sportlichen Höchstleistungen an. Mühsam arbeitete ich mich in dem Gewirr aus Farn, umgefallenen Bäumen, Gräben und Löchern voran. Obwohl ich den Standort des Bockes mitunter auf wenige Meter genau ausmachen konnte – sein Bass tönte alle paar Minuten zu mir herüber –, waren es nur zwei Augenblicke, die ich ihn sah, die aber reichten. Ein gewaltiges Gehörn mit unglaublich dicken, dunklen Stangen und auffallend weiter Auslage ließ meinen Puls auf Rekordhöhe schnellen. Das Farngestrüpp war aber zu hoch, als dass man ein Reh, selbst ein sibirisches, erlegen konnte.

Endgültig war mir klar, die von Ivan empfohlene Jagdart war, wie alles bisher Versuchte, auf Glück ausgerichtet. Eine andere Strategie musste her.

Tagsüber regnete es, blitzte und donnerte, wie ich es so gewaltig selten erlebt hatte. Mittags konnte ich nicht einmal lesen, so dunkel wurde es, nur ab und zu erhellte ein Blitz unsere Unterkunft und ließ den Container erzittern. Von den Wänden floss das Wasser und vor meinem Bett dem Ausgang zu. Nicht lange dauerte das Unwetter, dann klarte es auf, das Land dampfte, die Luft war sauber und stand vor Feuchtigkeit. Der Himmel zeigte sich trübe, die Wolken hingen tief.

Den ganzen Tag über regnete es weiter, Ansitzpläne für den Abend wurden verworfen, wir trösteten uns mit dem russischen Nationalgetränk. Ich hatte eine unruhige Nacht. Jemand versuchte in den Container einzubrechen, wahrscheinlich meines Gewehres wegen. Hundegebell schreckte mich hoch. Im Halbschlaf sah ich, wie sich eine Gestalt durch das enge Fenster gezwängt hatte, schrie dem unwillkommenen Eindringling ein paar deutsche Schimpfworte entgegen, die mit lauten russischen Flüchen beantwortet wurden, dann sprang der ungebetene Gast zurück in die Dunkelheit. Meine Büchse lehnte noch in der Ecke, das Fernglas hing noch am Haken, Patronen und Brieftasche lagen noch auf dem wackligen Tisch. Alles war anscheinend in Ordnung.

Ich hatte lange überlegt, welche Möglichkeiten zum Jagderfolg führen könnten. Der Lebensrhythmus der Rehe musste ausgenutzt bzw. erforscht werden. Wann wollten sie ruhen, zu welcher Tageszeit mussten sie wiederkäuen und zu welcher Stunde mochten sie zur Äsung ziehen?

Früh am Morgen setzte ich mich in den Hoch- und Farnwald, wo ein stark begangener Wechsel einen breiten Sandweg kreuzte. Um mich herum sah ich aus meiner Hockstellung gegen eine braungrüne, dichte Wand aus Farnstängeln, -wedeln und -rispen ein Gewirr von Halmen und Blättern mit faszinierenden Farben, Formen und Schattierungen.

Bäume und Büsche tropften und trieften vor Nässe. Kaum zu glauben, dass sich in diesem nassen „Urwald“ freiwillig Rehwild aufhalten würde. Meine Vermutung traf aber zu. Es war schon hell, da zog eine Ricke auf mich zu. Ob es an der Beleuchtung, dem ungewöhnlichen Licht von tausenden von Tropfen gelegen hatte, wodurch alles um mich herum wie verzaubert und vergrößert erschien, sie wirkte jedenfalls überdimensional. Höchstens zehn Meter entfernt zog sie vorüber, ihr folgte eine halbe Stunde später ein junger Bock. Eine weitere Stunde danach noch einmal ein Bock, und kurz bevor ich meinen Ansitz verließ, kam eine Ricke. Ich war sicher, mit Geduld würde ich auf diese Art und Weise auch einen starken Bock erlegen.

„La patience est l’art d’espérer“ (Die Geduld ist die Kunst des Hoffens), sagt ein französisches Sprichwort, und Geduld ist in Russland angesagt. Zufrieden, voller Hoffnung stapfte ich zum Treffpunkt und wartete auf die anderen Jäger.

Die Stelle, an der der starke Wechsel den Sandweg kreuzte, wurde abends wieder zu meinem Ansitz. Um mich herum schien lediglich Farnkraut zu wuchern. Kaum saß ich, zog zwanzig Meter entfernt eine Ricke über den breiten Weg. Kaum hatte ich die Büchse hochgenommen, war sie verschwunden, und ein Bock folgte. Im Zielfernrohr erkannte ich hohe Stangen, mein Zeigefinger berührte den Abzug der Büchse. Der Beschossene sprang ab, und ich verfolgte im Aufspringen seinen Fluchtweg zwischen den hin und her wogenden Farnwedeln mit den Augen, vernahm Schlegeln, sah wilde Bewegungen in dem in Aufruhr geratenen Bewuchs, dann war es schlagartig still.

Als ich mich beruhigt hatte, suchte ich den Anschuss. So sehr ich mich auch bemühte, auf allen vieren herumkroch, in dem nassen Gras jedes verdächtige Blatt umdrehte, jeden Halm nach Schusszeichen untersuchte – alles ohne Erfolg. In der Fluchtrichtung hatten Regen und Wind für das menschliche Auge sichtbare Spuren verweht. So ging ich dorthin, wo ich das letzte Schlegeln vernommen hatte, und stand vor einem ungeheuer starken Rehbock. Nicht Stangen, Knüppel trug er zwischen den Lauschern mit enormer Auslage und unglaublicher Vereckung. Viel später, als es schon dämmerte, schleppte ich den Kapitalen an einem dicken Tau zufrieden zum Treffpunkt.

Es war spannende Jagd wie in Deutschland auf den roten Bock, aber um Dimensionen größer, was mir bewusst wurde, als ich schweißtriefend das eher vierzig als dreißig Kilogramm schwere Reh hinter mir herzog. Der Starke von vorgestern, darüber waren sich die anderen Jäger einig. Ich hatte Zweifel. Der zuerst gesehene Bock war meines Erachtens noch stärker.

Am letzten Morgen saß ich noch einmal an der Kreuzung Wechsel–Weg im Farnkrautdschungel. Mein Hund fehlte mir. Er wäre hilfreich, hätte jedes Stück Wild rechtzeitig angekündigt, überlegte ich. So musste ich mich noch mehr als sonst konzentrieren.

Ich hatte noch einen Bock frei, aber es war mehr der Wunsch, die Momente noch einmal zu durchleben, in denen ich meinen ersten sibirischen Rehbock erlegt hatte, als einen weiteren zu schießen, der mich zu dieser Stelle geführt hatte. Noch einmal nachempfinden, durchkosten, wie es war, als ich dem Kapitalen begegnete, wie er fiel, ich ihn suchen musste, weniger die Hoffnung, noch einmal zu Schuss zu kommen.

Dabei spielte ich, fast wie eine Regieanweisung beim Film, jede Situation im Geiste durch, die mich in den nächsten zwei Stunden überraschen könnte, welche Körperdrehung ich mir erlauben konnte, welche Bewegung ich machen durfte, um nicht aufzufallen, wie ich das Gewehr halten musste, damit ich für jede Situation gewappnet war, und, und, und …

Dann kauerte ich zusammengekrümmt bewegungslos auf dem nassen Waldboden und fühlte, wie die Feuchtigkeit langsam den Körper hochstieg. Mein Fernglas lag einen Meter entfernt. Ich brauchte es nicht, die Entfernung, auf die ein Reh erscheinen würde, wäre gering, höchstens dreißig Gänge. Das Glas hätte nur zu unnötigen Bewegungen verführt und Wild vergrämt. Das Zielfernrohr ließ ich auf der Büchse.

Der Wald war voller Unruhe, voller Leben. Tropfen fielen von den Bäumen, Motten taumelten vorüber, eine Maus huschte über den Wechsel, hier und dort warnte ein Vogel. Eine Eule mit auffallend langem Stoß und überdimensionalen Ohrbüscheln strich lautlos heran, blockte kurz auf einer Espe auf und strich weiter.

Noch war es eintönig grau um mich herum. Dann schimmerte hier und da hell der Stamm einer Birke aus der dichten Dämmerung. In der großen Stille und trüben Farblosigkeit wirkte jede Farbnuance, jeder Laut viel stärker, viel voller als sonst. Ein Vogel flatterte davon, ließ mich zusammenschrecken. In der Ruhe um mich herum erschien mir jedes Geräusch besonders laut.

Eine Spinne hatte ihren Faden über den Wildwechsel gespannt und krabbelte wie über eine Brücke hin und her. Faszinierend, mit welcher Leichtigkeit, welcher Akrobatik, dieses kleine Tier sein Leben hier meisterte.

Einmal schreckte ich zusammen, Rascheln und Schnaufen, Kratzen und Pusten kam auf mich zu, und ein Dachs erschien am Wegrand, trabte fort und verschwand wieder im dichten Farn.

Zwei Tannenmeisen turnten in den tief hängenden Ästen einer Kiefer. Die weißen, dünnen Stämme der Birken standen stocksteif – bewegungslos. Der Wind spielte Augenblicke lang mit den äußeren dünnen Zweigen und Blättern und gab mir Gewissheit, dass die Rehe keinen Wind von mir bekommen konnten. Langsam wanderten meine Blicke nach links, nach rechts, den Kopf bewegte ich dabei nur im Zeitlupentempo.

Plötzlich erstarrte ich in meinen behutsamen Bewegungen. Zwanzig Meter von meinem Platz entfernt leuchteten zwei große, glänzende Punkte, und darüber standen zwei fast halbmeterhohe V-förmige Knüppel. Dieses Fabelwesen war eben noch nicht da, schoss es mir durch den Sinn. Unmerklich zuckte ich zusammen, hielt den Atem an und senkte, ohne mein Gegenüber aus den Augen zu lassen, behutsam meinen Kopf. Da drehten Lichter und Stangen ganz langsam ab, verschwammen und verschwanden. Ich vernahm davoneilendes Rauschen, und mein Blick verfing sich im grünbraunen Durcheinander des Farns. Als ich, die Büchse im Anschlag, aufsprang, sah ich im Zielfernrohr noch einmal die unglaublich hohen und starken Stangen mit der unwahrscheinlichen Auslage über dem Farn. Einige ganz kurze Augenblicke nur, dann war der Geist von Sibirien verschwunden.

Wenn ich in Deutschland im oder am Farnkraut sitze, träume ich oft von der Jagd auf sibirische Rehböcke in den westlichsten Vorkommen Russlands bei Matuschka Wolga und bin mir dann nicht sicher, ob ich damals im Farnkraut nicht auch geträumt habe.

Von Böcken, die ich nie bekam

SPANNUNG, STIMMUNG DOCH KEIN BOCK:

Aufregung ohne Beute

Der Mai ist ein herrlicher Monat, auch wenn er sich bereits dem Ende zuneigte, während ich entspannt auf einem zwei Meter hohen Ansitz die vorsommerliche Zeit genoss und auf das Austreten von Rehwild hoffte.

Störend war allein das Geratter der beiden Traktoren, die begonnen hatten, das erste Gras für Silage zu mähen. Bis es die richtige Reife für die Heuernte bekam, würden noch zehn oder gar vierzehn Tage ins Land ziehen. Sobald der Abend nach dem warmen, sonnigen Tag kühler und feuchter würde, das Gras schwerer zu mähen war, würden die beiden Landwirte nach ihrer eintönigen Arbeit zum Hof tuckern, und es würde Ruhe in Feld und Flur eintreten.

Am Nachmittag waren mein Bruder und ich, wie jedes Jahr um diese Zeit, mit unseren Hunden über die Wiesen gegangen, die am nächsten Tag zur Mahd anstanden, und hatten Kitze gesucht. An den Rändern der Flächen hatten wir bunte Fahnen in den Boden gesteckt, in der Hoffnung, sie würden durch ihr unruhiges Geflatter Ricken davon abhalten, über Nacht ihren Nachwuchs auf die Wiesen zu führen.

Wenn in den vergangenen Jahren wegen der ungewissen Wetterlage der Mähtermin nicht genau feststand, banden wir, über die Wiesenfläche verteilt, bunte Luftballons mit dünnen Schnüren an Grasbüscheln fest. Der leiseste Windhauch bewegte die leichten Gummibälle fröhlich hin und her, und im Laufe der Nacht platzte auch mal einer mit lautem Knall. Das war dem Wild unheimlich. Die Kitze wurden von ihren „Müttern“ hinausgeführt und die Flächen für einige Tage und Nächte gemieden. Ich erinnere mich nicht, dass jemals ein Kitz auf den von uns bestückten Wiesen an- oder totgemäht wurde.

Hinter den weiten Wiesen- und Weideflächen, fast schon am Horizont, leuchtete goldgelb ein Rapsschlag. Zu weit entfernt, und der Wind wehte von mir fort zu dem großen Feld hin, als dass ich den intensiven, süßen Duft der Ölsaat wahrnehmen konnte.

Vor dem Feld standen Kühe auf einer Koppel. Zwei Radfahrer stiegen von ihren Drahteseln und bewunderten die Schwarzbunten, die in übermütigen Bocksprüngen, voller Lebensfreude, wie es den Anschein hatte, über die Weide jagten. Dann galoppierte die Herde zurück und kam vor dem Stacheldrahtzaun wieder zum Stillstand.

Die Sonne stand schon so tief, dass ich, als ich in westliche Richtung die Gegend ableuchtete, so geblendet wurde, dass ich das Glas abrupt sinken lassen musste.

Die beiden Radler waren, sich fröhlich unterhaltend, weitergefahren. Durch die klare Luft wehten ab und zu unverständliche Gesprächsfetzen zu mir herüber, dann herrschte wieder Ruhe, Stille aber war nicht um mich herum.

Abwechslungsreich und vielseitig waren die verschiedenen Farben auf der Wiese: da leuchteten zwischen sattgrünem Gras weiße Margeriten, gelber Löwenzahn und Hahnenfuß, rote Kuckuckslichtnelken neben blauem Wiesenstorchschnabel und über allem weiße und cremefarbene Schleier der blühenden Doldengewächse, die ihre zierlichen Blütenschirme hoch über die Gräser ausbreiteten.

So bunt wie die Blumenpracht auf der Wiese vor mir, so bunt durcheinandergemischt war auch das Konzert der Vögel: Zwei Ringeltauber rucksten, erst verhalten, dann steigerten sich die beiden, immer erregter und in immer kürzeren Abständen erschallten ihre melodischen, dunklen Strophen. Schließlich hörte ich lautes Schwingenklatschen, einer der beiden stieg steil in den Himmel und segelte davon.

Ein Kuckuck strich über die benachbarte Wiese, blockte auf einem der Zaunpfähle, rief, keckerte und flog weiter.

Warum legt der Kuckuck seine Eier in fremde Nester?, sinnierte ich. Der Sage nach wies Gott, als er die Erde erschuf, sämtlichen Tieren eine Wohnstatt zu. Alle waren zufrieden bis auf den Kuckuck. Ihm war das Nest auf der Wiese zu frei, die Höhle im Baum zu dunkel und der Platz in der Hecke zu luftig. Schließlich wurde der Herr zornig über den wählerischen Vogel, und seitdem muss er ohne eigenen Nistplatz umherirren und seine Eier in fremde Nester legen.

Galt der Kuckuck früher bei vielen Völkern als weise, als Prophet und Vogel des Lebens, wurde er später zum Synonym des Bösen. „Hol dich der Kuckuck …“, sagt man noch heute, gemeint ist damit der Teufel. Aus „Gauch“, dem altdeutschen Namen des gesperberten Vogels, wurde „Gaukler“, Begriff für fahrendes, betrügerisches Volk.

Für mich ist der fröhliche Ruf des Kuckucks das Symbol für erwachendes Leben im Frühling.

Aus dem Erlenwäldchen zu meiner Rechten kam in regelmäßigen Abständen der Bettelruf von Jungvögeln. Verstummte er, flog stets ein Star aus den Bäumen fort. So wusste ich, dass die sympathischen Kirschendiebe auch in diesem Jahr ein Nest in der Asthöhle der verkrüppelten, alten Erle gebaut hatten und ihre Brut aufzogen.

Klar und deutlich klang das Lied eines Pirols herüber. Der Vogel Bülow war erst vor einer Woche zu uns zurückgekehrt.

Mönch und Gartengrasmücke schienen um die Wette zu singen, doch da brach das Konzert ab. Zeternde Warnrufe klangen aus dem Gestrüpp. Die Ursache konnte ich trotz angestrengten Suchens durch das Fernglas nicht ausmachen.

Leichter Wind wehte Löwenzahnsamen, Pusteblumen nannten meine Brüder sie, als wir noch Kinder waren, über das Gras, und plötzlich stand mitten in der Wiese ein Reh.

Obwohl ich Wild erwartet hatte, durchfuhr mich ein kurzer Schreck. Im Glas erkannte ich ein pralles Gesäuge, und gleich darauf erschien auf wackeligen Läufen ein Kitz neben der Ricke. Lange blieben die Objektive meines Fernglases auf die beiden Rehe gerichtet, und ich genoss den Anblick dieser Idylle.

Zwischenzeitlich waren noch vier Rehe auf die Wiese getreten oder hatten sich aus dem Gras erhoben: eine rote Ricke, vielleicht auch ein Schmalreh, ich konnte es auf die weite Entfernung nicht ansprechen, zwei Böcke, der eine mittelalt, gritzegrau, mit kurzen, dünnen Stangen, der andere ein hoffnungsvoller Jährling, und nur dreißig Gänge vor mir eine weitere Ricke, die offenbar noch nicht gesetzt hatte. Nervös schüttelte sie mit dem Kopf und zog zum gegenüberliegenden Rand der Wiese.

Die beiden Trecker waren verstummt. Erst jetzt nahm ich es wahr, weil ich mit dem Ansprechen des Wildes beschäftigt gewesen war. Und noch etwas bemerkte ich jetzt: einen grauen Wildkörper am Rand des Erlenwaldes, aus dem die Rufe der jungen Stare kamen. Ein Reh verhoffte dort regungslos, verdeckt durch die dichten Blätter einiger tief hängender Äste.

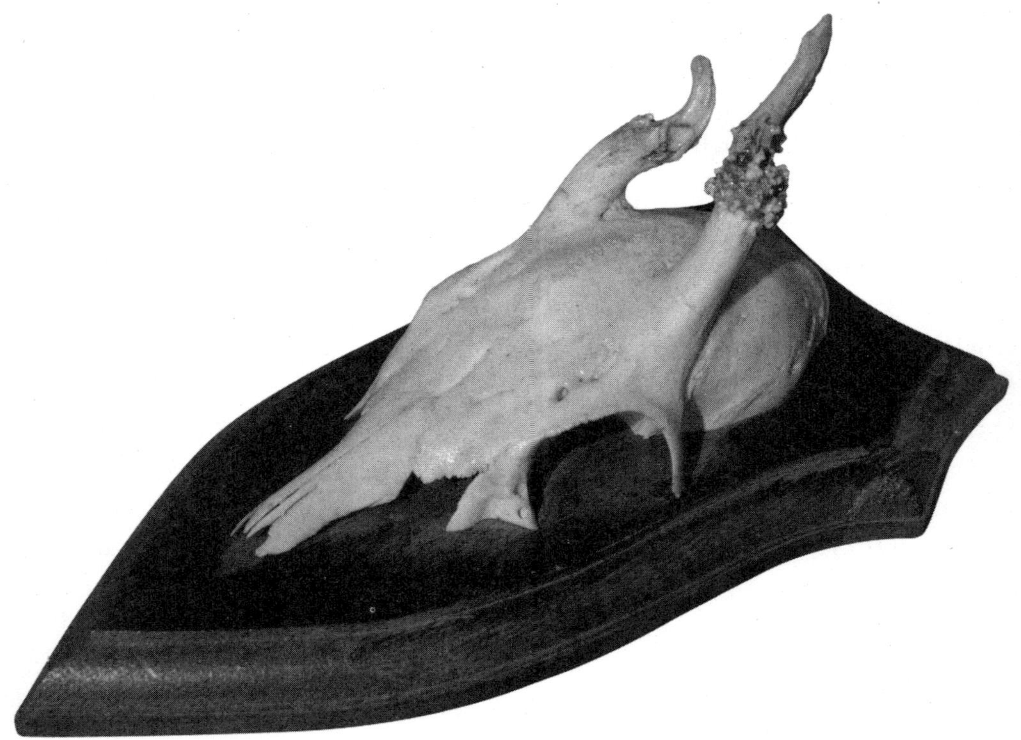

Und dann erkannte ich den schwachen Jährlingsbock, der sich anscheinend aufgrund schlechter Erfahrung und aus Furcht vor einem stärkeren Platzbock nicht auszutreten traute.

Behutsam nahm ich die Büchse hoch. Für Sekunden hatte ich den Kümmerling im Zielfernrohr, viel zu kurz, um zu zielen und zu schießen, denn augenblicklich verschwand er hinter den dicht belaubten Zweigen.

Ruhig blieb ich in Anschlag, starrte angestrengt an der Zieloptik vorbei zu der Stelle, an der der Knopfer verschwunden war, wartete und hoffte, dass er sich noch einmal blicken ließ und auf die Wiese austrat. Minuten voller Spannung vergingen. Eine Schnepfe hörte ich quorren, erhaschte aus den Augenwinkeln den gaukelnden Flug des „Vogels mit dem langen Gesicht", doch galt meine ganze Aufmerksamkeit dem Waldrand.

Entfernt fiel ein Schuss. Deutlich hörte ich Kugelschlag. In der Nachbarschaft hatte man die stimmungsvollen Abendstunden offenbar erfolgreich genutzt.

Es wurde dämmerig, am Waldrand war keine Bewegung mehr zu erkennen. Schließlich war es dunkel, aber kein weiteres Reh trat auf die Wiese aus.

Mit dem Schwinden des Lichtes kamen Kühle und Feuchtigkeit. Vor lauter Anspannung hatte ich es gar nicht gemerkt: erst als die Dämmerung von der Dunkelheit, die konzentrierte Starrerei zum Wald von Hoffnungslosigkeit, freudige Erwartung von Enttäuschung abgelöst worden war, merkte ich, wie schnell die Zeit vergangen war.

Über dreißig Minuten hatte ich alles um mich herum vergessen – nur wegen eines Knopfbockes? Legt man allein den Jagderfolg zugrunde, war es ein enttäuschender Abend, doch nicht jeder Jagdtag ist Fangtag.

Ein wunderschöner, stimmungsvoller Maiabend war zur Neige gegangen. Ich hatte zwar keinen Bock mit epochemachendem Gehörn erlegen können, nur einen kümmerlichen Knopfbock vor mir, doch über eine halbe Stunde hatte er mich abgelenkt und in Atem gehalten. Auch wenn ich an diesem Abend nicht zu Schuss gekommen war, lebte er in meiner Erinnerung fort.

TRAURIGES WIEDERSEHEN:

Der Bock des Nachbarn

In unserer Jägersprache haben sich Ausdrücke eingebürgert, die mir missfallen. Einer dieser Begriffe ist das „Feindliche", mit dem alles jenseits der eigenen Reviergrenzen gemeint ist. Meine Jagdnachbarn zählen nicht zu meinen Feinden, und ich hoffe, nicht eines Menschen Feind zu sein.

Vor einigen Jahren war ich allerdings, obwohl Jagdneid eine der wenigen schlechten Eigenschaften ist, die ich nicht besitze, in Versuchung geraten, einen alten Herrn, der die Nachbarjagd meines Bruders gepachtet hatte und mit dem bestes Einvernehmen herrschte, als „Gegner" zu empfinden. Dem gingen über einen Zeitraum von mehreren Monaten viele schöne Begegnungen und Erlebnisse voraus.

Es begann Anfang April und liegt bereits einige Jahre zurück.

Kaum hatte ich die Heckklappe des Autos geöffnet, sprang mir meine Hündin Gesa entgegen und stürmte in weiten Galoppsprüngen über die handbreit hohe Saat davon. Nicht schnell genug konnte ich die Pfeife aus meiner Jackentasche kramen, so flink war sie fortgerast, nahm mit hoch gehaltenem Kopf Witterung auf, wurde langsamer, zog mit tiefer Nase fünf, zehn Schritte nach und stand mit schräg gehaltenem Kopf, vorgestellten Behängen und krauser Stirn fest vor.

Gespannt ging ich zu ihr. Je näher ich herankam, desto verhaltener wurden meine Schritte. Da! Unvermittelt gingen mit lauten Warnrufen zwei Rebhühner hoch, strichen zum nahe gelegenen Feldrain, gingen nieder, sicherten, trippelten eilig weiter und verschwanden im schützenden Bewuchs.

Für Hund und Herr ein spannender Auftakt zu einem Pirschgang im April, dem Ostermond, oder wie die Gebirgsjäger ihn nennen, den Auerhahnmonat!

Und so schlenderten wir in den scheidenden Winter, in den anbrechenden Frühling. Tiefe, dankbare Freude am Neuen, am Sprießen und Keimen wollte ich empfinden, sonst nichts. Das Gewehr trug ich nur aus Gewohnheit über der Schulter.

Die Mitte des Monats war bereits überschritten, es würde nicht mehr lange dauern, bis die Jagd auf den roten Bock begann. Auf dem angrenzenden Feld schimmerte ein leichter, grüner Hauch von aus der braunen, feuchten Vorfrühlingserde drängenden, zarten Spitzen.

War früher der 16. Mai das magische Datum, das fortan meinen Lebensrhythmus umstellte und bestimmte, so war es jetzt der 1. Mai, dem ich nach jagdarmer Zeit entgegenfieberte. So auch meine Hündin, gerne verzieh ich ihr ihren stürmischen Ungehorsam, nahm sie aber an die Leine.

„April, April, du hältst bereit, Regen und Sonne zu gleicher Zeit", lautet ein alter Monatsspruch. Er passte auch für dieses Jahr wieder.

Es hatte zwei Tage und Nächte gestürmt und geregnet, vereinzelt war noch Schnee gefallen, nun war die Luft klar, der Boden verströmte würzigen, nach frischer Erde, nach Wachsen und Werden riechenden Duft und beflügelte unsere Schritte. Das Konzert der kleinen gefiederten Sänger, das vom Wald her an mein Ohr drang, das Pfeifen, Trillern und Singen machte den Winter trotz gelegentlicher Nachtfröste vergessen.

Die riesigen Ackerflächen, an denen ich entlangpirschte, wurden noch vor wenigen Jahren durch Knicks, „lebende Zäune", unterteilt. Da sie großräumiges Bewirtschaften mit Maschinen behinderten, mussten viele der undurchdringlichen Hecken im Zuge der Flurbereinigung zugunsten freier Wirtschaftsfläche weichen. Nur eine dieser ökologischen Nischen hat im Revier noch überlebt, dicht mit Weißdorn, Schlehe – von deren blauen Früchten ich wenige Tage vorher noch einen köstlichen Schluck Likör genossen hatte – und anderem sperrigem Gezweig bewachsen, zog sie sich bis fast zum Waldrand hin und gab Deckung zur Wiese auf der anderen Seite.

Aus der Hecke erklang das zarte Lied der Goldammer, zu Gesicht bekam ich den hübschen kleinen Sänger aber nicht. Auf einem in voller Blütenpracht stehenden Faulbaum balzte ein bunt schillernder Starenhahn. Lautstark und fröhlich ertönte sein munteres Gezwitscher, als ob er aller Welt verkünden wollte, dass der Frühling nicht mehr lange auf sich warten lassen würde.

Zwei Neuntöter harrten reglos im verzweigten Gebüsch. Sie hatten uns längst bemerkt, äugten unverwandt herüber.

Der dunkle Balzruf eines Ringeltaubers und das herrische Schmettern des Buchfinken übertönte all die feinen Stimmen der kleinen Sänger: das schüchterne Zirpen der Meise, das eintönige „Zilp-Zalp" des Laubsängers und das melodische Flöten der Ammer.

Auf dem Acker hockten zwei Rabenkrähen. Sie erhoben sich, als wir uns ihnen kaum mehr als 150 Meter genähert hatten. Obwohl die schwarzen Gesellen kaum bejagt werden, halten sie sommers wie winters diese Fluchtdistanz ein.

Als wir langsam zum Waldrand gingen, gaukelten vier Kiebitze mit schrillem „Kiwitt-Kiwitt“ an uns vorüber. In einer alten Birke hüpfte eine Kohlmeise von Ast zu Ast, von Knospe zu Knospe und brachte Leben und Farbe in das graue Landschaftsbild. An den Stamm dieses Baumes angestrichen, hatte ich im vergangenen Jagdjahr einen Rehbock beschossen, der ohne zu zeichnen absprang. Ich hatte, enttäuscht über den vermeintlichen Fehlschuss, repetiert und wollte zum Anschuss gehen, da stürmte der Bock in rasender Flucht wieder aus dem Wald hervor und brach vierzig Gänge vor mir zusammen. Die Kugel saß tief Blatt und hatte sein Herz verletzt. Der tödliche Treffer verhinderte aber nicht die lange Todesflucht.

Als wir in den Wald eintraten, sprang schreckend ein Reh ab, eine Ricke. Sie hatte noch nicht verfärbt, ihre Decke wirkte struppig und grau. Gesa beobachtete aufmerksam jede ihrer Bewegungen, bis sie in einem dichten Gestrüpp aus jungen Vogelbeerbäumen verschwunden war.

Auch meine Blicke folgen dem abspringenden Stück, hafteten dann an zerfetzten Sträuchern und Büschen, die in Kniehöhe böse zugerichtet worden waren. Hell leuchteten die verletzten Stämmchen, abgeschabte Rinde hing schlaff herab, ein Bock hatte dort gefegt und auf dem Erdboden geplätzt.

Nachdenklich folgte ich dem Waldweg zwanzig oder dreißig Meter, setze mich auf einen dicken vermodernden Buchenstamm und Gesa legte sich neben mich. Der alte Baum lag hier gewiss schon länger als zehn Jahre, war nach dem Fällen beim Abtransport der anderen Stämme offensichtlich vergessen worden. Schon oft hatte ich hier in den letzten Jahren gesessen, nichts hatte jemals auf die Anwesenheit eines Bockes hingedeutet. Der Unterwuchs war auch noch nicht hoch genug gewesen, um einem alten Bock einen sicheren Einstand zu bieten. Nun aber waren die dünnen Bäume gewachsen, und es hatte sich, wie Plätz- und Fegestellen zeigten, ein „Unbekannter“ den dichten Ebereschenbestand als Territorium auserkoren.

Eine halbe Stunde verharrte ich auf dem feuchten Stamm. Aus einem durch Regen und Frost der letzten Jahre entstandenen weiten Spalt sprossen zarte grüne Gräser, die in dem vergehenden Holz Nährstoff für neues Leben gefunden hatten. Wachsen und Werden, Vergehen und Verwesen so dicht beieinander!

Während sich Gesa erhoben hatte und mich ungeduldig anblickte, als wolle sie sagen: „Komm, lass uns weitergehen, hier ist nach der Störung durch die Ricke doch nichts mehr los“, musterte ich meine Umgebung mit anderen Blicken als zuvor, hielt nicht mehr so intensiv nach Wild Ausschau, sondern überlegte, wie, wann und wo ich einen unauffälligen Ansitzschirm aufstellen könnte und aus welcher Richtung er in der Morgendämmerung des 1. Mai am günstigsten zu erreichen wäre.

Inzwischen war es kalt geworden, und schließlich begaben wir uns auf den Heimweg. Als wir den Waldrand erreicht hatten, lösten sich drei bucklige, braune Schemen aus dem Bestand, hasteten in wilden Zick-Zack-Sätzen über die Saat, verharrten, vollführten scheinbar sinnlose Kapriolen, wilde Fluchten und unverhoffte Sprünge: zwei Rammler bemühten sich um eine Häsin.

Gesa verfolgte das lustig anmutende Schauspiel fasziniert mit ihren Blicken und zitterte vor Aufregung am ganzen Körper. Auch ich freute mich an dem munteren anmutigen Treiben der drei Hasen, aber noch mehr darüber, dass ich wusste, wo ich Anfang Mai, gleich nach Aufgang der Rehbockjagd, sitzen würde, auch wenn das Warten mit dem Wissen um den neuen Einstand an der Reviergrenze und seinem unbekannten „Bewohner“ nun noch schwerer werden würde.

Wenige Tage später zog es mich wieder mit meinem Hund ins Revier, und jenseits der Grenze beobachtete ich bei bestem Licht einen starken Rehbock, der sofort meine Begierde weckte. Ein Sechser mit hohem, starkem Gehörn. Seine Stangen waren dick, gut vereckt und stark geperlt, wie ich durch mein Fernglas erkannte, ein Bock, wie ich ihn weder in unserem Revier noch auf einer der jährlichen Trophäenschauen unseres Hegeringes jemals gesehen hatte. Vertraut zog er aus der Nachbarjagd in unser Revier und verschwand im Jagen 29.

Dieser Rehbock spukte von da an den ganzen Tag über in meinen Gedanken herum und verfolgte mich in meinen nächtlichen Träumen.

Endlich nahte das magische Datum: der 1. Mai.

Früh morgens und spät abends saß ich an der Grenze, sah manches Stück Rehwild, aber „mein“ Bock blieb unsichtbar.

Nach vielen ergebnislosen Ansitzen wurde es im Revier ruhiger. Der Kuckuck rief nicht mehr so oft, viele Vögel waren mit der Aufzucht ihrer Brut vollauf beschäftigt und sangen nur noch selten. Die Bauern sagen dann bei uns: „Wenn der Holunder blüht, werden die Eier weniger.“

Der Bock blieb unauffindbar und die Zeit verrann.

Die Tage wurden bereits kürzer, und mancherorts begann schon die Getreideernte. Die abgeernteten Felder wirkten mit ihren gelben Stoppeln wie die ersten Vorboten des Herbstes. Für den Jäger war die Zeit der „Ernte“ angebrochen, aber „mein“ Bock schien wie vom Erdboden verschluckt zu sein. Wann immer es meine Zeit erlaubte, saß ich an der Grenze, in der Hoffnung auf ein Wiedersehen mit dem Kapitalen.

Mitte Juli war im benachbarten Ort „Eversen“ Schützenfest oder Feuerwehrball. Ich bin kein großer Freund dieser lauten Veranstaltungen mehr, freue mich aber trotzdem darüber, weil sich das ganze Dorf auf dem Tanzboden trifft und das Revier menschenleer ist. Bis auf die Klänge der Tanzmusik, die der leichte Ostwind herüberwehte, war es ruhig im Wald. Deshalb wollte ich die Gelegenheit nutzen, um nach dem Starken zu schauen.

Bald hatte ich die Felder hinter mir gelassen und erreichte die Stelle im Kiefernwald, an der ich seit einigen Wochen unermüdlich versucht hatte, den starken Rehbock zu überlisten.

Ab und zu trat er auf die breiten Brandschneisen, aber zu Beginn des „Heumondes“ hatte auch er „Feistzeit“ wie die Rothirsche, die träge den heißen Tag im Schatten und in der Kühle des Waldes verdösten, wo sie von Fliegen, Mücken und anderen herumschwirrenden Plagegeistern nicht gar so sehr belästigt wurden.

Die günstigste Blattzeit, die Zeit, in der die Rehböcke am besten auf den nachgeahmten Fiepton der Ricke reagieren, ist zwar erst Anfang August, aber warum sollte ich es nicht jetzt schon einmal versuchen? Nicht umsonst nannten unsere Vorfahren diesen Monat ja auch „Blattmond“.

Ich kauerte am Rande des Kiefernaltholzes, dort wo ein Holzabfuhrweg dieses von einer jungen Kieferndickung trennt. Schon nach wenigen Fieptönen auf dem Buchenblatt wurde es spannend. Ein Wildkörper schob sich aus der Dickung. Noch war er verdeckt, ich sah vorerst nur „rot“, aber als das Stück zwei weitere Gänge aus der dichten Schonung machte, sah ich zudem auch klar: Es war nicht „mein“ Rehbock, sondern ein schwacher Rotspießer, der auf der Schneise verhoffte, unruhig zu mir her sicherte und dann begann, vertraut zu äsen.

Ich überlegte nur kurz, ob ich schießen sollte oder nicht. Den eigentlich erwarteten Bock, dessen war ich mir sicher, würde ich schließlich auch noch bei abklingender Rehbrunft bekommen, wenn die alten Böcke wegen der im Revier stehenden Brunftwitterung noch unruhig sein und aufs Blatt springen würden. Behutsam ging ich in Anschlag. Der Vorderschaft der Büchse lag ruhig auf meinem rechten Knie, und langsam zog ich den Abzug durch. Auf den Schuss zeichnete der Hirsch mit einer steilen, hohen Flucht und verschwand im angrenzenden lichten Bestand.

Es war erst später Nachmittag. Deshalb pürschte ich, meines Schusses sicher, um die Wartezeit zu verkürzen, zum Wildacker, um zu schauen, wie die Luzerne stand, und begab mich erst dann zu der Stelle zurück, von der aus ich geschossen hatte.

Der Anschuss war schnell gefunden, aber lediglich Ausrisse in der dunklen Kiefernspreu verrieten, wo der Hirsch gestanden hatte, als er die Kugel bekam. Trotz intensiver Suche fand ich weder Schweiß noch Schnitthaar.

Verunsichert folgte ich der vermeintlichen Fluchtrichtung und sah es nach wenigen Metern erneut rotbraun zwischen den Stämmen aufleuchten.

In der Annahme, den verendeten Hirsch entdeckt zu haben, ging ich erleichtert darauf zu. Da bewegte sich der rotbraune Fleck, und durch mein Fernglas erkannte ich „meinen" Bock. Er bewindete den gestreckten Hirsch und hatte mich nicht bemerkt.

Vorsichtig versuchte ich, den Heimlichen frei ins Absehen zu bekommen, aber er war durch Stämme und trockene Aststummel derart verdeckt, dass es mir nicht gelang. Während ich mich behutsam meiner Stiefel entledigte, um lautlos näher zu pirschen, stand der Starke immer noch unbeweglich neben dem verendeten Hirsch.

Da wehte mir ein leichter Luftzug ins Genick und machte meine weiteren Bemühungen zunichte. Schreckend sprang der Bock ab.

Kurz danach stand ich vor dem Spießer und brach ihn auf.

Als ich mich kurz aufrichten und genussvoll recken wollte, fuhr mir ein freudiger Schreck in die Glieder: Auf kaum mehr als dreißig Gänge äugte mich „mein" Bock mit erhobenem Windfang an. Mehrere Sekunden standen wir uns bewegungslos gegenüber. Er hielt sogar aus, bis ich mich mit wenigen Schritten an mein Gewehr, das an einer Kiefer lehnte, herangetastet hatte. Erst das Geräusch des Repetierens nahm er übel und sprang ab, bevor ich schießen konnte.

Wochen gingen ins Land. Ich sah den Starken trotz intensiver Bemühungen vorerst nicht wieder.

Zum Ende der Rehbrunft pirschte ich erneut an der Grenze entlang und entdeckte mehrere hundert Meter „im Feindlichen", dort, wo ich vier Monate vorher auch den Starken im Fernglas hatte, ein suchendes Reh, einen Bock. Was er drauf hatte, war auf die große Entfernung nicht auszumachen. Dass es nicht der Ersehnte war, erkannte ich jedoch, denn dieses Reh war nicht stark. Schnell hockte ich mich hinter einen Erlenbusch, zog ein Buchenblatt aus der Jackentasche und fiepte. Der Bock warf auf. Als ich weiter lockte, kam er in flottem Troll auf mich zu, überfiel den Grenzgraben, und während er verhoffte, auf knapp dreißig Gänge breit stand, schoss ich. Im Knall brach er zusammen.

Als ich zu ihm ging, erkannte ich einen älteren, nie vorher gesehenen Abnormen.

Zu Hause, an der Wand auf einem dunklen Brett aufgesetzt, mag er unter den vielen anderen die Aufmerksamkeit eines oberflächlichen Betrachters kaum auf sich ziehen, aber meine Blicke verweilen noch heute oft und lange in Erinnerung an die Erlegung und an den starken Sechser auf diesem wundersamen Gehörn.

Bis zum Beginn der Schonzeit sah ich „meinen" Bock nicht wieder.

Im Februar flatterte die Einladung zur Hegeschau auf meinen Schreibtisch, und zwei Monate später stand ich in dem vom Tabakrauch verqualmten Saal im Gasthaus zur Post in Eversen, wo sich die Jäger der Umgebung zu ihrem jährlichen Treffen eingefunden hatten.

An großen Tafeln hingen Hirschgeweihe, Keilerwaffen und zahlreiche Rehgehörne. Eine der vielen Tafeln schien etwas Besonderes zu bieten, denn dort drängten sich mehr Grünröcke als woanders herum und erweckten auch meine Neugierde.

Mühsam zwängte ich mich durch die Menschenmassen hindurch, und dann erkannte ich, was die Waidmänner wie Motten das Licht anzog: ein überdimensional stark wirkendes Gehörn! Es brauchte nur wenige Augenblicke, bis ich es erkannte – auf dem grünen Anhänger, der an einem der dicken Rosenstöcke befestigt war, stand, dass es am 16. Juli in unserer Nachbarjagd erbeutet worden war.

Ich spürte aber beim Anblick des starken Gehörns an der Trophäenwand in mir keinen Groll auf unseren Nachbarn. Zwar machte sich Enttäuschung in mir breit, aber nur kurz.

Der Rückblick auf stimmungsvolle, erlebnisreiche Ausgänge, auf zahllose Morgen- und Abendansitze mit Ruhe und Beschaulichkeit, aber auch Aufregung, viel Anblick und Pläneschmieden, Emotionen und Hoffnungen – vor allem aber die nie verlöschenden Erinnerungen – erstickten meine trüben Gedanken im Keim.

Über vier Monate lang war ich einem Bock hinterhergelaufen, der längst schon erlegt worden war. Geblieben war das wunderbare Gefühl der Einmaligkeit jeder einzelnen Beobachtung, die ich auf der Jagd nach meinem „Traumbild" machen durfte. Das ist beständiger und kostbarer als jede Trophäe.

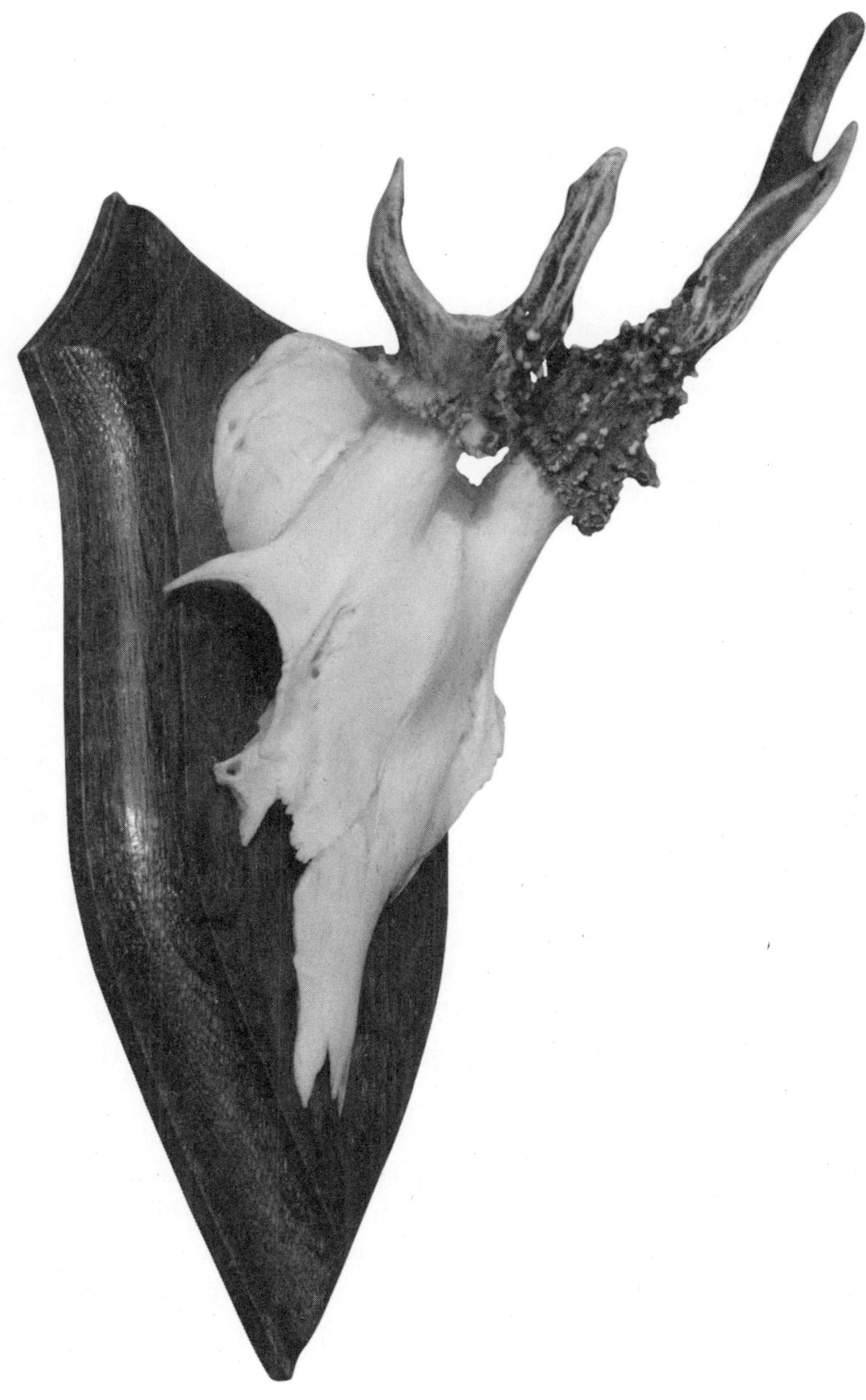

MÖRDERISCHE ENTWICKLUNG:

Auf der Strecke geblieben

„Ich mag gar kein Reh mehr schießen“, klagte ein befreundeter Jagdpächter. „Der Abschussplan erlaubt zehn Böcke und 15 Ricken, Anfang Juni waren schon sieben Böcke und fünf weibliche Stücke durch den Straßenverkehr erledigt.“ „Fast 40 Prozent“, fügte er hinzu.

Entsetzen stand in seinem Gesicht, als ich riet, einen höheren Abschuss zu beantragen, mehr zu schießen. Nur wenn zu viel Wild da ist, kann zu viel überfahren werden, argumentierte ich.

Ich hatte mehrere Male, wenn ich mit dem Auto in das Revier des Freundes fuhr, Rehe im niedrigen Getreide nahe der Straße ausgemacht, doch wenn ich anhielt, sie mir durch das Glas genauer anschauen wollte, hatte ich eilige Verfolger im Rücken. Die vertrauten Rehe wurden mir zwar bald alte Vertraute, aber trotz mehrfacher Bemühungen war es mir nicht vergönnt, sie näher anzusprechen.

Dann klappte es doch. Der Roggen stand hoch, die angrenzende Wiese war zum ersten Mal gemäht worden, und am Rande leuchtete es an mehreren Stellen rot auf. Augenblicklich nahm ich den Fuß vom Gaspedal, ein Blick in den Rückspiegel offenbarte: keine Gefahr von hinten, ließ den Wagen vor dem Verkehrsschild „Achtung Wildwechsel“ auf dem schmalen Randstreifen ausrollen und blieb im Schutz einer dicht belaubten Erle stehen.

Sofort hatte ich das Glas vor den Augen, es bestätigte neben sechs weiblichen Stücken einen jungen Bock, gewiss kein Jährling mehr, denn er erahnte die Gefahr, die ihm aus dem parkenden Auto zu drohen schien, und zog zügig in das Roggenfeld. Hier sah ich ab und zu seinen Kopf, wenn er zu mir heräugte, sah aber auch, dass zwischen seinen Lauschern etwas „nicht stimmte“. Hatte er nur eine Stange? Nein, da war rechts auch etwas, aber der Ärger, kein Spektiv griffbereit zu haben, half nicht weiter, während der Feierabendverkehr mit Lichthupe, lautem Getöse, mehrstimmigen Hornsignalen oder mich ignorierend vorüberrauschte.

Anfangs registrierte ich meine Verkehrspartner kaum, was sich allerdings änderte, als hinter mir ein Wagen hielt, dessen aufgeregter Fahrer aus seinem Vehikel sprang und mir in wenig freundlichen Worten Selbstmordgedanken unterstellte.

Nach einigen Entschuldigungen startete ich mein Auto und fuhr weiter, während der Bock im Roggenfeld nervös mit den Lauschern spielte. Mehr konnte ich nicht mehr erkennen, weil mich ein Autofahrer hinter mir anhupte und ich Gas geben musste.

Der Roggen wuchs heran – und mit ihm meine Begehrlichkeit nach diesem offensichtlich abnormen Jüngling.

Die Straße war gleichzeitig Jagdgrenze, aber nur von dieser Seite aus war es Erfolg versprechend, den Bock anzupürschen. Ungefähr alle 20 Meter stand ein Baum, den ich als Deckung nutzen konnte. Wollte ich mein Heil von der anderen Seite versuchen, hätte ich mehrere hundert Meter deckungslose Wiese kriechend überwinden und in Richtung Straße schießen müssen, immer vorausgesetzt, ich wäre nahe genug an das Wild herangekommen.

Samstagnachmittag – ein schlechter Zeitpunkt, den ich gewählt hatte. Der Wochenendverkehr wollte kein Ende nehmen. Alle wollen zurück zur Natur, aber niemand zu Fuß.

Die Windschutzscheibe meines Wagens war kaum von Insekten verklebt. Auch sie sind „auf der Strecke geblieben", Verkehrsopfer, die früher als Indikatoren Hoffnung auf gute Niederwildbesätze aufkommen ließen. Heute fehlen sie den Rebhühnern zur Aufzucht der Jungen. Die Hühnerbesätze nehmen seit Jahren dramatisch ab.

Am Vortag war dort, wo ich nun parkte, ein Schmalreh angefahren worden. Der Autofahrer hatte es gemeldet und mein Freund konnte es abfangen. Furchtbar war die Kreatur zugerichtet. Drei Läufe mehrmals gebrochen, der Wildkörper voller Blutergüsse, dass man ihn nur noch vergraben konnte.

Schon auf 500 Meter sah ich Rehe am Rande des mittlerweile gelben Roggens. Ein Blick durch das Spektiv: der Abnorme war darunter.

Einen harmlosen Wandersmann vortäuschend, mein Gewehr als Krückstock missbrauchend, marschierte ich, oh wie vermessen, kein Wanderlied, nicht irgendeine Melodie, sondern zuversichtlich „Bock tot" pfeifend, die Straße entlang.

Als ich knapp 200 Meter von den Rehen entfernt war, gerade erhob sich ein Schwarm Fliegen summend von den Resten eines platt gefahrenen Igels auf dem Asphalt, sprangen sie, ohne gesichert zu haben, ab und verschwanden im hohen Getreide.

Schon am nächsten Vormittag sah ich den abnormen Bock an fast der gleichen Stelle wieder, parkte den Wagen und kroch, bemüht, immer einen Baum zwischen mir und dem Ersehnten als Sichtschutz zu haben, am Chausseerand entlang. Dabei musste ich achtgeben, dass mich die anderen Rehe, zwei Ricken mit je einem Kitz, ein Schmalreh und zwei weitere junge Böcke, nicht bemerkten.

Aasgeruch stieg mir in die Nase. Im fast zugewachsenen Straßengraben entdeckte ich die Überreste eines Hasen, der sich angefahren noch in Deckung schleppen konnte, wo er dann verendete.

Wie viele Wildtiere mögen jedes Jahr ein ähnlich qualvolles Ende durch den Straßenverkehr finden?

Ein paar Radler hörte ich hinter mir und sah sie dann fröhlich schwatzend um die Kurve biegen. Flink rutschte ich einen halben Meter nach rechts vom Asphaltrand, da war die Gruppe heran. Platt lag ich auf den Erdboden gepresst, drückte mein Gesicht ins Gras und hielt den Atem an. Das Gras war nicht sehr hoch, gab aber notdürftig Deckung. Ohne mich zu bemerken oder Notiz zu nehmen, rollte die Gruppe sich ausgelassen unterhaltend vorüber. So schlecht konnte meine Tarnung also nicht sein.

Als ich den Kopf aus dem Gras hob, war der Bock verschwunden. Im Schatten eines Straßenbaumes wartete ich bis zum Schwinden des Büchsenlichtes, aber er erschien nicht mehr, und in diesem Sommer sah ich ihn nicht wieder.

Bis Ende Oktober kamen ein weiterer Bock und ein Schmalreh durch den Straßenverkehr zur Strecke. „Meinen Bock“ traf ich auf der Hegeschau des darauffolgenden Jahres wieder. Quer über dem Pappanhänger, der an dem abnormen Gehörn hing, stand in roten Buchstaben „Fallwild“.

SOWEIT DIE BÜCHSE TRÄGT:

Kugeln, die den Jäger schmerzen

Der Raps war verblüht. Nur vereinzelt leuchtete es kleinen gelben Punkten gleich aus den riesigen grünen Schlägen. Über den wogenden Gerstenfeldern lag bereits der Hauch eines goldenen Schimmers, und der Weizen stand fast kniehoch.

Ich wollte längst der Einladung meines Vetters auf seinen Besitz nach Rügen gefolgt sein, aber musste Jagdgäste nach Afrika begleiten, anschließend drängte ein Verlag auf die pünktliche Ablieferung einer Übersetzung und schließlich waren dringend Manuskripte zu erledigen, sodass ich mich erst vier Wochen später als geplant, auf den Weg zu der Insel machen konnte. Eine denkbar ungünstige Jahreszeit, um einen Rehbock zu schießen, alte Böcke sind Mitte Juni heimlich, träge und phlegmatisch wie Kolbenhirsche zur Feistzeit.

Trotzdem freute ich mich, ein paar Tage unbeschwert jagen zu dürfen, auch wenn ich mir keine großen Erfolgschancen versprach, doch bereits beim ersten Abendansitz zerplatzten meine Zweifel wie eine Seifenblase.

Von einer Kanzel an einer Feld-Wald-Grenze aus beobachtete ich zwei Rottiere mit ihren Kälbern und eine Bache mit fünf fidelen Frischlingen. Über dem Raps erschienen in unregelmäßigen Abständen die Kolbengeweihe eines sechsköpfigen Rothirschrudels, und im Weizenschlag zu meiner Linken zählte ich 16 Rehe, darunter zwei ältere Böcke. Voller Zuversicht registrierte ich, dass der Weizen an manchen Stellen noch nicht zu hoch stand, um ein Reh zu erlegen.

Am nächsten Morgen stapfte ich mit meiner Hündin in der breiten Fahrspur eines Treckers zu einem kleinen kraterähnlichen Wasserloch, in der Mitte eines über 50 Hektar großen Weizenfeldes. An seinem Rand stand eine uralte knorrige Weide, in die eine unauffällige Leiter eingebaut worden war.

Der Himmel war bedeckt, es war windig, fast stürmisch und kalt. Meine Zuversicht vom Abend war verflogen.

Den Hund hatte ich unter der Leiter abgelegt.

400, 500 Meter in jeder Richtung lag, von keiner Blüte oder Blume unterbrochen, die große Fläche eintönig unter mir. Wehte der Wind stärker und jagten Böen über das Feld, kam Bewegung in das Halmenmeer, verlieh ihm einen silbrig glänzenden Schimmer und ließ es für kurze Zeit kontrastreich aufleuchten, als würden sich unruhige Meereswellen über das Feld bewegen.

Immer wieder leuchtete ich den Schlag mit dem Fernglas ab, und plötzlich entdeckte ich im grünen Einerlei, mehr als 200 Meter entfernt, etwas Bräunliches, das vorher noch nicht dort gewesen war. So sehr ich aber spekulierte, ich wurde aus dem bewegungslosen Gebilde nicht klug.

Nachdem ich zum x-ten Mal meine Umgebung durch das Glas nach Wild abgesucht hatte, um dann erneut das undefinierbare Wesen mustern zu wollen, war es verschwunden, einfach weg, eingetaucht in das grüne Gewirr wogender Halme und Ähren.

Frösche quakten unter mir aus dem Wasserloch, vermittelten eine seltsame, unwirkliche Stimmung in der weiten Feldlandschaft. Meisen turnten zirpend in den hängenden Zweigen der alten Weide, und ein Kornweihenterzel gaukelte im Tiefflug über das Feld.

Und plötzlich, als mein suchender Blick wieder zu dem ominösen Etwas wanderte, stand dort ein Reh, wie der Blick durch das achtfach vergrößernde Glas bestätigte.

Aber die Optik offenbarte noch mehr: Ein Rehbock mit hohen starken Stangen und sechs langen, weißen Enden stand dort wie ein Denkmal, ein Traumbock, der mir den Atem stocken ließ. Er verhoffte sichernd, regungslos, und ich saugte den Anblick des Kapitalen förmlich in mich auf.

Langsam ließ ich das Glas sinken, vertauschte es mit der Büchse, lehnte mich mit dem Rücken an den Stamm der Weide, fand auf der Hochsitzbrüstung eine fast ideale Auflage, legte behutsam das Gewehr darauf, ging in Anschlag und hatte den Bock klar, aber sehr, sehr klein, fast winzig im vierfachen Absehen.

Es mochten über zweihundertfünfzig Meter bis zu ihm sein. Für einen geübten Sportschützen eine noch zu bewältigende Entfernung, für den, der das Jagen liebt, das Anpirschen, Überlisten, lediglich ein Glücksschuss oder ein wenig reizvoller Zufallstreffer. Deprimiert gab ich auf und betrachtete den Ersehnten wieder gebannt durch das Fernglas.

Doch zu verlockend war der Anblick des breit stehenden Bockes. Ich ging erneut in Anschlag, suchte noch einmal stabilisierenden Halt mit meinem Rücken an dem dicken Stamm, und noch einmal visierte ich den so weit entfernten Bock durch das Zielfernrohr an. Ganz ruhig standen die dicken Balken des Fadenkreuzes auf dem winzigen roten Punkt, während ich konzentriert den Atem anhielt, aber die Distanz war einfach zu groß, das Absehen zu gewaltig, der Bock zu klein. So sehr ich mich konzentrierte, zielte und zirkelte, trotz guter Auflage bot der Bock kein sicheres Ziel, und schließlich siegte die Einsicht, dass es ein zu gewagter Schuss sei. Enttäuscht ließ ich die Büchse zum dritten Mal an diesem Morgen sinken, ohne geschossen zu haben, und betrachtete den Bock wieder durch das Fernglas.

Ich musste näher heran, und weil mir der Wind vom Bock her ins Gesicht wehte, wollte ich versuchen ihn anzukriechen.

Flugs sicherte ich die Büchse und stieg die Leiter hinab. Dort beruhigte ich meinen Hund, entledigte mich meiner Jacke und vergewisserte mich noch einmal, bevor ich das Glas ablegen und in die Knie gehen wollte, dass der Bock mich nicht bemerkt hatte, als ich den Sitz verlassen hatte.

Da durchfuhr mich ein Schreck. Er war fort, nicht mehr da, einfach weg. Fieberhaft suchte ich nach der Stelle, wo er vertraut gestanden hatte, nichts, kein Bock, noch nicht einmal seine Lauscherspitzen.

Nach erneutem Ableuchten entdeckte ich wieder dieses braune Etwas und nun erkannte ich auch, was es war: die äußersten Spitzen der Lauscher und des starken Gehörns, der Rest des Wildkörpers wurde durch das hohe Gras verdeckt.

Vom Hochsitz aus konnte man zwar ein Reh ansprechen, auch schießen, vom Boden aus aber wäre es unmöglich gewesen. Ich hatte in meiner Begeisterung nicht bedacht, dass die Frucht schon so hoch stand.

Deprimiert liebelte ich meinen Hund ab und stieg wieder die Leiter hinauf. Der Bock stand noch an derselben Stelle, erkannte ich aus luftiger Höhe. Trotzdem visierte ich ihn noch einmal an. Zu verlockend war es, aber wieder musste ich einsehen, dass die Gefahr ihn anzuschießen zu groß war.

Da zog er fort, dem Waldrand entgegen. Dort stand ebenfalls eine Leiter.

So schnell es ging, stieg ich wieder vom Hochsitz, bedeutete meinem Hund, der mich am Fuß der Leiter überschwänglich begrüßte, liegen zu bleiben und stürmte geduckt in entgegengesetzter Richtung durch den Weizen in einem großen Bogen zu der anderen Leiter, immer darauf bedacht, dass ich durch das dichte Weidengestrüpp vor dem Bock gedeckt war.

Als ich mich umschaute, tat mir der Hund leid. Unverständnis, ja Trauer sprach aus seinen Augen, dann eilte ich weiter.

Ein halbe Stunde benötigte ich für die knapp zwei Kilometer bis zu dem neuen Ansitz. Er war nur halb so hoch wie der in der Weide.

Sofort entdeckte ich auch den Bock, konnte aber lediglich seine Rückenlinie ausmachen. Zwar war er nun noch weiter entfernt, aber hoffnungsvoll registrierte ich, dass er näher zog.

Es war mittlerweile neun Uhr, im Schloss erwartete man mich seit einer Stunde zum Frühstück. Mein Vetter hatte aber gewiss Verständnis für meine Situation, und seine Frau ist durch die Jagdpassion ihres Mannes sowieso leidgeprüft, deshalb verschwendete ich keine weiteren Gedanken daran, vergaß auch alles andere um mich herum, hatte nur noch den kapitalen auf mich zu ziehenden Bock im Sinn. Mal war er frei, mal von hohen Getreidehalmen verdeckt kaum noch auszumachen.

Entspannt, meiner Sache sicher, lehnte ich mich zurück, freute mich an dem Anblick eines vorüberklafternden Reihers und an einer Ricke mit prallem Gesäuge, die am Waldrand zwanzig Gänge entfernt von meinem Sitz erschien. Sie äste sehr unruhig, warf nervös auf und sicherte zum Bestand, wo ich ihr abgelegtes Kitz vermutete. Schließlich zog sie zurück in die schattige Deckung.

Es war mittlerweile 11.30 Uhr. Der Bock stand immer noch gut 250 Meter entfernt, wollte aber offensichtlich ebenfalls in den Wald ziehen.

Mit einem Mal stürmte er direkt auf mich zu. Noch während ich die Büchse hochriss, erkannte ich den Grund für seine Flucht: Ein Trecker mit einem überdimensional großen Spritzgerät im Schlepptau.

Ich verfolgte den Sechser im Absehen. Er preschte heran, wurde langsamer, fiel in Troll, verhoffte 30 Gänge vor mir, äugte zurück zu der schweren Maschine, ich betätigte den Abzug, der Schuss fiel, und der Bock verharrte unbeweglich. Erst als ich repetierte, die leere Patronenhülse auf den Leitersprossen mit ohrenbetäubendem Lärm – wie mir schien – den Hochsitz hinunterpolterte, äugte er kurz zu mir herüber und wendete sich, während ich erneut zielte, wieder der entfernten Störung zu.

Ich schoss ein zweites Mal. Der Bock nahm auch diesmal keine Notiz von dem lauten Knall des Büchsenschusses. Selbst das anschließende Repetieren und den dritten Schuss schien er nicht zu registrieren, stand unbeweglich, wie aus Erz gegossen, vor der Leiter und zog dann gemächlich in den Wald.

Niedergeschlagen ließ ich die Büchse sinken, hatte nicht die Nerven oder den Mut für einen vierten Schuss und schlich verzagt zu meinem Hund, der meine bedrückte Stimmung zu fühlen schien.

Obwohl ich sicher war, gefehlt zu haben, ein späterer Probeschuss offenbarte, dass meine Büchse 20 Zentimeter zu hoch schoss, blieb ein unbehagliches Gefühl zurück.

GENERATIONSPROBLEME:

Wenn der Vater mit dem Sohne …

So hieß ein Film mit dem unvergesslichen Schauspieler Heinz Rühmann, der in meiner Jugendzeit die Gemüter berührte und Menschenmassen in die Kinos zog. An diesen anrührenden Film dachte ich, als ich mir eine Strategie überlegte, um mit meinem Sohn Moritz einen Rehbock, seinen ersten, zu schießen.

Nächtelange Diskussionen mit ihm kurz vor seiner Jägerprüfung hatten bewiesen, dass ich wenig Ahnung vom Ansprechen des Rehwildes habe, die Altersbestimmung denkbar einfach ist und ich früher im Unterricht nicht aufgepasst hätte. Ich verschwieg, dass ich nie einen Vorbereitungskursus für meine Jägerprüfung besucht hatte, und zitierte stattdessen: „Manche Böcke tragen alle Lehrbuchweisheiten über das Lebensalter in sich vereint, man kann bei der ersten Begegnung sagen, wie alt sie sind, bei anderen tut man sich besonders schwer", aber einen falschen Bock zu schießen, war für meinen Herrn Sohn undenkbar.

Ein Sechser – besser ein ungleich vereckttes Sechserchen – war es, der mir Kopfzerbrechen bereitete. Mehrfach beobachtete ich ihn auf dem großen Wildacker. Stets nur kurz, normalerweise hätte die Zeitspanne ausgereicht, um einen Bock halbwegs sicher anzusprechen, aber einmal erschien er mir jung, höchstens zweijährig, ein anderes Mal war ich sicher, einen alten Bock vor mir zu haben. Ich tat mich immens schwer, war selten so verunsichert wie beim Beurteilen dieses Bockes. Dann hatte ich Muße, ihn sicher mit dem Spektiv zu beobachten. Er vereinigte alle Anzeichen und Schulbuchweisheiten eines alten Bockes, stellte ich nach genauem Betrachten fest, ihn sollte mein Sohn als seinen „Ersten" erlegen.

Der konnte kaum erwarten, mit seinem Vater den ersten Bock zu erlegen, und so stapften wir los: ein junger, vor Passion und Ungeduld strotzender und ein älterer, etwas abgeklärterer Jäger. Genau wie der Vater, meinte meine Mutter beim Abschied im Gutshaus. Sie hatte recht, die Ähnlichkeit zwischen uns beiden ist verblüffend.

Den Schäferdamm entlang pürschten wir, der Sohn erwartungsvoll, etwas unsicher, seinem Begleiter sporadisch fragend von der Seite einen Blick zuwerfend, der stolze Vater, selbstsicher und verständnisvoll, routiniert, wohlwollend, hin und wieder seinen hoffnungsvollen Sprössling unauffällig musternd.

Am Wildacker angelangt, krochen wir in ein Gebüsch, das Deckung und genügend Blickfeld bot. Der Wind stand günstig.

Ein fragender Blick meines Sohnes – zur Kanzel am gegenüberliegenden Waldrand, dann zu mir –, aber ich schüttelte den Kopf. „Vom Hochsitz aus schießen, wollen wir den Alten überlassen", flüsterte ich. Aus der Reaktion des Jungjägers sprach Unverständnis über meine Äußerung.

Ich dachte an einige unwirtliche Nächte in einem Iglu an der Hudson Bay nach einer Gänsejagd, wo ich mit einem Jagdfreund wegen der Wetterverhältnisse festgehalten worden war, das Flugzeug konnte uns nicht rechtzeitig abholen. Drei Tage verbrachten Freund Michael und ich mit den Inuits auf engstem Raum, erzählten Geschichten und verkürzten uns mit Anekdoten die Zeit. „Wie jagt ihr in Deutschland?", fragte mich damals der Chef der Eskimos, und ich berichtete von Abschussplänen, die vorschreiben, wie viel Wild man schießen darf und wie stark es zu sein hat, erzählte von unseren Reviergrößen, von Wildäckern, geschlossenen Kanzeln, bis ich ungeduldig unterbrochen wurde. „Nun gut, das ist Wildmanagement, aber was macht ihr, wenn ihr jagen wollt?"

Die Frage des Eingeborenen beschämte mich, und oft, wenn ich von der Natur ausgesperrt auf einer geschlossenen Kanzel sitze, denke ich an diesen Ausspruch des „Wilden".

Ich wendete mich wieder zu meinem Filius: „Wo man ohne das Hinterland zu gefährden nicht schießen kann, ist ein hoher Sitz unerlässlich, doch in einer Kanzel ist es lediglich meine Geduld, die ich der Intelligenz, dem Instinkt und den Sinnen des Wildes entgegenzusetzen habe, mit jagdlichem Können hat das Warten auf einer Kanzel wenig gemeinsam."

Schweigend starrten wir auf die vor uns liegende Fläche, bis mein Sohn mich behutsam anstupste. Ein Igel marschierte laut schnaufend ein paar Schritte entfernt vorüber.

„Ich habe mal eines dieser Stacheltiere beobachtet, wie es eine schleimige Wegschnecke mehrmals geschickt im Sand vor sich herrollte, bevor es die Gummikost verzehrte", raunte ich meinem Sohnemann zu.

Wenige Meter entfernt bewegten sich ein paar Dornenzweige, schon hüpfte eine Mönchsgrasmücke so nahe an uns heran, dass man sie bequem hätte greifen können.

Dann beobachteten wir zwei bunt schillernde Käfer, und als die Dämmerung hereinbrach, jagten sich zwei Spitzmäuse fast über unsere Stiefelspitzen. Beobachtungen, die uns in der Kanzel entgangen wären. Und ich will sie keinesfalls missen, diese kleinen Aufregungen, die den Ansitz würzen.

Langsam stieg die fast volle Scheibe des Erdtrabanten – Schweinesonne nennen manche den Mond geschmacklos – hinter den Kiefern auf und machte die Nacht fast zum Tage. Zufrieden, auch wenn ohne Rehanblick, zogen wir heimwärts und freuten uns an den Glühwürmchen und dem Ruf des Kauzes.

Am nächsten Morgen saßen wir vor Tagesanbruch wieder in dem Gestrüpp und genossen den stimmungsvollen Sonnenaufgang, das anschwellende Konzert der Vögel, deren einzelne Stimmen ich meinem Sohn erläuterte, ja, und dann erhielt ich einen gewaltigen Stoß in die Seite. Auf 70 Gänge zog ein Bock auf den Wildacker. Tiefer, breiter Träger – fast bullig wirkte er, stark an Wildbret und selbstsicher. Ich brauchte kein Glas, um ihn anzusprechen, zumal ich auch die ungleich vereckten Sechserstangen deutlich erkannte.

Ein herrliches Bild: der von der aufgehenden Sonne beschienene, rot leuchtende alte Bock in dem frischen Grün, in dem hier und dort Tautropfen glitzerten, mit dem dunklen Kiefernwald als Hintergrund. Dazu die zahllosen Vogelstimmen, die auf ihre Art den anbrechenden Tag willkommen hießen.

Ein fragender, unsicherer Blick des jungen Jägers, Kopfnicken meinerseits, behutsam ging die Büchse in Anschlag.

Aus den Augenwinkeln bemerkte ich, wie mein Sohn vom Jagdfieber geschüttelt wurde. Die Gewehrmündung wackelte wie Espenlaub.

„Wenn er breit steht, schieße“, flüsterte ich und konzentrierte mich auf das Reh.

Durch das achtfache Fernglas erkannte ich jede Einzelheit des Gehörns, den massigen Träger, den alt wirkenden, mürrischen Gesichtsausdruck, die fast weiße Maske und das kümmerliche Gehörn.

Dabei wurde meine Geduld auf eine lange Probe gestellt. Mein Sohn zielte und zitterte, setzte die Waffe ab, atmete tief durch, legte wieder an, starrte angestrengt durchs Zielfernrohr, zitterte und zielte, holte tief Luft, atmete schnaufend aus, versuchte, sich mit aller Macht zur Ruhe zu zwingen, ohne Erfolg. Das Jagdfieber machte einen zittrigen Strich durch die Rechnung. Als der Schuss fiel, sicherte der Bock unversehrt in unsere Richtung, zog weiter fort, und als mein Sohn sich bemühte leise zu repetieren, trollte der Ersehnte zum Waldrand, wo er noch einmal verhoffte und dann verschwand.

Ein Häher strich lautlos auf uns zu und warf sich in jäher Wendung laut krächzend im rechten Winkel im Flug herum, als er uns bemerkte. In gedrückter Stimmung machten wir uns auf den Heimweg.

„Jagen und schießen, das erste ist die Hauptsache, das zweite die wichtigste Nebensache“, versuchte ich Moritz zu trösten.

Plötzlich saß mitten auf dem Weg ein Hase. Er wirkte überlebensgroß und mümmelte an einem riesigen Sauerampfer, wie wir durch unsere Ferngläser erkannten. Wenn er sich gemächlich vorwärtsbewegte – der Ausdruck hoppeln traf hier nicht zu –, wirkte es unbeholfen und schwerfällig. „Er hat viele, viele Feinde – alle, alle wollen ihn fressen“, zitierte mein Sohn einen alten Spruch, als wir Meister Lampe bei der Morgentoilette zuschauten. Warum ihm wohl diese geläufige Redensart gerade jetzt einfiel, überlegte ich und erklärte: „Es gibt in der Tierwelt keine Feindschaft, das Verfolgen eines Hasen durch Habicht, Marder oder Fuchs entspricht dem ewigen Naturgesetz des Fressens und Gefressenwerdens.“

Am Abend saßen wir am selben Wildacker auf dem Boden, des Windes wegen aber an einem riesigen Holunderbusch. Holuntar, „Baum der Holler“, nannten ihn unsere Vorfahren und hatten ihn Frau Holle geweiht. Üppig ranken sich Märchen und Sagen um den seltsamen Strauch, der in der Heilkunde seit uralten Zeiten einen hervorragenden Platz einnimmt. Etwas Trautes, Heimeliges, ein Hauch Geborgensein geht von seinem grünen, mit weißen Lichtern winkenden Blätterdach aus. Aus seinen Zweigen fertigten wir als Jungen Blasrohre und Flöten.

Wunderbar, wie die Abendröte die Landschaft verschönte. Ein blauschwarz glänzender Mistkäfer arbeitete sich umständlich durch das Laub zu unseren Füßen, und kleine Fliegen kreisten in Schwärmen über uns. In Tanzgruppen hoben sie sich in die Höhe, als drehten sie sich um eine Spindel. Dann kamen sie alle wieder gleichzeitig herab, Hals über Kopf zitternd, ohne je aneinander zu stoßen. Unglaublich, wie Hunderttausende solcher Winzigkeiten einen so tollen Lufttanz aufführen können, immer in derselben schmalen Säule, ohne je einander zu berühren. Die Fliegen schlugen Purzelbäume, eine aufwärts, eine abwärts. Eine hüpfte geradezu beim Schweben, eine andere kreiste wie im Tanz, und dabei störte keine die andere. Ein herrliches Spiel, wir wurden nicht müde, ihm zuzusehen.

Als es dämmrig wurde, gesellte sich am anderen Ende der Fläche – zu weit für einen sicheren Büchsenschuss – ein Reh zu einer bereits ausgetretenen Ricke. Es war der alte Sechser, aber Ankriechen wäre zum Wettlauf mit der aufkommenden Dunkelheit geworden, und so betrachteten wir den Bock durch unsere Gläser, bis es finster war und wir nach Hause schnürten.

Lange Zeit war es das letzte Zusammentreffen mit ihm. Mein Sohn erlegte schließlich einen anderen Bock.

Im Sommer, als ich vom Frühansitz heimwärts schlenderte, beobachtete ich am Rande des Wildackers ein Reh. Ein Blick durch das Fernglas offenbarte zweifellos, der durch Gestrüpp verdeckte Bock war der, auf den wir so lange gepasst hatten. Ich erkannte die ungleich vereckten Stangen, auch wenn ich sonst kaum etwas von dem Bock sah.

Ob der Wind umgeschlagen hatte oder küselte, weiß ich nicht mehr, der Bock äugte jedenfalls plötzlich starr zu mir her, und ich ging in eine „Down-Lage", vor der jeder Hundeführer Hochachtung gehabt hätte. Reglos, flach wie eine Flunder, lag ich auf dem Boden und wartete auf den Augenblick, an dem das Haupt wieder in das Gestrüpp eintauchen würde.

Dann robbte ich los, spärlich gedeckt durch das morgendlich feuchte Gras. Als mich 70 Gänge von dem Bock trennten, trat er aus dem breiten Buschstreifen auf den Wildacker und stand frei und breit wie eine Zielscheibe vor mir. Allerdings saß ich für ihn ebenso frei und breit.

Behutsam setzte ich mich auf den Hosenboden und brachte die Büchse auf meinen Knien in Anschlag.

Nach dem Schuss war der Bock verschwunden. Eine breite, rote Spur im Gras zeigte aber den Weg, den er geflüchtet war. Dieser letzte kurze Weg war betaut von dunklem Herzschweiß.

Eine Amsel schoss zeternd von mir fort, und zwanzig Gänge weiter entdeckte ich den roten Bock zwischen braunem Gestrüpp.

Mit durchgeladener Büchse trat ich zu ihm. Wie hingebettet lag er am Rande des Wildackers, auf einigen Trieben der wild wuchernden Brombeeren, die die von Menschen kultivierte Fläche für die Natur zurückeroberten.

Alles hatte fast planmäßig geklappt. Spannendes, aufregendes Ankriechen, der günstige Wind, der gute Schuss, und ich hätte zufrieden sein müssen. Aber ich ärgerte mich über meine Ansprechkünste. Vor mir lag kein alter, sondern ein zweijähriger Bock mit ungeradem, kaum vereckten Sechsergehörn. Sein jugendlich-buntes Gesicht und der schmale Träger ließen es auf den ersten Blick erkennen.

Wie hatte ich mich so täuschen können? Wie oft hatte ich ihn vor mir und war fest überzeugt, er sei reif. Sein Verhalten und sein Äußeres sprachen sogar dafür, dass er sehr alt sei, und nun dies. Ich war froh, dass Moritz nicht getroffen hatte und mir später Vorwürfe gemacht hätte.

In dem Kurs, den er vor der Jägerprüfung besucht hatte, hatte ein erfahrener Jäger von falschen und richtigen Böcken doziert. Meine Einwände, dass dieses heute noch gelehrte Wissen jeglicher wissenschaftlicher Grundlagen entbehrt, ja, nach meiner Erfahrung Quatsch sei, wurden von meinem Sohn mitleidig belächelt.

Grübelnd brach ich den Bock auf, schulterte ihn und stapfte heimwärts.

Vorher war ich einem Grundsatz untreu geworden, hatte, unser Wildmeister nannte es abfällig postmortale Klugscheißerei, dem Bock den Äser aufgeschärft und die Zähne in Augenschein genommen. Er wurde durch diese Entstellung nicht älter.

Zu Hause angekommen, wurde der „Kindermord“ schweigend zur Kenntnis genommen.

Zwei Wochen später rief mich mein Bruder an und berichtete, er habe einen sehr alten Bock erlegt. „Du hast den falschen geschossen“, klang es aus dem Hörer.

Erst später, wurde mir der doppelte Sinn seiner Worte klar, als er mir den abgekochten, gebleichten Schädel eines mindestens sieben Jahre alten Bockes zeigte, den er am alten Wildacker erlegt hatte. Kein Zweifel, es war der, den ich so lange Zeit versucht hatte zu schießen. Das Gehörn sieht dem meinigen zum Verwechseln ähnlich, es muss sich um Vater und Sohn gehandelt haben.

TRÄUME SIND UNSTERBLICH:

Generationen kommen und gehen, aber die Jagd bleibt bestehen

Meine Vorfahren waren, soweit man den Stammbaum zurückverfolgen kann, Jäger. Freimütig gestehe ich aber: Bis zu einem Besuch des Jagdschlosses Hummelshain mit seiner beeindruckenden Trophäensammlung sowie der Jagdanlage Rieseneck, knapp hundert Kilometer entfernt von der traditionellen Büchsenmacherstadt Suhl im Thüringischen gelegen, hatte ich ziemlich hehre Vorstellungen über das Waidwerken meiner jagdlichen Ahnen. Früher, so träumte ich, ging es waidmännischer zu als heute. Schließlich wurden damals die Regeln des Waidwerks erfunden und als Ehrenkodex des Jägers verankert. Sicher hätte ich heute noch diese Träume, wäre nicht die Einladung meines Jagdfreundes aus Thüringen gekommen.

Die Familie hatte nach der Wende den Forstbesitz der Vorfahren zurückgekauft und er die sichere Position als Leiter einer Privatforstverwaltung gegen eine unsichere, für die Familie entbehrungsreiche Existenz getauscht.

„Du musst dir unbedingt die alten jagdlichen Anlagen der Landesherren anschauen, bevor sie vollständig verfallen, und eine Reportage darüber schreiben“, rief mich der Freund an. „Wenn du wirklich über die Geschichte der Jagd etwas wissen willst, musst du diese Einrichtungen gesehen haben.“ Enthusiastisch beschrieb er am Telefon, wie und wo im Mittelalter die „Hohe Jagd“ gepflegt wurde.

Der Wildreichtum veranlasste Herzog Johann Philipp von Sachsen-Altenburg um 1620 zum Bau einer zunächst hölzernen Jagdanlage. Sie verfiel im Laufe der Zeit, wurde in den Jahren 1712 bis 1727 erneuert, blieb dank der massiven Bauweise bis in unsere Tage erhalten und ist in Europa einzigartig. Der Herzog hatte ein System von Jagdschirmen sowie befestigten nach oben offenen Gräben und unterirdischen Gängen bauen lassen, in denen Jagdgäste trockenen Fußes zu den Wildäckern, Tränken, Sulzen, Fütterungen und Wildwiesen gelangten. Dort wurde regelmäßig gefüttert. Vorher wurden bestimmte Signale, die das Wild mit der Fütterung in Verbindung brachte, von einem eigens hiefür errichteten „Blasehaus“ geblasen.

Ich wurde neugierig, und es bedurfte der Einladung kaum noch: „Wenn du willst, kannst du ein oder zwei Böcke schießen.“

An Futterstellen schießen – meine Ehrfurcht vor der Waidgerechtigkeit unserer Vorfahren hatte einen ersten Knacks bekommen. Listig – ja, waidgerecht – nein, so lautete mein schnell gefälltes Urteil. Dennoch: Schon wenige Tage später saß ich im Auto, die Nase nach Thüringen gewendet.

Durch den Verkehr auf der Autobahn verspätete ich mich, die Hausfrau hatte für die kurze Begrüßung Verständnis, und es ging weiter zu unserem Domizil. Auf der Fahrt durch beeindruckende Waldungen, auffallend gerade gewachsene Kiefern (Forstleute schätzen sie als Thüringer Hochlagen-Kiefer), gute Fichten- und wertvolle Buchenbestände, erzählte v. W. mehr über das ehemalige Jagdgebiet der Herzöge von Sachsen-Altenburg im „Holzland“, der Name deutet bereits auf den Waldreichtum, östlich der Saale zwischen Kahla und Neustadt an der Orla gelegen hin.

Und dann hielt der Wagen vor einem ebenso imposanten wie hübschen, sich harmonisch in die Landschaft einpassenden Turm ungewöhnlicher Bauweise.

„Der Herzogsstuhl“, wurde ich aufgeklärt, „wurde 1915 bis 1917 unter Herzog Ernst II. von Sachsen-Altenburg als Lustschloss erbaut und dem Topplerschlösschen in Rotenburg ob der Tauber nachempfunden.“

Mein Freund schulterte seelenruhig seinen Rucksack, ergriff die Büchse sowie einen Karton mit Lebensmitteln und grinste auf meinen erstaunten Blick verschmitzt: „Ich habe doch gesagt, ich werde dir zeigen, wo und wie die Alten gelebt und gejagt haben.“

Gemeinsam bewunderten wir das auf einem Sandsteinsockel ruhende Fachwerkhaus, und dann setzte der Freund die über die Jahre tadellos erhalten gebliebene Anlage in Betrieb. Unter lautem Quietschen und Stöhnen löste sich eine tonnenschwere Zugbrücke aus dem großen Einfahrtstor und öffnete den Weg in das ehrwürdige Gemäuer.

Im Dämmerlicht tasteten wir uns durch einen schmalen Gang eine Wendeltreppe hinauf. Ich fühlte mich aus dem 21. Jahrhundert zurückversetzt in die Zeiten der Feudalherren, die aber offenbar gar nicht so feudal gelebt haben, wie in Biografien oder auf kitschigen Postkarten dargestellt.

Die Luft war muffig und feucht, bis wir einige der schweren Fensterläden öffneten und uns der würzige Sauerstoff des „Holzlandes“ entgegenströmte.

Das Kleinod „Herzogsstuhl“ und die nahe Jagdanlage werden vom „Freundeskreis Rieseneck e. V.“ unterhalten, und die Verantwortlichen versuchen mit viel Geschick den ursprünglichen Charakter und Zustand der alten Bauten zu erhalten. Wasserleitungen und Heizung gibt es nicht, offene Feuerstellen wärmen notdürftig wie vor hundert Jahren einige Räume. Einzige Konzession an die Neuzeit ist ein Generator, der notdürftig in einigen Zimmern Lampen speist und ein ausgebauter Kamin im „Wohnzimmer“. Feuerholz muss mühselig die steilen Stiegen hinaufgeschleppt werden. Im Herbst zur Hirschbrunft mag man es noch aushalten, aber spätestens, wenn die ersten Winterstürme über die hohen Zinnen des „Schlösschens“ jagen, wird es ungemütlich.

Das große Doppelbett des Fürsten, ein riesiger, dem Original nachgebauter Holzkasten, war, auch wenn ich mich diagonal hineinlegte, viel zu kurz, und ich verzog mich auf der schmalen Treppe in das Turmzimmer im 6. Stockwerk, das durch die kleinen Fensterluken in den über halbmeter dicken Mauern einen herrlichen Ausblick über das weite Jagdgebiet freigab. Unter mir rauschte der Wind im Geäst der Kiefern, wie er die Menschen seit Ewigkeiten auf der Jagd begleitete, eine sanfte Melodie, der gewiss schon Herzog Ernst II. gelauscht hatte.

In einem kleinen, als Küche umfunktionierten Nebenraum wurde eine Herdplatte von einer Gasflasche gespeist. Das früher hier nach den Jagden große Diners gegeben wurden, davon zeugte die geniale Konstruktion eines „Fahrstuhls“, mit dem das in Nebengebäuden bereitete Wildbret aus einem nicht mehr vorhandenen Küchenhaus hierher transportiert wurde.

Der Abend war nicht mehr fern. Wir beeilten uns ins Revier zu kommen, packten Waffe, Glas und Rucksack zusammen und los ging es.

Während meiner Pirsch wurde ich Schritt für Schritt mit der Vergangenheit konfrontiert. Auch in meiner Heimat, der Lüneburger Heide, haben wie wohl überall auf der Welt seit Urzeiten Menschen gejagt. Hier aber, in dem waldreichen Teil Thüringens, ist manches dokumentiert, viele Zeugen einer längst versunkenen Zeit sind noch vorhanden und lassen die Vergangenheit wieder aufleben. Sie wird bewusster und berührt den Besucher.

Neben einer langen Erdrinne, vermutlich in früheren Zeiten ein mühsam per Menschenhand geschaufelter Graben, lag ein mannshoher Findling. Vielleicht gab er einmal Auskunft über Grenzen oder wurde zum Gedenken an den „soundsovielten" Hirsch, den der Landesherr gestreckt hatte, hierher gebracht. Mit einem trockenen Zweig versuchte ich die Schicht aus grünem Moos und grauen Flechten abzukratzen und freizulegen, was Menschen vor einigen hundert Jahren veranlasst haben mochte, dieses Denkmal aufzustellen. Vergeblich – die Natur hatte sich gierig zurückgeholt, was Menschen ihr mit hohem Aufwand entrissen hatten. Es wurde mir nicht preisgegeben, was in der Vergangenheit hier geschehen war, genauso wie ich der Vergänglichkeit nicht entgehen kann.

Schließlich brachte mich v. W. zu einer offenen Leiter am Hang im raumen Fichtenaltholz. Links und rechts schimmerten auf knapp hundert Meter Entfernung vom Sturm gerissene Blößen zwischen den Stämmen hindurch, frische Äsung für das Wild, das im Schatten der dunklen Fichtenmonokultur kaum ein Kraut oder Gras findet. Ein vielversprechender Platz.

So mögen auch unsere Urahnen hier gesessen haben, das Steinbeil oder den Dolch aus Hirschhorn in den behaarten Fängen, um auf Wild zu lauern und dann ahnungslos sich nähernden Tieren von oben in den Nacken zu springen. „Ob die Menschen vor vier oder fünf Generationen die Ränder und Freiflächen ebenso genutzt haben wie ich und auch Hochsitze bestiegen", sinnierte ich. Bestimmt aber nicht bequeme vorgefertigte Leitern. Die Leute waren vermutlich ohne Hilfsmittel auf einen hohen Baum gekrabbelt.

Vielleicht war zur Zeit der „höfischen Jagden" die Ansitzjagd nur Wildschützen vorbehalten, wie es uns auf alten Stichen weisgemacht wird, oder waren Kanzeln, wie noch vor einem dreiviertel Jahrhundert in weiten Teilen Deutschlands, verpönt und galten als unwaidmännisch?

Nach einer Stunde machte ich auf der linken Blöße die Rückenlinie eines Rehs aus, der Rest des Wildkörpers blieb hinter einer Bodenwelle verdeckt. Vorsichtig erhob ich mich, betrachtete das Reh durch das Fernglas, und als es aufwarf, erkannte ich einen älteren, kümmerlichen Bock. Behutsam kletterte ich auf das Sitzbrett und dann auf die wackelige Brüstung. Das Stück blieb jedoch durch ein Gewirr aus gefallenen Bäumen, abgesägten Kronen und trockenen Zweigen verdeckt. Anpirschen war zwecklos, lautlos auch nur wenige Schritte zu machen wäre unmöglich gewesen.

Es waren mehr als hundert Gänge bis zu dem Bock, für meine Büchse keine nennenswerte Distanz, mit einer altertümlichen Armbrust aber eine unüberwindbare Entfernung. Auch mit der ausgeklügelten Technik heutiger Bogenbauer hätte man auf diese Entfernung nur mit Glück ein Reh tödlich getroffen. In diesem Revier erlegten die Feudalherren wahrscheinlich überhaupt keine Rehe, das Niederwild war anderen vorbehalten.

Zweimal begleitete ich einen Bogenjäger mit meiner Büchse zur Bärenjagd, beide Male fiel der Bär, nachdem der Pfeil auf dreißig, höchstens vierzig Meter sein Herz durchbohrt hatte, verendet zu Boden, und man brauchte meinen Schutz mit der Feuerwaffe nicht.

In jungen Jahren durfte ich nur mit offener Visierung jagen. Ich dachte an meinen in jagdlichen Ehren ergrauten Großonkel Landforstmeister Franz, der mich aufklärte, als ich mir ein vierfaches Zielfernrohr auf meine Büchse montieren ließ: „Wenn man so ein Ofenrohr braucht, um erfolgreich jagen zu können, sollte man die Jagd an den Nagel hängen.“ Das ist nur ein knappes halbes Jahrhundert her.

In Richtung untergehender Sonne wippten dicht neben dem Hochsitz Zweige auf und ab, dann leuchtete mir die rotorangene Brust eines Rotkehlchens entgegen. Der kleine Vogel machte ein paar Knickse, warnte und verschwand. Noch einmal bewegten sich die Zweige, und das Rotkehlchen erschien wieder. Ohne Scheu schauten mich große, dunkle Vogelaugen an, dann schwirrte es endgültig davon.

Als hätte die einsetzende Nacht das Startsignal gegeben, aus der dämmerigen Hitze des Tages aufzuwachen, freute ich mich an dem vielstimmigen Vogelkonzert um mich herum, bis ich beschloss, den stimmungsvollen Ansitz, der die Gedanken in die Vergangenheit entführt hatte, abzubrechen.

Am nächsten Morgen pirschte ich auf einem befestigten Holzabfuhrweg durch einen sechzigjährigen Kiefernbestand zu einer Leiter am Rande eines Roggenschlages. Nachts hatte es stark getaut. Das Gras am Wegesrand war pitschnass. Ich hoffte, dass das zu dieser Jahreszeit sonnenhungrige Rehwild früh aus dem kühlen, schattigen Wald ziehen würde, um die ersten wärmenden Strahlen zu genießen.

Hinter mir empfing eine Grasmücke mit ihrem wohlklingenden Gesprudel den anbrechenden Tag, ein Ringeltauber ruckste, ein Buchfink schmetterte, und der Weidenlaubsänger untermalte das Konzert mit seinem Zilp zalp, zilp zalp.

Vögel hatten den nahenden Tag hier schon vor 200 Jahren begrüßt. Ob es damals auch Wege gab, auf denen man fast mühelos gehen konnte, oder waren die Wälder noch nicht erschlossen und Jäger mussten die „Hohe Kunst des Pirschens“ noch perfekt beherrschen, um erfolgreich zu jagen? Sicherlich gab es nicht die riesigen Felder, die wegen ihrer Größe heute mit modernen Maschinen bewirtschaftet werden anstatt mit Sichel und Sense. Gewiss aber waren die Ruhe und Stille nicht durch Motorengeräusche gestört worden, die mich nach drei Stunden den Ansitz abbrechen ließen.

Auf dem Weg zurück zum Herzogsstuhl stieß ich auf einen uralten, verwitterten Grenzstein. Die Inschrift, die auf längst verflossene Besitzverhältnisse hinwies, war im Laufe der Jahrhunderte von Wind und Wetter bis zur Unleserlichkeit fast ausradiert worden, nur noch zu erahnen, längst nicht mehr zu entziffern.

Neben dem Stein entdeckte ich weitere, nicht so alte Hinweise auf vergangene Tage, die meine Gedanken noch einmal aus der Gegenwart holten: In den hohen Kiefern hatte man die Rinde keilförmig tief eingeschnitten und Harz gewonnen. Die Zeit heilt zwar alle Wunden, aber noch waren die Spuren aus der DDR-Zeit nicht vernarbt.

Langsam pürschte ich weiter.

Die Alten hätten lange laufen müssen, um einen gerechten Bruch zu finden, der breite Sandweg wurde nämlich von amerikanischen Eichen gesäumt, links waren, wahrscheinlich gegen Wildverbiss, eine früher unbekannte Vokabel, Sitkafichten angebaut. Wen scherten damals Schäl- oder Verbissschäden, der Wald war für alle da, für Rinder, Schweine, Ziegen und das Wild. Wo jetzt Lärchen und Douglasien stehen, lieferten mächtige Hutebäume genügend Äsung, Fraß und Futter.

Drei Hasen kreuzten den Weg. Wahrscheinlich waren es zwei Rammler, die einer Häsin folgten. Pabst Zacharias hat im Jahr 757 der Christenheit den Genuss von Hasenfleisch verboten, weil er befürchtete, die „Geylheit vom Hasen“ könnte auf den Menschen ansteckend wirken. Ob sich die Jäger um Herzog Johann Philipp daran gehalten haben, ob es überhaupt je befolgt wurde oder ob dieses Verbot zwischenzeitlich aufgehoben wurde, meditierte ich beim Anblick der drei Mümmelmänner.

Einige Rauchschwalben schossen dahin. Es waren nur noch wenige. Den nötigen feuchten Lehm für ihren Nestbau können sie auf den asphaltierten Wirtschaftswegen kaum noch zusammenkratzen, und in den geschlossenen, klimatisierten Viehställen haben Schwalben keinen Platz mehr.

Über mir brummte ein Flugzeug. Ganz leise wehte der Wind Musik vom Kirmesfest aus dem Dorf herüber, es kam mir vor wie der Klang von Trompeten und Fanfaren der Ritterspiele. Oder riefen gar die Hörner zur Jagd?

Die Geschichte holte mich noch einmal ein. Ich fühlte mich zurückversetzt in jene vergangene Zeit um 1620, fühlte wie ein Jagdgast des guten, längst verblichenen Herzogs Johann Philipp. Und mein Urteil über die Waidgerechtigkeit vergangener Tage fiel ganz, ganz milde aus. Man darf die Vergangenheit eben nicht mit der Elle der Gegenwart messen …

DOPPELTER ROSENSTOCKBRUCH:

Das gibt's nur zweimal …

Den Rücken gegen eine dünne Kiefer gelehnt, lag ich im fahlen Gras und beobachtete einen Baumpieper, der mit schmetternden Schwingenschlägen über die grünen Birken aufstieg, sich wieder senkte und mit ersterbendem Singen auf einem dürren Ast niederließ. Da fiel ein Schatten vor mich. Als ich wiederum nach oben blickte, klatschte und knallte es in der Luft. Im Schwebeflug balzte dort ein Ringeltauber. Auch er ließ sich, meinen Augen verborgen, im dichten Kronendach der alten Fuhren nieder. Laut und herrisch, aber sehnsüchtig und verlangend klang sein Ruf zu mir herüber. Ein zweiter Vogel antwortete und kurz darauf ein dritter aus den alten Fichten.

Am Rande des Revierteils hatte ich, als ich nach dem Ansitz mit dem Auto an der Grenze zwischen Wald und Wiese entlangfuhr, zweimal einen Bock im Scheinwerferlicht. Nur eine Stange konnte ich sehen, aber als ich dem Reh nach einer Woche wieder begegnete, diesmal auf der Abendpürsch, erkannte ich durch das Glas einwandfrei Pendelstange oder Rosenstockbruch.

Es war die Jahreszeit, in der sich früher die Jäger begeistert zuriefen: „Streichen sie schon?" – die Zeit, in der die Schnepfen balzen. Es hatte mich wie jedes Jahr hinaus in den Wald gezogen, um die einmalige Stimmung dieser Frühlingsabende zu genießen. Ich wollte den süßen Duft des feuchten Waldbodens in mich aufsaugen, der, wenn der Winter zu weichen beginnt und das Frühjahr sich langsam, aber sicher mit immer seltener werdenden Unterbrechungen zu behaupten beginnt, einen besonderen Geruch ausströmt.

Nur kurz waren die beiden Begegnungen mit dem Bock, aber lang genug, um mich für seine Erlegung Feuer und Flamme sein zu lassen. Einen älteren Bock, einen mit Rosenstockbruch zu erlegen, erschien mir besonders begehrenswert.

Kein Wunder, dass ich meinem Bruder von der Begegnung begeistert erzählte und fortan meine freie Zeit diesem Revierteil und dem Abnormen widmete.

Die ersten zarten Grasspitzen sprossen an den schattigen Waldwegen, und an den Weidenbüschen wandelten sich die kalten Silberfarben der Kätzchen in warme Goldtöne, als ich den Bock noch einmal kurz beobachtete. Dann blieb er verschwunden.

Erst Mitte Mai berichtete unser Haumeister, dass er den „Krüppel", wie er sich ausdrückte, gesehen hätte. Der Bock wäre am späten Nachmittag über den Schäferdamm aus dem Jagen 18 heraus auf den Großen Wildacker gezogen und hätte ihm, dem Haumeister, kaum Beachtung geschenkt, als dieser von der Arbeit nach Hause strebte.

Nun lag allerdings der Große Wildacker zwei Kilometer Luftlinie von dem Ort entfernt, an dem ich den Bock vermutete. Mein Interesse konzentrierte sich aber, seitdem ich die freudige Nachricht erhalten hatte, auf diesen Teil des Reviers. Mitte Mai beobachtete ich den Ersehnten in tiefer Dämmerung, als er aus den dichten Fichten der Abteilung 18 auf den Wildacker zog. Vertraut äste er in dem Getreidegemisch. Als es stockfinster war, baumte ich unbemerkt ab und schlenderte heimwärts in der Gewissheit auf eine Begegnung am nächsten Morgen.

Noch im Dunkeln erstieg ich, nachdem ich mich behutsam durch die trockenen Kiefernäste auf dem Boden hindurchgetastet hatte, wieder die Leiter. Der Wind stand gut, ich war zuversichtlich, dass mich ausgetretenes Wild nicht bemerkt hatte. Zaghaft meldeten sich die ersten Vogelstimmen. Im Osten wurde es allmählich licht über den dunklen, fast schwarzen Kiefern, und zögernd wich die Dunkelheit der Dämmerung, bis die Sonne wie ein Feuerball über die Baumkronen kletterte. Die Freifläche vor meinem Sitz aber war und blieb – zumindest für diesen Morgen – wildleer.

Auch bei den nächsten Ansitzen ließ sich „mein" Bock nicht blicken. Ich beobachtete mehrere Rehe, auch einen älteren, knuffigen Spießer, den wir seit zwei Jahren zu überlisten suchten und der sich genauso lange unseren Nachstellungen entzogen hatte, nun auf knapp fünfzig Gänge scheibenbreit vor mir stand, und erfreute mich am Anblick eines erfolgreich mausenden Fuchses, der Abnorme aber fehlte zu meinem Glück.

Über drei Wochen waren seit Aufgang der Bockjagd vergangen. Gelb leuchtete der Löwenzahn am Wegrand und auf den bald zur Mahd anstehenden Wiesen, als ich auf meiner Pürsch zum Wildacker am Rande der Bruchwiesen entlang um die Waldecke bog und am gegenüberliegenden Waldrand, gut 400 Meter entfernt, eine hochbeschlagene, graue Ricke austreten sah. Ihr folgte in kurzem Abstand ein Bock, ebenfalls noch nicht verfärbt, der Statur nach ein Jüngling. Das Glas bestätigte – und ließ mir dabei einen freudigen Schreck durch die Glieder fahren – Pendelstange oder Rosenstockbruch. Offensichtlich hatte ich mich bei unserem ersten Zusammentreffen täuschen lassen und den Bock als älter und stärker angesprochen.

Im Nu lag ich auf dem Boden und kroch, gedeckt durch das hohe Gras, näher an die beiden Stücke, die aber, da der Wind für mein Vorhaben ungünstig stand, immer häufiger aufwerfend zu mir heräugten, unruhig hin und her traten und dann absprangen.

Ende Mai ziehen auch ältere Böcke noch relativ regelmäßig aus ihren Waldeinständen auf die Wiesen, um das von der Sonne im Wachstum begünstigte frische Grün zu äsen, bis sie zur Mitte des Juni hin heimlicher werden und ich mitunter das Gefühl habe, es gäbe kein männliches Rehwild mehr im Revier. So beobachtete ich auf dem Heimweg zwei ältere, interessante Böcke, aber mein Sinn stand nach dem mit dem vermeintlichen Rosenstockbruch.

Bevor die Sonne den Horizont erreichte, saß ich daher wieder auf der Kanzel am Rande des Erlenholzes.

Während ich das abwechslungsreiche Spiel zwischen Licht und Schatten beobachtete, das die Blätter und Zweige der Bäume auf den Erdboden zauberten, erschien „Franz" vor meinem geistigen Auge. Ihm verdanke ich meine ersten Eindrücke und Erfolge auf der Blattjagd. Es war noch zwei Monate hin bis zur Rehbrunft, aber da ich die meisten Begegnungen mit Franz vor über 20 Jahren von dieser Kanzel aus hatte, dachte ich unwillkürlich an ihn.

Bei Franz handelte es sich nicht um meinen Großonkel, den Landforstmeister gleichen Namens, sondern um einen Jährlingsbock, der regelmäßig aus dem Jagen 29 auf die Bruchwiesen trat. Er diente als Übungsobjekt bei unseren Versuchen, Buchen- und Fliederblättern kunstvolle Fieplaute zu entlocken.

Nachdem meine Brüder und ich vom „wilden Meister", Wildmeister Mackeroth, eingehend instruiert worden waren, wie man das Blatt zwischen Daumen und Zeigefinger zu halten hat, die Lippen formen und das Blatt dagegen pressen muss, blies, ohne es zu zerreißen, kurz, wie man das „magische" Fiepen hervorbringt, wollten wir, ohne dass Misstöne entstanden, uns im Wald an der neu erlernten Kunst versuchen. Vorher waren zahllose Stunden mit „Trockenübungen" voller zerrissener und geplatzter Blätter, begleitet von ebenso vielen Flüchen, vergangen.

Und dann saßen wir auf der Erlen-Kanzel, und ich durfte das mühsam Erlernte in der Praxis beweisen. Zaghaft erklang das „Piu" über die Bruchwiesen. Schon nach dem dritten oder vierten Ton stürmte ein junger Bock herbei und verhoffte erst, als er fast unter dem Hochsitz stand.

Nach einer knappen Viertelstunde zog er von dannen, um nach 20 Minuten, von meinem Bruder betört, erneut zu springen.

Das wiederholte sich fast täglich über zwei Wochen. Es verging kaum ein Abend, an dem „Franz", so hatten wir den Rehbock getauft, nicht von einem von uns Brüdern „vorgeführt" wurde. Ich erinnere mich nicht daran, dass er einmal nicht erschien. In der näheren Umgebung stand offenbar kein älterer Bock, denn im darauffolgenden Jahr hatte Franz seinen Einstand beibehalten. Wir beobachteten ihn wieder regelmäßig auf den Bruchwiesen.

Dass Rehwild einstandstreu ist, ist nichts Besonderes, ungewöhnlich war, dass sich der zweijährige Bock zur Blattzeit wieder von uns Jungen foppen ließ. Unermüdlich fiel er in der Brunft manchmal zwei- oder dreimal am Abend auf unsere lockenden Fieptöne herein.

Franz wurde, als er fünf Jahre alt war, von einem Jagdgast erlegt, der ihn mit einer Gummifiepe – wie wir meinten, mit grauslichen Tönen – angelockt hatte. Bis dahin war er über hundert Mal aufs Blatt gesprungen.

Als ich aus meinen grünen Träumen erwachte, bemerkte ich im gegenüberliegenden Wald, 120 Gänge entfernt, ein Reh parallel zum Wiesenrand durch das Holz ziehen. Mitunter verschwand es im Dunkel der hohen, dicht belaubten Stämme, um an anderer Stelle rot aufleuchtend sich wieder im Glas zu zeigen. Es war „mein" Bock, aber den Gefallen auszutreten tat er mir nicht. Zwar verhoffte er zweimal dicht am Rand des Waldes, aber dort stand das Gras so hoch, dass ein Schuss nicht zu verantworten war.

Am nächsten Morgen pürschte ich erneut zum Erlen-Hochsitz. Ich hatte mich verspätet, aber der schmale Erlenstreifen gab genügend Deckung, um auch bei vollem Büchsenlicht noch problemlos die Leiter zu erreichen, ohne vom Wild bemerkt zu werden.

Einige Sprossen war ich bereits hinaufgestiegen und konnte die Wiese zum Teil einsehen, da bemerkte ich eine Ricke mit ihrem Kitz. Behutsam nahm ich das Glas vor die Augen und beobachtete die Idylle, bevor ich weiter stieg. Da brach es neben mir in den Erlen. Ein Reh flüchtete über die Wiese an den beiden Stücken vorbei, verhoffte kurz am Waldrand und war dann meinen Blicken entschwunden. Vorher aber hatte ich es als den Bock mit dem Rosenstockbruch ansprechen können.

Lange noch verharrte ich auf dem Hochsitz. Ein Kuckuck rief, strich herbei und balancierte auf dem Draht eines Koppelzaunes, bevor er keckernd weiterzog. Dann faszinierte mich ein Mäusebussard, der auf einem Weidepfahl aufgeblockt war und unbeweglich, starr auf den Boden äugte.

Unverhofft sprang die Ricke auf den Greif zu, sodass dieser erschrocken abstrich und auf dem nächsten Zaunpfahl aufblockte. Kurz darauf vernahm ich die klagenden Fieplaute des Kitzes, das zehn Meter von dem Greif entfernt stand. Die Ricke attackierte den Vogel, vertrieb ihn erneut, der Bussard ließ sich wieder auf seinem ersten Ansitzplatz nieder, und das Klagen verstummte.

Als sich der große Vogel nach einer Viertelstunde erhob und auf dem nächsten Weidepfahl aufblockte, begann das Kitz wieder zu klagen, und die Ricke raste auf den „Eindringling" zu, der wiederum sofort die Flucht ergriff.

Es vergingen kaum 20 Minuten, bis der Bussard ein weiteres Mal auf der Bildfläche erschien. Als er über das Kitz hinwegstrich, klagte es, und die Ricke versuchte, mit den Vorderläufen in der Luft rudernd, den Feind abermals zu vertreiben, erfolgreich. Anschließend wechselte sie mit ihrem Kitz in den Wald.

An fast derselben Stelle, an der der Bock verschwunden war, erblickte ich zwei Abende später ein Reh, das durch den hohen Kraut-Beeren-Bewuchs am Waldrand zog. Gedeckt durch tief hängende Erlenzweige, verhoffte es. Es war der Gesuchte. Als sein Blatt frei war, peitschte der Schuss, und die Waldfront auf beiden Seiten des weiten Wiesentales warf ein vielfaches Echo zurück.

Da lag er, ein junger Bock im wild wuchernden Brennnesselwald, und er hatte tatsächlich einen längst verheilten Rosenstockbruch. Die linke Stange war über das Licht nach unten gewachsen. Das Gehörn kam mir nicht so stark, der Bock nicht so alt vor, wie ich es in Erinnerung hatte.

Nach dem Aufbrechen hockte ich lange und dankbar neben meiner Beute, bis aufkommende Kühle und Feuchtigkeit zum Heimweg mahnten.

Sechs Wochen waren seitdem vergangen. Die Blattzeit hatte ihren Höhepunkt längst überschritten, als ich spätnachmittags wieder auf der Leiter am Großen Wildacker saß. Tiefe Stille herrschte nach einem glühend heißen, sich nun neigenden Tag. Mein zaghaftes Fiepen auf dem Buchenblatt war der einzige Laut in weiter Runde.

Am Rande des Wildackers standen mehrere Riesendisteln. Ein Flug Stieglitze fiel auf den roten, nickenden Blütenköpfen ein und brachte während der Suche nach

allerlei Samen fröhliche Unruhe, bevor die bunte Gesellschaft zwitschernd wieder auseinanderstiebte.

Während ich ein zweites Mal blattete, sang schwermütig eine Goldammer in der Dornenhecke links unter mir.

Dann brach es im trockenen Kiefernholz. Kurz nur und kaum vernehmbar, aber laut genug, um meinen Pulsschlag zu beschleunigen. Noch einmal knackte es, scheinbar schon näher, begleitet von anhaltendem Warnen eines Rotkehlchens.

Vorsichtig drehte ich mich um, brachte die Büchse in Anschlag, und kaum, dass ich den knapp 20 Gänge unter mir verhoffenden, nervös windenden Bock durchs Zielfernrohr angesprochen hatte, schoss ich.

Während der Todwunde laut brechend fortstürmte, bildeten sich Schweißperlen auf meiner Stirn, mir war gar nicht mehr wohl. Meines Schusses war ich mir sicher, der Bock hatte mit einer hohen Flucht gezeichnet und war, tiefer werdend, davongeprescht. Gewiss war er wenige Fluchten außerhalb meines Blickfeldes verendet. Aber hatte ich in der Eile durch das Zielfernrohr richtig angesprochen oder

war ich in der Aufregung einer Täuschung zum Opfer gefallen? Zweifel plagten mich, als ich mir eine Zigarette anzündete, nach wenigen Zügen nervös ausdrückte und zum Anschuss ging.

Die Schweißfährte war mit bloßem Auge leicht zu halten, und nach knapp 30 Schritten sah ich auf dunkelbraunem Kiefern-Heideboden am Rande einer fahlgelben Bentgrasinsel den Bock liegen. Die linke Stange seines Gehörns hob sich gegen das helle Gras schon auf einige Meter gut ab. Als ich näher trat, das Haupt des Bockes in die Hände nahm, erfüllte sich meine böse Ahnung nicht. Ich hatte in der Eile richtig angesprochen und damit die Gewissheit, dass der Bock mit dem Rosenstockbruch von den Bruchwiesen, von dem ich eingangs berichtete, für mich einmalig sein und bleiben würde, aber einen Doppelgänger hatte: Vor mir lag ein Bock, älter und stärker als der erste. Sein linker Rosenstock war vor längerer Zeit ebenfalls gebrochen, die Wunde verheilt, die Stange quer nach unten über sein Licht gewachsen.

WEISST DU NOCH – DAMALS?

Wiedersehen mit alten Freunden

„Ich war schließlich auch mal jung …“

Dass wir alle einmal jung waren, ist logisch, trotzdem müssen sich Jugendliche diese lapidare Feststellung oft von ihren Eltern anhören.

Als mich ein längst in Vergessenheit geratener Schulkamerad aus vergangenen Internatstagen anrief und seinen Besuch ankündigte, dachte ich an diesen Ausspruch, freute mich voller Neugierde, gepaart aus Hoffnung und Interesse, über alte Zeiten klönen zu können, über Zeiten, als wir noch jung und unbeschwerter waren.

Karl-Heinz saß in der zweiten Reihe, gehörte zu den Besten unserer Klasse, war kein Streber, aber zielstrebig, bei den Kameraden nicht beliebt, glänzte durch Unentschlossenheit und Umständlichkeit. Wir verstanden uns trotz aller Gegensätzlichkeiten gut, weil er großer Hundefreund und naturverbunden war, rege am Biologieunterricht teilnahm, in Sport eine Eins hatte und als Einziger von meinen heimlichen Streifzügen in die Wälder rund um das Internat wusste. Sein Vater war begeisterter Hundeführer und -züchter, hatte im Taunus eine Hochwildjagd gepachtet und brachte Verständnis dafür auf, dass ich die Unterrichtsstunden schwänzte und mich stattdessen im Wald herumtrieb.

Nach der Schulzeit trennten sich unsere Wege. Karl-Heinz hatte sich eine Existenz in Venezuela aufgebaut, ich jagte berufsmäßig in Neuseeland und Afrika.

Vierzig Jahre hatten wir nichts voneinander gehört, die gemeinsame Pennälerzeit war in weite Ferne gerückt. Dann hatte er mich in einem Film über Elefantenjagd in Afrika gesehen und über den Fernsehsender meine Anschrift ausfindig gemacht. Zwischen zwei Geschäftsterminen in Hannover und Hamburg vereinbarten wir ein Treffen auf dem Gut meines Bruders, wo ich mich zur Jagd aufhielt.

„Mein Gewehr kann ich ja wohl im Auto lassen, hier gibt es doch nur ehrliche Leute“, grinste der Freund aus alten Zeiten bei der Ankunft, und schon war das Eis gebrochen. Das war nämlich ein Ausspruch, den ich, als ich während unserer Internatszeit das erste Mal von seinem Vater am Wochenende eingeladen worden war, gebraucht hatte, um „unauffällig" zu demonstrieren, dass ich Jäger war.

Wir saßen auf der Veranda und schwelgten in Erinnerungen.

Als sich meine Onkel über ihre Kriegserlebnisse unterhielten, sprachen wir Jungen respektlos von der „Kamerad, weißt du noch damals?"-Zeit. Nun verhielten wir uns nicht anders als die Alten. „Was macht eigentlich Harald, dessen Eltern auch ein großes Gut besaßen, oder die kleine Sybille, die uns allen den Kopf verdrehte?", fragte ich. „Was mag aus unserem Detektiv", so nannten wir Emil, „geworden sein und aus Scholle?" Er hatte seinen Spitznamen bekommen, weil sein Lieblingsausspruch war: „Da bin ich aber platt." Auch unsere alten Lehrer wurden nicht verschont. Aber allmählich mündeten die Gespräche bei der Jagd.

Karl-Heinz hatte während seines Informatikstudiums die Jägerprüfung abgelegt und lebte als Rentner in der Schweiz. Er referierte über dortige Verhältnisse, erzählte von seinen Hunden, kam auf das Problem der Rehwildbejagung zu sprechen, berichtete von den Rehböcken in seinem Revier, die wegen der Freizeitaktivitäten der Bevölkerung so heimlich geworden waren, dass man sie kaum noch sah, und schilderte die Schwierigkeiten, die mit den „Staatlichen" bestanden. Dann erzählte der Freund von einem Bock, von dem er geglaubt hatte, der Reviernachbar habe ihn geschossen. Nachdem der Totgeglaubte zwei Jahre lang unsichtbar geblieben war, tauchte er dreihundert Meter Luftlinie entfernt von seinem angestammten Einstand wieder auf.

Von einem ähnlichen Fall konnte ich auch erzählen, von dem Bock mit eineinhalb Stangen, den ich seit drei Jahren zu überlisten versuchte.

Als einseitigen Spießer hatte ich ihn nicht bekommen, stellte dem Jährling wohl auch nur halbherzig nach. Als er zweijährig war, links Sechser, rechts Spießer, hatte es trotz meiner Bemühungen nicht geklappt, und dann war er verschwunden. Mein Bruder beobachtete ihn erst Anfang Mai wieder und erzählte von dem interessanten Gehörn, das der Bock im dritten Jahr geschoben hatte: Knuffige Stangen, links Sechser, rechts Spießer. Danach hatten wir ihn nicht wieder gesehen.

Während wir uns angeregt unterhielten, kam mein Bruder hinzu und schlug augenzwinkernd vor: „Setzt euch doch auf den Sitz an der Grünen Bahn." Dort hatte er nämlich den Bock kürzlich unerwartet beobachtet.

Erwartungsvoll stiefelten Karl-Heinz und ich am frühen Nachmittag ins Revier. Die großen Kirschbäume hingen schwer voller dunkelroter und schwarzer Früchte.

Außer ein paar Vögeln, die den Überfluss der Natur nur zu einem Bruchteil nutzen konnten, hatte sich kaum jemand an der Ernte beteiligt. In unserer Jugendzeit wären die Kirschen schwerlich reif geworden, wir hätten den Baum vorher geplündert. Heute hat die Jugend anderes im Sinn, als in der Natur herumzustreifen, sinnierten wir, waren aber froh, auf unserer Pirsch nicht von jungen Leuten, die das Spielen am Computer der freien Natur vorziehen, gestört zu werden.

Auf einem Zaunpfahl saß ein Grauer Fliegenschnäpper. „Opfer des Computerzeitalters“, klärte mein Freund mich auf. Technikfreaks war der Name zu lang, sie machten aus ihm kurzerhand „Grauschnäpper“.

Ringeltauben strichen aus den Kronen der hohen Fichten ab. Sehen konnten wir sie nicht, aber sie verrieten sich durch lautes Schwingenklatschen.

„Die Jagd wird bei uns zunehmend zur Wissenschaft. Ständig gibt es neue, unsinnige Bestimmungen, und ein enormer Verwaltungsaufwand verunsichert die Jäger in der Schweiz“, erzählte Karl-Heinz. Ich pflichtete ihm bei: „Was zum Jagen veranlagte Menschen in unserer Jugend instinktiv einbrachten, geht immer mehr verloren. Wir waren früher Jäger, Landwirt, Forstmann, Biologe, Naturschützer, Tierfreund und manches mehr in einer Person, heute kocht jeder sein eigenes Süppchen.“

Wir erreichten Bruchwiesen, schließlich die Grüne Bahn und bestiegen die Erlenkanzel. Schmerzen im Knie, Alterserscheinungen durch Verschleiß, machten mir wieder zu schaffen, aber ich riss mich zusammen und ließ mir nichts anmerken.

Wir genossen die Ruhe des stimmungsvollen Abends. Zehn Meter entfernt klafterte ein Fischreiher vorüber – „Graureiher“, verbesserte mich mein Freund. „Es gibt auch keinen Hühnerhabicht mehr, nur noch schlichte Habichte, jedenfalls in der deutschen Sprache, und Raubvögel sind zu Greifvögeln degradiert worden.“

Nachdenklich schauten wir dem Reiher hinterher, freuten uns über die Rufe des Schwarzspechtes, waren aber nicht so ganz bei der Sache, zu lange hatten wir uns nicht gesehen, zu viele Erinnerungen galt es auszutauschen. Im Flüsterton erzählten wir uns Geschichten von früher, kicherten leise, und die Zeit wurde nicht lang, obwohl gewiss noch zwei Stunden vergehen würden, bis Wild austrat.

Ein kleiner Vogel flog heran. Wir konnten ihn nicht sehen, hörten nur seinen flatternden Schwingenschlag, als er auf dem Dach der Kanzel landete und auf der harten Dachpappe herumtrippelte. Nach einer knappen Minute ließ sich vor der Fensteröffnung eine Bachstelze vom Hochsitzdach fallen und schwirrte in wellenförmigem Flug davon.

Am Himmel türmten sich dicke Wolken, und Karl-Heinz machte mich mit Genugtuung auf eine über uns schwebende Formation von schreiender Hässlichkeit aufmerksam. Wir kamen überein, dass sie Ähnlichkeit mit dem Gesicht unseres wahrscheinlich längst verstorbenen Erdkundelehrers hatte.

Da wurde ich in meinem Redefluss unterbrochen. Knapp fünfzig Gänge vor dem Sitz leuchtete es rot auf – ein Reh erschien zwischen dem Himbeergestrüpp – ein Bock, sprachen wir gleichzeitig an, als wir die Gläser vor den Augen hatten. Noch etwas stellte ich fest: ungleiche Stangen, doch schon war er wieder verdeckt. Er zog gemächlich am Hochsitz vorüber, äste vertraut, und als er vierzig Meter vor uns frei und breit verhoffte, drängte ich Karl-Heinz: „Beeil dich, sonst ist er weg!" Der Freund ließ sich nicht aus der Ruhe bringen, faltete seine Lodenkotze zusammen, platzierte sie auf die Brüstung, griff behutsam nach der in der Hochsitzecke lehnenden Büchse und legte sie umständlich auf die dicke Stoffunterlage. Endlich ging er in Anschlag, veränderte seinen Sitz, dann die Lage des Gewehres, starrte schließlich durch das Zielfernrohr, zielte konzentriert, setzte die Waffe aber wieder ab, rutschte auf der Sitzbank hin und her und flüsterte: „Die Bank ist zu tief, ich kann so nicht schießen." Ich riss mich zusammen, um nicht zu explodieren, und bedeutete dem Freund die Lodenkotze aus der Fensteröffnung zu nehmen, um die hohe Auflage zu beseitigen. Der Bock stand derweil sechzig Gänge vor uns und rührte sich nicht. Als Karl-Heinz die Büchse anhob, rutschte der schwere Lodenumhang von der Fensterluke, schwebte zu Boden und landete dort mit leisem Aufprall, der vom Schrecken des abspringenden Bockes begleitet wurde.

Wir trugen das Missgeschick mit Fassung, ich bedauerte das Glück des einen sowie das Pech des anderen alten Bekannten und hoffte auf ein Wiedersehen.

Den Bock nannten mein Bruder und ich nach diesem Zusammentreffen „Karl-Heinz". Karl-Heinz wurde wieder unsichtbar.

Mein Freund musste am nächsten Tag zurück in die Schweiz nicht ohne mich auf einen Rehbock einzuladen. Natürlich hatte ich mir den Termin sofort rot unterstrichen in meinen Kalender notiert und mich auf die Jagd im Schweizer Ländle gefreut, aber die Schmerzen im Knie wurden mit den Wochen unerträglich, und dann eröffnete mir ein Jagdfreund, bei dem ich den Eindruck habe, er übt seinen Arztberuf als Nebenjob aus, die nüchterne Diagnose: „Der Meniskus muss operierte werden." Drei Tage später schaute ich in die betörenden schwarzen Augen einer Anästhesieschwester statt über die Schweizer Berge. Es war das letzte, was mich in meinen tiefen traumlosen Schlaf begleitete.

Im nächsten Jahr machte der Terminkalender einen dicken Strich durch die Planungen des Freundes, er konnte nicht nach Deutschland kommen.

Als nunmehr Vierjährigen sah ich „Karl-Heinz", nachdem er an einem sonnigen Vormittag im Mai gegen elf Uhr in der Nähe seines Einstandes von einem Jagdgast erlegt worden war, vor dem Herrenhaus zur Strecke gelegt wieder.

Zwei Wochen später kam mein Freund aus der Schweiz, schoss einen Rehbock, den wir vorher nie bestätigt hatten, und war glücklich. Der Gesprächsstoff über alte und neue Bekannte ging uns nicht aus.

ZU SPÄT GEKOMMEN:

Ende der Rehbrunft

Im August rüsten sich zwar die ersten Vögel bereits zum Aufbruch nach dem Süden, die lärmenden Mauersegler hatten uns schon verlassen, und gelbe Stoppeläcker wirkten bereits wie Vorboten des Herbstes, aber noch war es nicht so weit. Die Bauern waren mit der Ernte auf den Feldern voll beschäftigt, und auch für den Jäger ist der „Ernting" oder „Feistmonat" Erntezeit.

„Der Feisthirsch ist ein Waldgespenst,
das du nur ahnst und niemals kennst!
Denn wo er zieht, da steht er nicht,
und wo er steht, da zieht er nicht
und ist nur hoch bei Sternenlicht.
Jedoch bei diesem schießt du nicht."

Anfang August beginnt die Jagd auf ihn. Wie in all den vergangenen Jahren hatte ein Rudel auch heuer seinen Einstand im Jagen 24. Solange ich denken kann, stehen hier von Anfang Juli, spätestens, wenn die Vogelbeeren sich rot verfärben, bis zum Beginn der Brunft Rothirsche. Nur ihre Fährten verraten sie auf dem breiten Sandweg, der sich zwischen dem Waldkomplex und den Feldern dahinzieht, ab und an eine frische Schlag- oder Fegestelle, sonst bekommt man von den „Waldgespenstern" kaum etwas zu Gesicht.

Sie sind wahrscheinlich nicht heimlicher als zu anderen Zeiten des Jahres, aber phlegmatischer, denn sie brauchen nicht weit zu ziehen, um sich den Pansen zu füllen, haben keine Veranlassung, die schützende Deckung, die ausreichend Äsung bietet, bei Tageslicht zu verlassen. Erst wenn es stockdunkel ist, wechseln sie in die nahe Feldmark und lange vorm ersten Licht die wenigen hundert Meter zurück in die großen Dickungen.

Der Gesang einer Mönchsgrasmücke begleitete mich, als ich Mitte August den Sandweg verließ und in eine schmale Schneise einbog, die zu einer Kanzel im Jagen 24 führt. Gesa trottete lustlos bei Fuß. Die Hitze des Tages behagte ihr nicht, aber als uns die schattige Kühle des Hochwaldes umgab, wurde sie aufmerksamer, ahnte wohl, dass wir uns nicht auf einem gewöhnlichen Spaziergang befanden, sondern auf Beute aus waren.

Zwanzig, vielleicht auch dreißig Meter waren wir auf der zugewachsenen Schneise gepirscht, da nahm ich eine Bewegung wahr. Durchs Fernglas erkannte ich nichts Außergewöhnliches, doch mit einem Mal erschienen über den wild durcheinander wuchernden Stängeln und Stauden, Blättern und Büschen am Rande der Schneise nacheinander „gekrönte Häupter“: Drei Hirsche ästen vor uns im hellen Sonnenlicht. Die Entfernung betrug höchstens fünfzig Meter. Ab und zu warf einer von ihnen auf, reckte sein Haupt über das grüne Gräsermeer und verschwand wieder vollständig in dem hohen Bewuchs.

Ein leichter Windhauch wehte mir entgegen. Sie konnten also von mir und dem Hund keine Witterung bekommen. Lautlos ließ ich mich ins Gras sinken, ging in eine „Down-Lage“, vor der jeder Hundeführer Hochachtung gehabt hätte, war aber trotzdem nur unzureichend durch einige hohe Halme gedeckt. Reglos, flach wie eine Flunder, lag ich auf dem Boden und wartete auf den Augenblick, an dem alle Hirsche weiter äsen würden. Die Hündin lag neben mir. Da aus ihrer Sicht das Rotwild nicht zu sehen war, blickte sie erwartungsvoll zu mir.

Endlich tauchten alle drei Hirsche gleichzeitig ihre Äser in das dichte Grün des Wegrandes, selbst die hohen Geweihe verschwanden im Bewuchs, ich konnte mich bequemer legen, aber schon waren sie wieder da. Ich erkannte durch das siebenfache Fernglas, wie abgerissene Grasbüschel Zug um Zug im Äser verschwanden.

Dicht an den Erdboden gekauert, nur den Kopf vorsichtig etwas über das Gras gereckt, das Fernglas vor den Augen, hatte ich Muße, jedes Geweih genau zu betrachten. Haupt für Haupt schaute ich mir an. Sie waren mir durch das Glas so nah, dass ich sogar dicke Fliegen auf den hellen Kolben erkannte. Die Stangen des ältesten, eines Eissprossenzehners, waren bereits gefegt, ein jüngerer hatte einseitig eine Krone geschoben, der dritte Hirsch hohe, vielversprechende Spieße.

Heute bestimmen ja Amtspersonen mit, ob man sich über die Erbeutung einer Trophäe uneingeschränkt freuen kann. Bei dem Zehner würde mir aber kaum ein allwissender Kreisjägermeister, naiver Beamte der Jagdbehörde oder neidischer Nachbar die Freude an der Erlegung trüben können, überlegte ich.

Da krächzte ein Eichelhäher, alle drei Hirsche warfen ruckartig auf und erstarrten zu lebenden Statuen. Nur die Lauscher bewegten sich unruhig hin und her, der Windfang schien unbeteiligt an dem Versuch, die Gefahr zu orten. Akustische Störungen versuchen Wildtiere offenbar nur mit dem Gehörsinn zu deuten.

Ich wagte kaum zu atmen. Da senkte der erste seinen Äser in das Grün, verschwand von der Bildfläche, und auch die anderen beiden begannen kurz darauf wieder zu äsen, warfen zwischendurch aber unruhig auf. Nach bangen Minuten beruhigten sie sich schließlich, und es lag wieder tiefer Frieden über der Schneise. Vorsichtig krochen wir zurück, um die Idylle nicht zu stören. Mein Hund aufrecht und bequem, ich tief geduckt, sodass mir der Rücken schmerzte, bis wir außer Sichtweite gekommen waren und auch ich unsere Pirsch erhobenen Hauptes fortsetzen konnte. In dem grünen Gewirr hätte ich keine Möglichkeit gehabt den Zehner zu schießen, ich musste die Jagd auf ihn verschieben.

Wegen des Windes war unser Gang vorbestimmt. Nach dort, wo ich auf die Begegnung mit einem bestätigten Rehbock hoffte, konnte ich bei Ostwind nicht und pirschte daher, ohne sonderlich auf eine Begegnung mit Rot- oder Rehwild zu rechnen, zu Fromhages Busch weiter.

Ein Flug Tauben strich über mich dahin zu den Feldern. Nah genug für einen Schrotschuss waren sie, aber die Zeiten, dass wir den feisten Stoppeltauben nachstellen durften, waren vorüber. Wehmütig dachte ich an die Stunden, als wir noch spannende Frühherbsttage mit Taubenjagden verbringen durften.

Am Ende des Weges kroch ich unter eine junge Kiefer, deren tief hängende Zweige genügend Deckung und gutes Blickfeld auf die Viehkoppel rechter Hand und den Kartoffelschlag zur Linken boten. Zudem stand der Wind günstig, ich hoffte, dass Rehwild auf das Feld austreten würde.

Kaum hatten wir es uns gemütlich gemacht, zog eine Ricke zur Mitte des Feldes. Prall war ihre Spinne, aber weit und breit kein Kitz auszumachen. Während ich verstohlen den neben mir liegendem Hund kraulte, erschien ein Hase auf dem grasbewachsenen Weg und hoppelte näher. Gesa bebte am ganzen Körper, rührte sich aber nicht, während Meister Lampe, friedlich mümmelnd, ganz darauf konzentriert war, die richtigen Kräuter zu erwischen und noch näher rückte, bis uns schließlich nur knapp fünf Meter trennten.

Herr und Hund kauerten bewegungslos auf der Erde, da machte der Krumme einen Kegel, äugte bewegungslos zu uns her, als habe er das Gespann unter der Kiefer erkannt, sank zu einem fast unsichtbaren kleinen Etwas in sich zusammen und verharrte, bis Gesa ruckartig hochkam und starr zu der Stelle blickte, wo der Hase im Gras verschwunden war. Der ergriff das bekannte Panier. Zwanzig Meter flüchtete er, machte erneut einen Kegel und hoppelte, als sei er nun von jeglicher Gefahr weit entfernt, von dem gierigen Blick meiner zitternden Hündin verfolgt, gemächlich von dannen.

Mit Hasen hatten Gesa und ich hier schon oft fast hautnahen Kontakt.

Einmal, vom Morgenansitz zurückkehrend, schlenderte ich gemächlich Richtung Dorf, als ich auf knapp hundert Meter Entfernung einen Hasen bemerkte, der zielstrebig auf mich zu hoppelte. Offensichtlich war es ihm unangenehm, in das hohe, taunasse Gras am Wegesrand zu springen. Als sich die Entfernung zwischen Meister Lampe und mir verringerte, blieb ich erwartungsvoll stehen. Schließlich hatte er mich erreicht und schnupperte intensiv an meinem Gummistiefel. Ich wagte nicht, mich zu bewegen, und blickte amüsiert auf den Dreiläufer, der sich kraftvoll zwischen meinen Beinen hindurchdrängte und, als ihm dies gelungen war, seinen Weg fortsetzte.

Ein anderes Mal schlich ich im Schutz des Hochwaldes auf einem schmalen Trampelpfad am Rande einer Wiese zu meinem Auto. Gesa trottete müde hinter mir her.

Da erblickte ich 30 Meter vor uns einen Hasen. Er machte den Eindruck, als sei er sehr beschäftigt, bewindete intensiv den Erdboden, als folge er der Spur einer Häsin, und kam zügig auf uns zu, ohne Notiz von uns zu nehmen.

Behutsam ging ich in die Hocke. Gesa setzte sich, wie ein kurzer Blick hinter mich bestätigte, auf die Keulen und bebte vor Spannung.

Mümmelmann machte einen Kegel und rückte dann arglos näher. Mit einem Mal beschleunigte er seine Gangart, aus dem gemütlichen Hoppeln wurde schneller Trab, und dann war der Hase nur noch einen knappen Meter entfernt.

Erst im allerletzten Augenblick bemerkte er uns, es gelang ihm aber nicht mehr rechtzeitig, seine Geschwindigkeit oder Richtung zu ändern, und so sprang er mir unsanft vor die Brust. Nach einer eleganten Wende ergriff er das „Hasenpanier“ und flüchtete blitzartig den Pfad zurück, einen aufgeregten Hund sowie einen amüsierten Jäger zurücklassend.

Als es dämmerig wurde, stand plötzlich, zu weit für einen sicheren Büchsenschuss, ein zweites Reh neben der Geiß. Ein Bock? Nach längerem Spekulieren sprach ich ihn als den dünnstangigen, älteren, kaum vereckten Sechser an, einen Bock, dessen Trophäe an der Wand zwischen anderen Gehörnen kaum Aufsehen erregen würde, jedoch in mir Begierde erweckte, weil ich zu Anfang der Rehbockjagd intensiv, aber erfolglos versucht hatte ihn zu überlisten.

Als ich ihn durch das Zielfernrohr anvisierte, musste ich enttäuscht realisieren: die Entfernung war zu weit. Um ihn anzukriechen, war es zu spät, die Dämmerung nahte, das Büchsenlicht wäre in einer knappen Viertelstunde vorüber. So musste ich ein zweites Mal an diesem Tag aufgeben.

Erst eine Woche später konnte ich wieder ins Revier. Der Wind wehte leicht aus Westen – um mich dem Eissprossenzehner zu widmen, war das denkbar schlecht.

Aber ich hatte, bevor ich hinauszog, einige Fliederblätter im Garten gepflückt und in meiner Jackentasche verstaut. „Die Blattzeit ist zwar vorüber, aber vielleicht springt er noch“, ging es mir hoffend durch den Sinn, während ich zu Fromhages Busch pirschte.

Tiefe Stille herrschte um mich herum nach dem sich neigenden heißen Augusttag. Kaum hatte ich es mir mit meiner Hündin unter einer ausladenden gewaltigen alten Fichte bequem gemacht, trat der Sechser aus dem Wald. Mein zaghaftes Fiepen auf dem Blatt war der einzige Laut in weiter Runde. Der Bock warf auf, äugte zu mir her und machte einige Schritte in meine Richtung. Längst war das Fliederblatt mit der Büchse vertauscht. Kurz zeigte das Absehen auf den Stich, da drehte der Bock ab und zog wieder von mir fort. Von meinen akustischen Bemühungen nahm er keine Notiz, reagierte auch nicht auf den Sprengruf, äste, als vernähme er meine Fieptöne überhaupt nicht, warf nicht einmal auf.

Während ich ein zweites Mal blattete, sang eine Goldammer schwermütig in den Büschen rechts von mir. Der Bock aber erweckte den Eindruck, als sei er taub.

Dann verhoffte er doch noch einmal kurz nach meinem Blatten, stand aber spitz von hinten, viel zu weit für eine sichere Kugel, und sicherte zum Waldrand, es waren nicht meine Locktöne, etwas anderes interessierte ihn weit mehr.

Enttäuscht ließ ich die Büchse nun zum dritten Mal an diesem Abend sinken, ohne geschossen zu haben, und betrachtete den Bock durch das Glas, bis es finster war, mein Fiepen verklang scheinbar ungehört.

Schmerzlich realisierte ich, dass die Rehbrunft für dieses Jahr endgültig wieder vorüber war, aber ich war nicht enttäuscht, andere Jagdfreuden warteten, erst die Feistzeit, später die Brunft des Hochwildes sowie Treib- und Drückjagden, und danach würde wieder die Vorfreude auf den 1. Mai meinen Lebensrhythmus bestimmen.

EPILOG ZUR „FASTENZEIT“:

Drückjagdböcke – nein danke

In einem dicht besiedelten Land kann man, wie ich schon schrieb, auf Kanzeln, Hochsitze, Leitern oder Drückjagdböcke mitunter kaum verzichten, die Rede ist im Folgenden aber nicht von tragbaren Ansitzeinrichtungen, sondern von Rehböcken, die auf Drückjagden geschossen werden.

Mein Großvater erlegte auf Wildjagden Kahlwild, Überläufer und Frischlinge, schoss aber, wenn überhaupt, nur männliches Rehwild, der Rickenabschuss einschließlich Wildbret gehörte zum Deputat seiner Beamten.

Heute werden Forderungen laut, die Schusszeit von Rehböcken bis in den Dezember hinein zu verlängern. Für viele alte Waidmänner ein skandalöses Ansinnen. Allerdings regen sich nur Trophäenjäger darüber auf. Aus biologischer Sicht ist es egal, in welcher Jahreszeit der Bockabschuss erledigt wird, und schließlich ist niemand gezwungen, einen „Kahlbock“ zu schießen.

Das ging mir an einem 15. Oktober, als der Jagdherr an einem traumhaften Herbsttag seine über 50-köpfige Gästeschar begrüßte, durch den Sinn.

Bei den Sicherheitsbelehrungen waren viele Schützen noch unkonzentriert, murmelten durcheinander, machten Witze, aber als es hieß: „Nun kommen wir zur Freigabe“, herrschte schlagartig Stille, äußerste Konzentration. Minutenlang wurde erklärt, wie hoch ein Rotspießer höchstens geschoben haben darf, damit er nicht als Zukunftshirsch eingestuft wird, wo bei einem Gabler die Augsprossen hervorgehen müssen, damit er als Abschusshirsch gilt, wie normalerweise ein Sechser aussieht und wie lang die Enden eines Achters oder ungeraden Zehners zu sein haben, um ihn erlegen zu dürfen.

„Noch Fragen?“, wurde die ausführliche Belehrung beendet, worauf sich ein Gast zu Wort meldete: „Heute ist der 15. Oktober, dürfen wir Rehböcke auch schießen?“

Die Antwort des Forstamtsleiter kam wie aus der Pistole geschossen: „Selbstverständlich, ohne Altersbegrenzung, also sämtliche Rehe sind frei!“ Nach kurzer Diskussion hieß es dann, die Stände einzunehmen, und ich hatte auf meinem Drückjagdbock drei Stunden Zeit über die Freigabe nachzudenken.

Es liegen ja Welten zwischen den unterschiedlichen Einstellungen der Jäger zu den „kleinen roten Knospenbeißern" und den „großen braunen Rindenfressern", ein Konflikt zwischen Waldbauern und Jägern, nicht zwischen Wald und Wild. Die einen zählen zum Niederwild, die anderen zum Hochwild.

Während ich grübelte, blickte meine Hündin plötzlich mit hochgestellten Behängen konzentriert zu der Fichtennaturverjüngung. Dort nahm ich eine Bewegung wahr, erkannte dann durch das Zielfernrohr schemenhaft den Spiegel eines Rehs. Bock? Ricke? Kaum hatte ich das Stück ausgemacht, war es wieder verschwunden, und ich wurde durch Rotwild abgelenkt, das durch das lichte Kiefernaltholz auf meinen Sitz zutrollte. Mehreren Stücken Kahlwild folgte ein Sechser. Als ich zwei Mal pfiff, verhoffte das Rudel 30 oder 40 Gänge entfernt, und nach dem Schuss brach der junge Hirsch verendet zusammen. Noch ein Stück aus dem Rudel zu schießen gelang nicht, aber nach zwanzig Minuten erschien auf demselben Wechsel wieder Rotwild, und ich erlegte auf dreißig Gänge ein Kalb und ein Schmaltier.

Während ich noch über meine Strecke nachdachte, die mir so einfach in den Schoß gefallen war, es ist schließlich kein Kunststück von einem Hochsitz aus auf 30 Meter verhoffendes Rotwild zu treffen, richtete sich das Interesse von Diva wieder ganz auf die jungen Fichten. Auch ich versuchte dort etwas auszumachen – ohne Erfolg.

Endlich, knapp eine Stunde hatte ich bereits fast regungslos ausgehalten, erklang weit weg Hundelaut, riss mich aus meinen Träumen. Gespannt lauschte ich, bis sich das Geläut verlor.

Dann kam wieder jubelnder Hetzlaut auf mich zu. Zweihundert Meter vor mir leuchtete zwischen dicken, wettergegrünten Buchenstämmen eine rote Warnhalsung auf, und ich machte einen jagenden Wachtel aus. Weit entfernt bellte ein Schuss, kurz darauf knallte es noch zwei Mal aus derselben Richtung.

Da flüchtete das Reh, ein Bock mit einem beachtlich hohen Gehörn, aus der Naturverjüngung, verschwand im dichten Gewirr einer Buchenverjüngung, wurde förmlich verschluckt und verschwamm mit dem Gezweig der kleinen, noch braunen, belaubten Bäumchen, die dem Wild fast perfekte Deckung vor dem Menschenauge gaben.

Ich erkannte, dass der Bock nur vierzig Gänge vor mir regungslos verhoffte und zu dem Hund äugte. Der war von der warmen Fährte abgekommen, jagte waidlaut an mir, dann an dem Reh vorüber und verschwand.

Als das Geläut längst mit dem leisen Rauschen der hohen Buchen verschmolzen war, kam wieder Bewegung in den Sechser, aber er verließ den Jungwuchs nicht. Auf knapp vierzig Meter konnte ich sein Verhalten gut beobachten, doch ein sicherer Schuss war nicht möglich.

Die Minuten flogen dahin, wurden zu einer fast halben Stunde, der Bock blieb in den Buchenrauschen. Ab und zu sah ich sein Gehörn oder ein Stück Decke braun in braun mit dem welkenden Laub, aber die Büchse blieb auf den Knien liegen. Anvisieren durch das Zielfernrohr hatte ich aufgegeben.

Als sich das Reh bewegte, griff ich zwar die Waffe fester, wollte sie hochnehmen, in Anschlag gehen, aber bald gab ich es auf, das Reh war zu verdeckt. Es zog vertraut in dem kleinen Gehölz umher, allerdings immer nur bis zum Rand, machte keine Anstalten, es zu verlassen.

Hundelaut kam auf uns zu und ging wieder fort, zweimal, dreimal beschleunigte er meinen Pulsschlag, helle Stimmen, Gekläff, Gejiff, dunkles, sonoriges Bellen, alles durcheinander. Die Suchen der passionierten Vierläufer waren längst nicht mehr so konzentriert wie am Anfang der Jagd. Zu viel Wildwitterung, zu viele verschiedene Fährten von Reh und Sau, dazu Spuren von Fuchs und Hase zogen bereits über den Waldboden. Die Hunde waren müde, unkonzentriert und verunsichert nach stundenlangem Jagen. Kaum konnten sie noch eine bestimmte Fährte oder Spur über größere Entfernung sicher halten. Das Wild machte geschickte Widergänge und ließ sich von seinen Verfolgern nicht beeindrucken.

Zwei Wachtel kamen waidlaut auf einer imaginären Spur heran, hetzten vorüber, passierten „meinen“ Bock auf wenige Gänge und verschwanden lauthals.

Dann war wieder Ruhe um mich herum, aber Stille herrschte nicht. Vereinzelte Schüsse und Hundegeläut zauberten Spannung, manchmal Hochspannung. Der Wind schluckte die Geräusche, der schweigende Wald glättete Gefühle und beruhigte die Nerven – spannende Stille, tätiges Nichtstun, innerlich aufgewühlt, äußerlich „cool“.

Meine Konzentration auf den Bock ließ nach. Meine Hündin hatte sich zusammengerollt und schlief. Ab und zu schielte ich aber noch zu den jungen Buchen und stellte fest, dass sich der Bock nicht von der Drückjagdmusik stören ließ. Ich glaubte bereits, er sei unbemerkt von mir abgesprungen, da ihm die Unruhe durch die jagenden Hunde zu groß geworden war, erkannte aber an ruckartigen Bewegungen einiger Zweige in „Äserhöhe“: Er war noch da.

Im Inneren gespannt, nach außen gelassen, erwartete ich näher hetzenden Hundelaut, helles, wütendes Gejiffe war es und klang nach dem Gekeife eines giftigen Terriers.

Noch eine Viertelstunde, bis es hieß „Hahn in Ruh", zeigte mir ein Blick auf die Uhr. Und dann leuchtete wieder eine rote Warnhalsung durch den Bestand. Angekündigt durch stetigen, hellen Hetzlaut, erschien mit tiefer Nase hechelnd ein Wachtel, bekam Wind von mir, ließ sich am Fuß der Leiter müde auf den Boden plumpsen, beleckte sich die Ballen, und ehe ich mich versah, sprang er auf den Drückjagdbock an meine Seite.

Drei Stunden hatte er ununterbrochen und laut gejagt. Sein Fell war durchgeweicht. Genüsslich ließ er sich gefallen, dass ich ihn erst hinter den Behängen und dann zwischen den Vorderläufen kraulte. Dankbar und entspannt genoss er es, während Diva meinem Tun vom Erdboden aus misstrauisch zusah.

Welch stummes Flehen, welch unsagbare Hoffnung, Liebe und Vertrauen, glaubt man aus den dunklen Hundeaugen zu lesen.

Als ich wieder zu den Buchenrauschen guckte, trat der Bock heraus. Aufreizend langsam wechselte er fort, ohne von den Hunden oder mir Notiz zu nehmen.

Vorsichtig, ihn nun nicht mehr aus den Augen lassend, nahm ich im Zeitlupentempo die Büchse hoch. Das allerdings gefiel meinem neuen vierläufigen Freund überhaupt nicht. Mit einem Ruck erhob er sich, wedelte mit der kurzen Rute, legte seinen Fang auf mein Knie, wo eben noch das Gewehr ruhte und quiemte leise, als ich sein Betteln nicht beachtete, sondern meine Ellenbogen auf den Knien abgestützt, das Reh anvisierte.

Schüsse und die anderen Hunde hatten den Bock nicht sichtlich beeindruckt, aber nun warf er auf, äugte starr zu uns herüber und sprang ab. Nach einigen Fluchten verhoffte er. Der Hund quiemte noch einmal lauter, durchdringender und legte eine Vorderpfote auf meinen Oberschenkel.

Da ließ ich die Büchse wieder sinken. Auf flüchtiges Rehwild zu schießen ist nicht mein Fall, auch wenn es kaum weiter als vierzig Meter entfernt ist.

Die Hochwildstrecke, die wir am späten Nachmittag bei Fackelschein in dem herbstlich bunten Wald verbliesen, war imposant: 96 Stück, zumeist mit guten Schüssen erlegt. Engagiert wurde diskutiert über Enden und Alter, ob schwaches Schmaltier oder starkes Kalb.

Neben dem Rotwild und den Sauen lagen zwölf Rehe zur Strecke. Die starken Hochwildpatronen hatten keine Rücksicht auf Wildbretentwertung genommen, auf den verhältnismäßig zarten Wildkörpern ihre Spuren hinterlassen, der Wildhändler hatte gewiss wenig Freude. Über die Böcke, Ricken, Schmalrehe und Kitze wurde aber kaum ein Wort verloren.

Mich hat diese Jagd recht nachdenklich gestimmt.

Die liebenswerte Wildart „Reh“ lediglich als „Beiprodukt“ auf einer Stöberjagd mitzubejagen, wird mir immer fremd sein – das hat sie nicht verdient.

Als mein Sohn, damals Student der Forstwissenschaft in Göttingen, Anfang Mai mit einigen Corpsbrüdern von einem Alten Herrn zur Rehbockjagd eingeladen wurde, fragte er ihn, was er denn schießen dürfe. „Alles, was Hörner zwischen den Lauschern hat“, war die Antwort. Mein Sohn war nach meinen vorangegangenen Erziehungsbemühungen erstaunt, ich erschüttert. Es lagen nach dem Wochenende 14 (in Worten vierzehn) Jährlinge auf der Strecke. Die jungen Bastböckchen hielten noch keine Fluchtdistanz ein, standen meistenteils vertraut auf den Wiesen, zeigten den Menschen gegenüber kein Misstrauen.

„Papusch, hätten wir nicht geschossen, wären wir nie wieder eingeladen worden“, verteidigte mein Sprössling die „Heldentat“.

Schießt man sehr viele junge Böcke, wird man wenig Alte im Revier haben, aber gerade diese zu erlegen, zu überlisten, Jagdstrategien zu entwickeln, die eigenen (verkümmerten) Sinne gegen sie einzusetzen, ist reizvoll und fordert den Jäger, kann zeitaufwändig sein, erfordert Können, Geduld, mitunter Strapazen und bringt im Gegensatz zum Abschuss unerfahrener Stücke Befriedigung.

Ich erinnere eine Begebenheit mit meinem Lehrherrn Wildmeister Mackerodt. Damals, ich war höchstens 16 Jahre alt, trat ein Bock, seine rechte Stange war gebrochen und wieder zusammengewachsen, über 200 Meter von meiner Kanzel entfernt auf die Wiese, kam aber nicht näher, bis es dunkel geworden war. „Er war zu weit", verteidigte ich mich und erlebte ein Donnerwetter. „Dumme Ausrede, das nächste Mal kriechst du gefälligst ran, zu weit gibt es nicht!"

Als ich ein anderes Mal einen abnormen Bock auf 150 Meter schoss, erhielt ich einen furchtbaren Rüffel: „Kunstschützen sind was für den Zirkus, aber nichts für die Jagd!", und noch schlimmer wurde ich zusammengestaucht, als ich im Getreide einen Bock mit Trägerschuss erlegte, zu Recht, wie ich später lernte, als ich Schweißhunde führte – glückliche Zeiten!

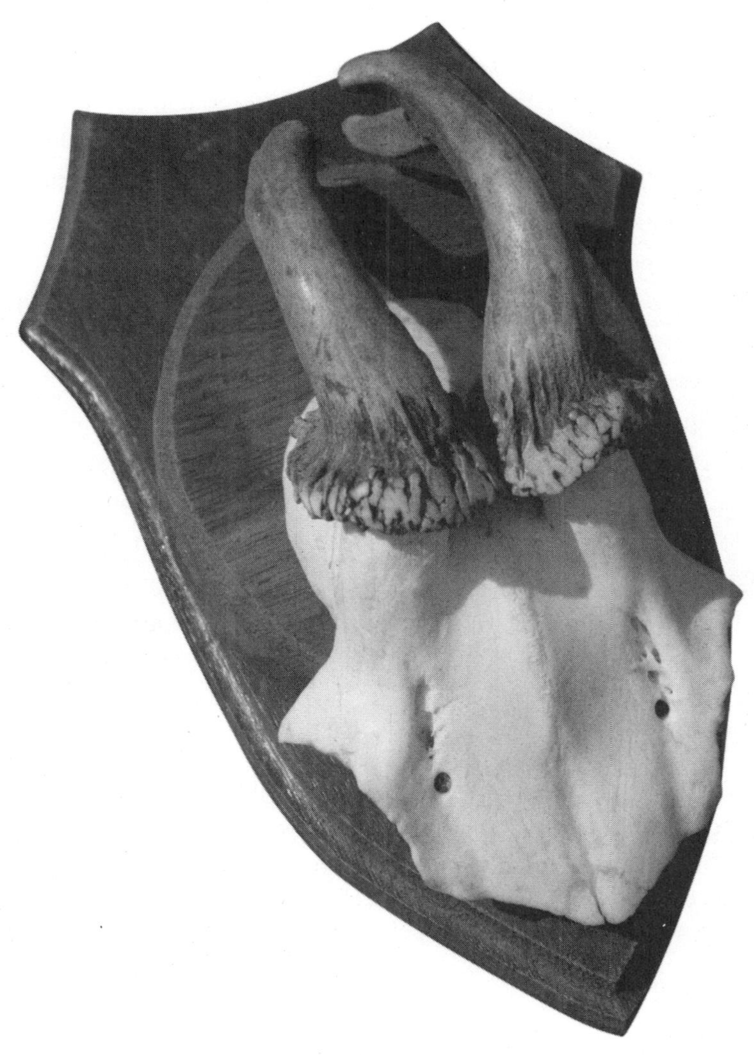

Gert G. v. Harling

Jagen in Masuren

Hardcover, 128 Seiten
Format: 21 x 20 cm
ISBN 978-3-7888-1061-0

In Masuren, dem Land, aus dem seine Vorfahren stammen, die vielfältige Natur zu genießen und zu jagen – ein Traum geht für den Autor in Erfüllung. Einige Sternstunden aus über zwanzig Reisen hat er in diesem Buch festgehalten. Die einfühlsam beschriebene masurische Landschaft hat die Menschen geprägt und erklärt auch das Heimweh jener, die ihre Heimat verloren haben und das Fernweh derer, die dort einmal jagten. Von Harling beschreibt jagdliche Eindrücke und Erlebnisse, paradiesische Verhältnisse, die der Jäger und Naturliebhaber in Masuren vorfindet. Mit seinen anschaulichen detailgenauen Natur- und Jagdschilderungen hat der Autor dieser Landschaft ein Denkmal gesetzt.

Gert G. v. Harling

Hubert der Jäger

oder Jäger, die lachen, schießen nicht.
Streicheleinheiten für die Lachmuskeln.

Hardcover, 224 Seiten
Format: 13,2 x 21 cm
ISBN 978-3-7888-1343-7

Ob auf dem Ansitz oder bei der Pirsch hat der Jäger leise zu sein und zu schweigen. In geselliger Runde nach der Jagd aber bricht heraus, was sich in den stillen Stunden alles in ihm gestaut hat, bricht heraus in Form von der wohl kürzesten Form der Jagdgeschichte – in der Form des Witzes. Des Jägerwitzes. Kennen Sie den schon? Bestimmt nicht!

Der Jagdschriftsteller Gert G. von Harling hat unzählige solcher Jagd- oder Jägerwitze gehört. Aber – und damit unterscheidet er sich von den meisten seiner Waidgenossen – er hat sie nicht gleich wieder vergessen. Im Laufe seines langen Jägerlebens hat er die besten „grünen Witze" aufgeschrieben und so der Vergessenheit entrissen. Unglaublich viele – es sind genau 669 lustige Begebenheiten – liegen hier nun als größte grüne Witzesammlung vor. Ja, man darf wohl von einer Enzyklopädie des Jägerwitzes reden. Harling selbst spricht – ganz Jäger – von einer kapitalen Sammlung. Es ist eine Sammlung, die als Trophäe in jeden Jägerhaushalt gehört.